U0323664

主要编写人员

主　编　　廖景娱

参　编　　梁思祖

　　　　　梁耀能

　　　　　刘钧泉

　　　　　刘凡永

主　审　　刘正义

高 等 学 校 教 材

金属构件失效分析

廖景娱　主编
刘正义　主审

化学工业出版社
教 材 出 版 中 心
·北 京·

图书在版编目（CIP）数据

金属构件失效分析/廖景娱主编. —北京：化学工业
出版社，2003.7（2021.5重印）
高等学校教材
ISBN 978-7-5025-4555-0

Ⅰ. 金⋯　Ⅱ. 廖⋯　Ⅲ. 金属材料-失效分析-高等
学校-教材　Ⅳ. TG115

中国版本图书馆 CIP 数据核字（2003）第 059140 号

责任编辑：程树珍　　　　　　　　　　　文字编辑：张燕文
责任校对：陶燕华　　　　　　　　　　　装帧设计：于　兵

出版发行：化学工业出版社　教材出版中心（北京市东城区青年湖南街 13 号　邮政编码 100011）
印　　刷：北京京华铭诚工贸有限公司
装　　订：三河市振勇印装有限公司
787mm×1092mm　1/16　印张 15¾　字数 382 千字　　2021 年 5 月北京第 1 版第 11 次印刷

购书咨询：010-64518888　　　　　　　　售后服务：010-64518899
网　　址：http://www.cip.com.cn
凡购买本书，如有缺损质量问题，本社销售中心负责调换。

定　　价：45.00 元　　　　　　　　　　　　　　　　版权所有　违者必究

前　言

　　一个工业系统、一台装备、甚至一个构件或是一个小螺栓，一旦失效而不能执行原来规定的使用功能，就必须找出其失效的原因，并提出有效的对策，因而需要进行失效分析。本教材阐述金属装备及其构件失效与失效分析的工程概念及相关的理论知识。全书共分5章。第1章对金属构件失效及失效分析作概括性的介绍，以使教学双方有互相沟通的共同语言；第2章基础知识，仅补充金属学、断裂力学及腐蚀学中与失效分析密切相关的内容，可根据学生原有基础知识情况选学；第3章是本教材的重点，详细介绍金属构件常见的失效形式及其判断，对各种失效形式的失效现象、失效的特点、引起失效的原因及预防措施结合工程实践作尽可能详尽的介绍并展示实例；第4章是失效分析的方法和手段，包括思维方法、失效分析程序制订到具体失效分析全过程进行的各项工作，均按指导操作的叙述方式进行介绍，务求学者可以实践；第5章列举金属构件失效的案例，其中有部分是从书后所列参考文献摘录的，大部分是本教材编者进行的工作，可穿插在前几章学习中使用。

　　本教材是在华南理工大学1993年12月出版的《金属设备失效分析》讲义的基础上，经五届四年级本科生及六届硕士研究生教学使用。近十年来，国内外相关专著陆续出版，给编者提供了学习和参照。编者博取各位专家学者及书后所列参考文献的科技精髓、学术观点和学习心得编写成本教材。本教材可作为机械装备、安全工程等相关专业的高年级本科生和初级研究生教材；同时可供大学毕业从事工业装备，尤其是锅炉压力容器安全监察、管理、检验的工程技术人员作培训教材；供有志从事失效分析工作的在职科研、检测人员和处理失效事故的管理人员作参考书。

　　本教材共5章。第1章由廖景娱编写；第2章2.1节由梁思祖编写，2.2节由廖景娱编写，2.3节由刘钧泉编写；第3章3.2.4小节由梁思祖编写，3.4节由刘钧泉编写，其余由廖景娱编写；第4章4.1节至4.6节由梁耀能编写，4.7节、4.8节由刘钧泉编写；第5章共同收集失效实例，由刘凡永编成。全书主编廖景娱。本教材的编写自始至终得到华南理工大学刘正义教授、华东理工大学柳曾典教授、北京工业大学张亦良教授和上海材料研究所吴剑教授的支持和帮助。全书由刘正义教授审定。

　　本教材的编写与出版得到了华南理工大学教务处、工业装备与控制工程学院、机械工程学院的指导和大力支持，在此表示深切的谢意。洪文健、张明霞、余红雅、李丽君等老师和同学为本书的资料收集、稿件校对、图片整理等做了许多工作；在校学习本课程的安全工程专业本科生和化工过程机械专业硕士研究生结合课程学习给教材初稿提出了勘误和意见，在此一并感谢。

　　由于编者的知识和水平有限，书中不妥及错误之处，敬请读者提出宝贵意见。

编　者
2003年8月

目　　录

1 概　　述

1.1　金属构件的失效及失效分析

由金属零部件构成各种各样的金属装备，这些金属零部件称为金属构件。如容器由壳体、接管、连接结构、支座等构成；管壳式换热器由壳体、换热管束、管板、支承等构成。任何金属装备及其构件都为完成某种规定的功能而设计制造。如容器是用以承载物料或容纳操作内件的，换热器是用以进行两种或两种以上物料的热量传递的，空气压缩机是用以给空气升高压力的等等，这些金属装备及其构件在使用过程中，由于应力、时间、温度、环境介质和操作失误等因素的作用，失去其原有功能的现象时有发生。这种丧失其规定功能的现象称为失效。金属装备及其构件除了早期适应性运行及晚期耗损达到设计寿命有预料中的正常失效外，在正式运行期间，金属装备及其构件在何时、以何种方式发生失效是随机事件，还暂时无法完全预料。

金属装备及其构件失效存在着各种不同的情况。装备整体失效的情况比较少，往往是某个构件先失效而导致装备整体的失效。例如，压力容器在运行中突然产生壳体开裂引起介质外泄或爆破，涡轮机在运转中突然发生叶片断裂而停止运转或使整机遭到破坏，这种完全失去原有功能的现象毫无疑问是失效；但有时金属装备性能劣化，不能完成指定的任务，如换热器流道变形、污垢堵塞使传热系数下降，压缩机气缸内壁腐蚀使排出气体压力下降，这时虽然换热器和压缩机尚未完全不能使用，也可认为已经失效；有时金属装备整体功能并无任何变化，但其中某个构件部分或全部失去功能，此时虽然在一般情况下装备还能正常工作，但在某些特殊情况下就可能导致重大事故，这种失去安全工作能力的情况也属于失效，如锅炉和压力容器的安全阀失灵、火车或汽车的刹车失灵等。

金属装备及其构件的失效是经常发生的，某些突如其来的断裂失效还往往带来灾难性的破坏，给生命财产造成巨大的损失，这在国内外工业发展史上是屡见不鲜的。

1944 年 10 月 20 日，美国东俄亥俄州煤气公司液化天然气储藏基地，一台直径 21.3 m，高 12.8 m 的圆筒形储罐由于在 1/3～1/2 的高度处壳体破裂而喷出气体和液体，随后爆炸起火，20 min 后，一台内径为 17.4 m 的球罐因受热倒塌而爆炸，由此造成 128 人死亡，当时直接经济损失达 680 万美元。

1979 年 9 月 7 日，中国某电化厂氯气车间的液氯钢瓶爆炸，使 10 t 液氯外溢扩散，波及范围 7.25 km²，致使 59 人死亡，779 人中毒，当时直接经济损失达 63 万元。

1979 年 12 月 18 日，中国某地煤气公司液化气厂发生了一起恶性爆炸事故。一台直径 9.2 m，容积 400 m³ 的球形液化气储罐突然爆裂，从长 13.5 m，宽 0.75 m 的裂缝喷出液化石油气，因遇明火而爆炸燃烧，引起附近三个 400 m³ 的球形储罐和一个 50 m³ 卧式储罐以及 25 m 以外仓库中的 5000 个民用液化气瓶先后爆炸起火。大火燃烧了 19 h，共烧掉液化石油气超过 700 t，烧毁机动车 15 辆以及罐区全部建筑，死亡 33 人，受伤 53 人，当时直接经济损失达 650 万元。

1984 年 12 月 3 日凌晨，在印度博帕尔市的美国联合碳化物公司所属的一家化工厂，由于安全装置失灵，系统升压导致储罐管路破裂，泄出大量毒气，造成 375 人死亡，2000 人重伤。该市 50 万居民中有 20 万受到毒气的侵害，其中 2 万人需要住院治疗。有关方面要求美国公司赔偿 150 亿美元的损失费。

从以上事例可以看到，金属装备及其构件失效带来人员伤亡和巨大的直接经济损失。同时失效也会造成惊人的间接经济损失。所谓间接的经济损失，主要包括由于失效迫使企业停产或减产所造成的损失；引起其他企业停产或减产的损失；影响企业的信誉和市场竞争力所造成的损失等。

例如，某大型石化厂，在全厂最高大的脱碳塔旁边，有一个小小的底部液体加热再沸器，其作用是把脱碳塔底部的溶液引出并用蒸汽加热，使温度升高 2 ℃，以便溶液再达沸点温度。这个再沸器管子经常损坏，损坏后要全厂停工修理，更换管束费用不算高，但一次停工就需 10～20 天，停一天损失 20 多万。间接损失比直接损失大得多。

由于设备失效引起企业及与其相关的其他企业停产而造成的损失，往往难于精确计算，实际的损失可能比估算的数字还要大。

对装备及其构件在使用过程中发生各种形式失效现象的特征及规律进行分析研究，从中找出产生失效的主要原因及防止失效的措施，称为失效分析。一旦失效发生后，能否在短期内找出失效的原因，做出正确的判断，从而找到解决问题的途径，这表明了一个国家或科技人员的科学技术水平与管理水平。

金属装备失效给社会和人类带来的损失与威胁，迫使人们与失效进行长期的斗争。失效总是首先从装备或构件最薄弱的部位开始的，而且在失效的部位必然会留存着失效过程的信息，通过对失效件的分析，明确失效类型、找出失效原因，采取改进和预防措施，防止类似的失效在设计寿命范围内再发生，对装备及其构件在以后的设计、选材、加工及使用都有指导意义。这就是失效分析的目的。失效分析是与失效做斗争的有效方法。从技术上和经济上都没有必要要求金属装备永不失效，失效分析的目的不在于造出具有无限使用寿命的装备，而是确保装备在给定的寿命期限内不发生早期失效，或只需要更换易损构件，或把装备的失效限制在预先规定的范围之内，希望对失效的过程进行监测、预警，以便采取紧急措施，避免机毁人亡的灾难。

1.2 失效分析的意义

1.2.1 促进科学技术的发展

失效分析是对事物认识的一个复杂过程，通过多学科交叉分析，找到失效的原因，不仅可以防止同样的失效再发生，而且能更进一步完善装备构件的功能，并促进与之相关的各项工作的改进。

例如，19 世纪中期，铁路运输的出现给工作和生活带来了方便，但不久后频繁出现车轴的断裂，当时都无法解释。通过对大量断轴失效分析和试验研究工作，找到了原因：金属构件在交变应力的作用下，即使该应力远远低于金属材料的拉伸强度，经过一定的循环积累，也会发生断裂，这就是"疲劳"。此后经物理学家、冶金学家、机械工程师反复、深入、系统的研究，使疲劳断裂成为金属材料强度学中的一个重要领域。用疲劳的机理可以解释很多失效现象，研制出抗疲劳的性能良好的金属材料、结构和成形工艺。

又如，第二次世界大战期间，美国 2500 艘全焊接结构"自由轮"发生了一千多次破坏事故，其中 238 艘完全报废，19 艘沉没。据统计，有 24 艘船舶甲板完全断裂。事故大多发生在美国-冰岛-英国这条北大西洋航线上，这里气温多在零度以下。原因是碳钢和低合金钢有一个脆性转变温度，尽管这些钢材在常温下有良好的韧性，但在低于室温的某一温度就会变脆（对缺口极为敏感）。使钢材变脆的温度称为脆性转变温度。某些常用钢材的低温韧性转变特性可以很好地解释美国的"自由轮"、钢制桥梁、压力容器、管道等在低温下工作的脆性失效，促使研制出在低温下有良好性能的材料。现在已制造出在接近绝对零度的超低温下工作的装备和构件。

对金属材料构件各种失效机理的认识都是通过对装备构件发生各种失效进行分析，提高了对客观规律的认识。失效、认识（失效分析）、提高、再失效、再认识、再提高，由此促进了科学技术的发展。

1.2.2 提高装备及其构件的质量

装备及其构件的质量是非常重要的，以质量求信誉，以质量求效益，通过对装备构件的失效分析，是提高质量的有力措施。

装备构件的质量往往是通过各种试验检测进行考核。试验室内再好的模拟试验也不可能做到与装备构件服役条件完全相同。任何一次失效都可视为在实际使用条件下对装备构件质量检查所做的科学试验，失效越是意想不到的，越能给人们意想不到的启示，引导分析复杂多变的过程及影响因素下装备构件质量的偏差，找出被忽略的质量问题。由此从设计、材料、制造等各方面进行改进，便可提高装备及其构件的质量。

日本的机械产品一度曾以质量的低劣闻名于世，但是目前日本产品的质量在世界范围内已占有明显的优势。这与他们重视质量、重视失效分析是分不开的。例如，马路上行驶的丰田皇冠、顶级凌志，堪称"精致豪华"，这是日本在 30 多年前就着手系统地分析世界各国汽车构件失效情况，着重研究失效原因及改进措施的结果。

从大量化工及石油化工装置构件的失效分析总结出很多的经验，其中"金属材料的高质量"是预防失效的首要要求。例如，20 世纪 20 年代，发现奥氏体不锈钢在很多介质中发生晶间腐蚀失效，通过失效分析提出晶间腐蚀的贫铬理论、选择性腐蚀理论及沉淀相腐蚀理论等，为避免有害的碳化铬在晶界沉淀，降碳、加稳定的碳化物形成元素及杂质含量低的奥氏体不锈钢相继问世，使奥氏体不锈钢构件的晶间腐蚀失效率大大降低；又如，世界上石油的含硫量越来越高，压力容器及管道大量的湿 H_2S 环境开裂失效问题引起世人的关注，通过广泛深入的调查研究分析，认为碳钢及低合金钢在湿 H_2S 环境中的开裂问题与钢材的强度有关，与材料的化学成分、显微组织，尤其冶金质量影响有关，因此目前世界各国在开发高纯净度及满意显微组织的湿 H_2S 环境专用钢，如法国在压力容器结构规范 CODAP—1990 中，除了规定限制钢材碳当量及焊缝热影响区的硬度，还提出要求：为降低夹杂，应限制 S 含量，使 S$\leqslant$0.002%，如能达 0.001% 则更好；为改善显微组织，应限制 P$\leqslant$0.008%，以防止磷的偏析引起开裂。

1.2.3 具有高经济效益和社会效益

装备及构件失效带来直接及间接的经济损失，进行失效分析找出失效原因及防止措施，使同样的失效不再发生，这无疑就减少了损失，带来了经济效益；提高装备构件质量，使用寿命增加，维修费用降低及高的产品质量信誉等都带来经济效益；失效分析能分清责任，为仲裁和执法提供依据；失效分析揭示了规章、制度、法规及标准的不足，为其修改提供依据。科学技术是生产力，失效分析有力地推动科学技术的发展，在这个方面失效分析给整个社会带来的经济效益和社会效益是难以估计的。

1.3 金属构件的失效形式及失效原因

金属构件的失效形式及失效原因是密切相关的，失效形式是构件失效过程的表观特征，是可以观察的。而失效原因是导致构件失效的物理化学机制，是需要通过失效过程调查研究及对失效件的宏观、微观分析去诊断、发现和论证的。失效形式和失效原因是本课程学习的核心内容。在此列出实际上可观察到的失效形式并作简单解释，对引起失效可能的原因作概括性介绍。这两方面的详细内容将在随后各章节阐述。

1.3.1 金属构件的失效形式

金属构件失效可以由一种或多种过程引起，其失效形式可以是单一的过程现象，也可以是组合的过程现象。如腐蚀一般被认为是单一的过程，过程表征是构件表面受到腐蚀损伤；疲劳一般也被认为是单一的过程，由周期变动载荷引起构件的机械损伤，过程表征是构件中疲劳裂纹的萌生、扩展以至断裂。腐蚀或疲劳各是独立的一种失效形式，而腐蚀疲劳则可认为是组合的过程现象，由于其出现的普遍性、后果的严重性，并且腐蚀与疲劳互相增强，往往不作为是两个单一失效形式的同时出现，而是两者组合有协同效应引起的一种失效形式。在腐蚀疲劳失效中，活性腐蚀的存在会加剧疲劳过程，而周期变动的疲劳载荷的存在又加剧了腐蚀过程。腐蚀疲劳已被作为一种独立的失效形式。

以下对工业装备及机械制造构件失效的形式作简单的介绍。

弹性变形失效　当应力或温度引起构件可恢复的弹性变形大到足以妨碍装备正常发挥预定的功能时，就出现弹性变形失效。

塑性变形失效　当受载荷的构件产生不可恢复的塑性变形大到足以妨碍装备正常发挥预定的功能时，就出现塑性变形失效。

韧性断裂失效　构件在断裂之前产生显著的宏观塑性变形的断裂称为韧性断裂失效。

脆性断裂失效　构件在断裂之前没有发生或很少发生宏观可见的塑性变形的断裂称为脆性断裂失效。

疲劳断裂失效　构件在交变载荷作用下，经过一定的周期后所发生的断裂称为疲劳断裂失效。

腐蚀失效　腐蚀是材料表面与服役环境发生物理或化学的反应，使材料发生损坏或变质的现象，构件发生的腐蚀使其不能发挥正常的功能则称为腐蚀失效。腐蚀有多种形式，有均匀遍及构件表面的均匀腐蚀和只在局部地方出现的局部腐蚀，局部腐蚀又有点腐蚀、晶间腐蚀、缝隙腐蚀、应力腐蚀开裂、腐蚀疲劳等。

磨损失效　当材料的表面相互接触或材料表面与流体接触并作相对运动时，由于物理和化学的作用，材料表面的形状、尺寸或质量发生变化的过程，称为磨损。由磨损而导致构件功能丧失，称为磨损失效。磨损有多种形式，其中常见粘着磨损、磨料磨损、冲击磨损、微动磨损、腐蚀磨损、疲劳磨损等。

1.3.2 引起失效的原因

金属装备及其构件在设计寿命内发生失效，失效的原因是多方面的，大体上认为是由设计不合理、选材不当及材料缺陷、制造工艺不合理、使用操作和维修不当等四方面引起的，可以是单方面的原因，也可能是交错影响，要具体分析。

（1）设计不合理

由于设计上考虑不周密或认识水平的限制，构件或装备在使用过程中失效时有发生，其中结构或形状不合理，构件存在缺口、小圆弧转角、不同形状过渡区等高应力区，未能恰当设计引起的失效比较常见。

例如，受弯曲或扭转载荷的轴类零件在变截面处的圆角半径过小就属设计缺点。又如，容器碟形封头的设计，按国家标准 GB 150 规定的强度公式进行强度尺寸计算，原要求过渡区尺寸 $r/D_i \geqslant 0.06\%$ ，后修订为按 $r/D_i \geqslant 0.10\%$ 进行结构设计，则减少过渡区失效的发生。无折边锥形封头使用范围半锥角 $\alpha \leqslant 30°$ 也是失效得来的教训。不久前某酒精厂蒸煮锅上封头采用 $\alpha = 80°$ 的无折边锥形封头，在 0.5 MPa 的工作压力下操作发生爆炸引起事故。

某厂引进的大型再沸器，结构为卧式 U 形管束换热器，由于管束上方汽液通道截面过小，形成汽液流速过高，造成管束冲刷腐蚀失效。

总之，设计中的过载荷、应力集中、结构选择不当、安全系数过小（追求轻巧和高速度）及配合不合适等都会导致构件及装备失效。构件及装备的设计要有足够的强度、刚度、稳定性，结构设计要合理。

分析设计原因引起失效尤其要注意：对复杂构件未作可靠的应力计算；或对构件在服役中所承受的非正常工作载荷的类型及大小未作考虑；甚至于对工作载荷确定和应力分析准确的构件来说，如果只考虑拉伸强度和屈服强度数据的静载荷能力，而忽视了脆性断裂、低循环疲劳、应力腐蚀及腐蚀疲劳等机理可能引起的失效，都会在设计上造成严重的错误。

（2）选材不当及材料缺陷

金属装备及构件的材料选择要遵循使用性原则、加工工艺性能原则及经济性原则，遵循使用性原则是首先要考虑的。使用在特定环境中的构件，对可预见的失效形式要为其选择足够的抵抗失效的能力。如对韧性材料可能产生的屈服变形或断裂，应该选择足够的拉伸强度和屈服强度；但对可能产生的脆性断裂、疲劳及应力腐蚀开裂的环境条件，高强度的材料往往适得其反。在符合使用性能的原则下选取的结构材料，对构件的成形要有好的加工工艺性能。在保证构件使用性能、加工工艺性能要求的前提下，经济性也是必须考虑的。

选材不当引起的金属构件及装备的失效已引起很大的重视，但仍有发生。如构件高温蠕变失效屡见不鲜，某厂的火管锅炉，壳体材料为 16MnR，火管材料为 10 g 无缝钢管，流体入口温度超过 1000 ℃，出口温度为 240 ℃，压力为 4 MPa。这种结构的火管，经一段时间使用后，局部过热而烧穿。如此高温的炉管选用 10 g 钢是不合理的，后改用含 Cr、Mo 元素高的合金钢管子。又如，某厂原使用引进的管壳式热交换器一台，壳体及管子均为 18-8 铬镍奥氏体不锈钢，基于生产需要按原图纸再加工一台，把壳体改为低碳钢与 18-8 铬镍复合钢板，管子仍为 18-8 铬镍钢，投入使用即发生壳体横向开裂，分析原因表明，管壳因材料热膨胀系数差异引起过大的轴向温差应力，是热交换器壳体材料选用复合钢板后又未对换热器结构作改进所造成的失效。

金属装备及构件所用原材料一般经冶炼、轧制、锻造或铸造，在这些原材料制造过程中所造成的缺陷往往也会导致早期失效。冶炼工艺较差会使金属材料中有较多的氧、氢、氮，并有较多的杂质和夹杂物，这不仅会使钢的性能变脆，甚至还会成为疲劳源，导致早期失效。轧制工艺控制不好，会使钢材表面粗糙、凹凸不平，产生划痕、折叠等。铸件容易产生疏松、偏析、内裂纹，夹杂沿晶间析出引起脆断，因此金属装备要求强度高的重要构件较少用铸件。由于锻造可明显改善材料的力学性能，因此，许多受力零部件尽量采用锻钢，如高颈对焊法兰、整锻件开孔补强等。而锻造过程中也会产生各种缺陷，如过热、裂纹等，使构件在使用过程中导致失效。

（3）制造工艺不合理

金属装备及其构件往往要经过机加工（车、铣、刨、磨、钻等）、冷热成形（冲、压、卷、弯等）、焊接、装配等制造工艺过程。若工艺规范制订欠合理，则金属设备或构件在这些加工成形过程中，往往会留下各种各样的缺陷。如机加工常出现的圆角过小、倒角尖锐、裂纹、划痕；冷热成形的表面凹凸不平、不直度、不圆度和裂纹；在焊接时可能产生的焊缝表面缺陷（咬边、焊缝凹陷、焊缝过高）、焊接裂纹、焊缝内部缺陷（未焊透、气孔、夹渣），焊接的热影响区更因在焊接过程经受的温度不同，使其发生组织转变不同，有可能产生组织脆化和裂纹等缺陷；组装的错位、不同心度、不对中及强行组装留下较大的内应力等。所有这些缺陷如超过限度则会导致构件以及装备早期失效。

（4）使用操作不当和维修不当

使用操作不当是金属装备失效的重要原因之一，如违章操作，超载、超温、超速；缺乏经验、判断错误；无知和训练不够；主观臆测、责任心不强、粗心大意等都是不安全的行为。某时期统计 260 次压力容器和锅炉事故中，操作事故 194 次，占 74.5%。

装备是要进行定期维修和保养的，如对装备的检查、检修和更换不及时或没有采取适当的修理、防护措施，也会引起装备早期失效。

1.4 失效分析与其他学科的关系

失效分析已从一门综合技术发展成为一门新兴的综合性的学科。它研究失效的形式、机理、原因，并提出预测和预防失效的措施，称为失效学。因此，它是涉及广泛学科领域和技术范畴的学科。失效分析与其他学科的关系如图 1-1 所示。图中箭头符号表明它们之间的关系，单箭头表示只为失效分析提供信息和依据，而双箭头则表示互相提供信息和依据。

要进行失效分析，需要深厚的力学、材料学、化学、数学、断口学、裂纹学、痕迹学及机械装备设计、制造、使用、检测、管理等方面的知识，许多学科可为失效分析服务。而通过失效分析，其结果又可为其他学科提供新的反馈资料来促进其发展。阐述失效分析的重大意义时，以典型的失效案例引证了失效分析促进了科学技术的发展，也同时促进相关学科的发展。如对火车断轴的研究，提出了疲劳的概念；wöhler 通过大量重复应力下的试验，建立了 S-N 疲劳曲线和疲劳极限的近代疲劳研究的基础；随着对彗星号喷气客机坠落后开展的打捞飞机残骸分析与整机试验，及对伊丽莎白二世号轮船上的涡轮叶片的失效分析，又揭开了疲劳研究的新篇章。疲劳是裂纹的发展过程，只有真正了解疲劳裂纹的萌生、扩展的机理

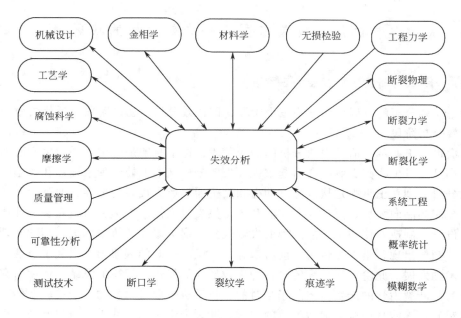

图 1-1　失效分析与其他学科的关系

及影响因素，才能了解材料疲劳的真谛。至此材料学科的发展又上了一个新台阶。又如 20世纪 40 年代英国一架皇家飞机失事造成一个重要人物死亡，20 世纪 50 年代美国数起电站设备飞裂事故等，引起了人们的震惊，对这些事故进行大量的失效分析之后，认识了前人未知的金属氢脆失效问题；现代大型化工设备大量的不锈钢件的断裂失效，引起了各方面的关注，失效分析表明，具有一定成分和组织状态的金属合金，在一定的腐蚀介质和应力水平的共同作用下历经一定的时间就会脆性断裂，这就是应力腐蚀失效。对金属合金出现氢脆和应力腐蚀断裂的发现及对失效机理的认识，推动了腐蚀学科的发展。在进行疲劳、氢脆和应力腐蚀断裂分析中，所做的大量的断口显微形貌观察、分析、对比，找出了两者区分的特点，从中丰富了断口学的内容，使断口学逐渐成为断裂失效分析不可缺少的有力工具。机械装备设计的知识，能促进分析效率和水平的提高，而失效分析结果又是属于设计问题的，则多次反馈就能提高设计师的可靠性设计水平，如 GB 150 容器设计的开孔补强、封头折边，GB 151 刚性固定列管式换热器膨胀节的设计规定都是经过很多次的使用失效信息反馈，经优化设计才得出的。

失效分析与其他学科结合不断产生新的学科。

失效分析与基础学科结合　它与力学之间的结合成为失效力学或称为损伤力学；它与物理之间的结合成为失效机理学；它与化学之间的结合成为失效化学或称为失效环境学；它与数学之间的结合成为失效数学或称为可靠性数学。

失效分析与应用学科结合　它与机械设计学、工程力学、断裂力学等相结合成为失效机械设计学；它与物理冶金学、力学冶金学、材料工艺学等相结合成为失效材料学；它与机械制造工艺学、机械维修知识等相结合成为失效机械制造学；它与腐蚀学、摩擦学相结合成为失效环境学；它与无损探伤学、金相学、电子显微分析学、数理统计学、模糊判断学、可靠性工程学相结合成为失效方法学；它与全面质量管理学、经济法律学、系统工程学、价值工程学相结合成为失效管理学；它与情报信息学相结合成为失效情报信息学。

1.5 失效分析的历史发展与国内外失效分析的状况

1.5.1 失效分析的历史发展的三阶段

一般把失效分析的发展历史分为三个阶段，即失效分析的初级阶段、近代失效分析阶段及现代失效分析阶段。

第一次世界工业革命前是失效分析的初级阶段，这个时期是简单的手工生产时期，金属制品规模小且数量少，其失效不会引起重视，失效分析基本上处于现象描述和经验阶段。

失效分析受到真正重视是从以蒸汽动力和大机器生产为代表的世界工业革命开始，生产大发展，金属制品向大型、复杂、多功能开拓，但当时人们尚未掌握材料在各种环境中使用的性态、设计、制造及使用中可能出现的失效现象。锅炉爆炸、桥梁倒塌、车轴断裂、船舶断裂等事故频繁出现，给人类带来了前所未有的灾难。失效的频繁出现引起了重视，促使失效分析技术的发展。此阶段最可喜的是各种失效形式的发现及规律的总结，促使研究带裂纹体力学行为的断裂力学的诞生。但限于当时的分析手段主要是材料的宏观检验及倍率不高的光学金相观测，未能从微观上揭示失效的本质；断裂力学仍未能在工程材料断裂中很好地应用。此为失效分析的第二阶段，此阶段一直延至 20 世纪 50 年代末，又称为近代失效分析阶段。

20 世纪 50 年代以后，随着电子行业的兴起，微观观测仪器的出现，特别是分辨率高、放大倍率大、景深长的透射及扫描电子显微镜的问世，使失效分析扩大了视野，洞穿失效的微观机制，随后大量现代物理测试技术的应用，如电子探针 X 射线显微分析、X 射线及紫外线光电子能谱分析、俄歇电子能谱分析等，从而促使失效分析登上了新的台阶。失效分析现处在第三阶段的历史发展时期，这是现代失效分析阶段。这一阶段已经走过近半个世纪，并取得了重大的成就。电子显微分析使失效细节观察成为可能，促使断口学及痕迹学的完善，成为失效分析最重要的科学技术；断裂力学已成为研究含裂纹的工程结构件变形及裂纹扩展的分支学科，断裂力学在失效分析诊断中起了重大作用，揭示含裂纹体的裂纹扩展规律，并推进失效预测预防工作的进展；失效分析集断裂特征分析、力学分析、结构分析、材料抗力分析及可靠性分析为一体，已发展成为跨学科的、综合的和相对独立的专门学科，不再是材料科学技术的一个附属部分。这一时期全国性失效分析中心及失效分析学会相继成立，大量的失效分析专著及失效分析会议论文集，杂志专栏引证了这一时期失效分析的迅猛发展。

1.5.2 国内外失效分析状况

（1）中国

中国的失效分析工作从 20 世纪 70 年代进入一个新时期，无论是组织管理、实际的分析操作技术、理论研究及普及教育都取得了很大的进步和提高。

国内的失效分析工作主要由中央部委的失效分析研究中心、企业的理化实验室及高校相关的试验研究中心进行。重大的失效事故由国家直接主持领导，在全国调配相关学科专家组织攻关组或失效分析小组，在规定的时间内解决重大技术关键问题；一些比较简单、涉及面较窄的失效分析任务，也有由失效装备单位委托失效分析专家承担任务的。

中国机械工程学会及中国科协所属的有关工程技术学会为促进失效分析学科的发展做了很多的工作，起了很大的作用。如中国机械工程学会1980年在材料专业分会内成立了失效分析委员会，组织全国性失效分析的学术活动，于1980年、1984年、1988年及1993年相继召开了四次全国机械装备失效分析会议；又于1992年、1995年及1998年由中国科协委托中国机械工程学会失效分析委员会主持，全国22个工程学会共同举办了三届的全国机电装备失效分析预测预防战略研讨会。这七次全国会议提交的论文有一千多篇，全面报道了中国机械装备失效及失效分析的状况、失效分析的技术水平、理论研究的广度及深度。中国机械工程学会失效分析委员会在全国建立失效分析网点，建立失效分析专家库。中国很多工程学会或协会主办的工程技术刊物开辟失效分析专栏，及时报道各种工程装备及构件的失效分析案例。通过会议交流及印发论文集全国交流，通过杂志全国发行，大大推动了中国失效分析工作的发展。中国的现代失效分析虽然起步较晚，但与美、英、日、德、前苏联等先进国家相比，差距正日益缩小。

近年来，在失效分析、预测及预防知识的普及教育方面，中国已编辑出版了有关的教材、专著及技术丛书，高等院校已在有关的专业增设失效分析内容的课程，为培养失效分析专门人才和提高失效分析人员素质起了一定的作用。高校教材和专著如胡世炎的《破断故障金相分析》及《机械失效分析手册》、钟群鹏的《失效分析基础》、刘正义、吴连生等的《机械装备失效分析图谱》、吴望周的《化工装备断裂失效分析基础》、上海交通大学的《金属断口分析》、张栋的《机械失效的实用分析》及《机械失效的痕迹分析》、褚武扬等的《断裂与环境断裂》、陈伯蠡的《焊接工程欠缺分析与对策》等。还有由国家机械工业委员会统编的培训教材《失效分析》、由中国机械工程学会材料分会主编的《机械产品失效分析》丛书共11册等。

华南理工大学从1994年开始在腐蚀与防护专业开设本科生《金属设备失效分析》课程，1999年开始在化工过程机械专业开设硕士研究生选修课程《金属材料失效分析》，采用本校1993年自编讲义《金属设备失效分析》，并指定上述学者的专著为参考书。

（2）美国

美国无论在国防高新技术部门还是在工业部门均开展失效分析工作。在国防高新技术部门进行，如原子能、宇航等，失效分析主要是在国家的研究机构，如橡树岭国立研究所、肯尼迪中心、约翰逊中心等；在民用工业部门，失效分析主要在一些公司进行。例如，福特汽车公司、通用汽车公司、西屋公司、波音公司等都有相应的技术部门进行失效分析工作。美国的失效分析与保险公司和法院有最密切的关系，常以打官司而告终。不少重大失效事件是保密的，只有到时过境迁"解密"以后才能了解到。失效分析资料交流的公开渠道是在各种学会。美国金属学会（ASM）在领导失效分析工作方面作了很大的努力，早在1966年就汇编出版了《零件是怎样失效的》（《How Components Fail》）一书，以后逐年出版了一些手册、论文集和资料汇编等。美国机械工程师学会（ASME）和美国材料与试验学会（ASTM）也都围绕失效分析这个主题开展了一些讨论和出版了一些论文集。

美国材料与试验学会（ASTM）于1975年将《金属手册》改版为多卷本，即第八版开始，有独立的第十卷"失效分析与预防"（Failure Analysis and Prevention），该卷由245位作者合编，归纳美国几十年中出现的几十种机械失效类型，采用了343个案例加以说明，阐明如何分析由设计、选材、制造及其他原因引起的失效，并提出防止失效的措施。

美国的Jack A. Collins教授于1981年编著的教材《机械设计中的材料失效》（《Failure

of Meterials in Mechanical Design》），用于工程学院的高年级本科生和初级研究生的教学，该书对有关材料失效的各种理论做了比较详细的介绍，对常见的失效形式作了详细的分析，提出各种失效预测及预防的方法。该书于 1993 年再版，与原版比较，只作了少量增补和删改，目前仍然是亚利桑那州大学和俄亥俄州大学机械工程专业的教科书。

（3）其他国家

英国对重大事故的失效分析主要由国家的研究机构进行。英国的国立工程研究所（NEL）、国立物理研究所（NPL）、焊接研究所（WI）、中央电力局（CEGB）、英国煤气公司等部门都有失效分析机构。英国的大学与这些机构均有密切的联系，承担相当数量的失效分析任务，并开设失效分析课程，为提高失效分析技术起了很大的作用。

日本的金属材料技术研究部是政府的机械失效分析工程管理及运作机构。日本的特色是企业对失效分析特别重视，认为失效分析是质量管理的一个组成部分。产品在使用中出现失效时，即根据"产品失效报告书"所填写的失效的具体情况，进行不同深度的失效分析，然后将得出的结论，通过不同的途径反馈到有关的部门，采取必要的改进措施。

德国有西欧惟一专门从事失效分析及预防的商业性研究结构，阿连安兹技术中心（简称 AZT），每年完成失效分析任务 700～760 项，出版《机械失效》(DERMASCHINDNSCHADEN) 月刊。一些失效分析研究单位建立了失效事故分析档案，以便以后有案可查，更重要的意义是可以将这些事故档案加以统计分析，为以后失效分析提供宝贵资料。德国近十多年来更致力于失效分析工程理论的研究，在高等院校设置《失效分析学》课程。

前苏联早在 20 世纪 40、50 年代就开展了失效分析工作，并出版了一系列有关失效分析的专著，但国内曾出现的重大事故却很少在刊物上报道，对于与失效分析相关的一些问题，如材料的强度与断裂、机械的可靠性与耐用性等则在公开刊物上讨论得较详尽。

1.6 失效分析工作者的主要任务和应具备的基本素质

（1）主要任务

① 深入装备失效现场、广泛收集、调查失效信息，寻找失效构件及相关实物证据。

② 对失效构件进行全面深入的宏观分析，通过种类认定推理，初步确定失效件的失效类型。

③ 对失效件及其相关证物展开必要的微观分析、理化检验，进一步查找失效的原因。

④ 通过归纳、演绎、类比、假设、选择性推理，建立整个失效过程及其失效原因之间的联系，进行综合性分析。

⑤ 在可能的情况下，对重大的失效事件进行模拟试验，验证因果分析的正确性。

（2）应具备的基本素质

鉴于失效分析的重要性、复杂性和特殊性，失效分析人员应在实践中逐步完善，并应具备以下基本素质。

① 彻底的求实精神和严谨的工作态度，在任何情况下都要坚持实事求是，认真负责，勇于坚持真理，修正错误。

② 敏锐的观察力和熟练的分析技术，善于利用一切手段（包括先进的仪器、设备）取得失效的信息和证据。

③ 正确的失效分析思路和对失效分析形式、失效原因有良好的判断能力，要有"医生

的思路，侦探的技巧"。

④ 善于学习，向书本学习，向实践学习，向同行学习，向一切可能共事的人们学习。

⑤ 要有扎实的专业基础知识和较宽广的知识面，工作能力要强，办事效率要高。

复习思考题

1-1 什么叫金属构件的失效？试对下面的应用实例分别列出三种最有可能的失效形式，并说明为什么它们可能会失效。①自行车；②家用液化气瓶；③锅炉。

1-2 什么叫失效分析？为什么要进行失效分析？举例说明失效分析的意义。

1-3 引起金属装备及其构件失效一般有哪些原因？与失效案例联系分析。

1-4 联系本课程与各学科的关系、失效分析的发展史及失效分析的国内外状况，评价自己能否学好该门课程。

2 失效分析基础知识

作为一个合格的失效分析工作者，必须有扎实的失效分析专业基础知识。其中包括构件材料的金属学知识，构件由于受力、变形和输送能量作用而产生应力、应变和能量变化的力学知识，还有构件在不同工况条件下与环境介质作用的化学知识。这三方面的基础知识已在大学基础课程里进行了学习。本章主要是把与失效及失效分析密切相关，而使用频数较高的部分内容提纲挈领地作简单的介绍，以便于遇到具体问题时从相关的专著中寻求进一步的理解及解决方法。

2.1 金属构件中可能引起失效的冶金缺陷

金属构件在制造过程或在服役期间的失效，其原因与来自原材料缺陷、锻轧缺陷、焊接缺陷、热处理缺陷及机械加工（包括磨削）形成的缺陷密切相关，但并非是有缺陷的构件一定会发生失效。

2.1.1 铸态金属组织缺陷

铸态金属常见的组织缺陷有缩孔、疏松、偏析、内裂纹、气泡和白点等。

（1）缩孔与疏松

金属在冷凝过程中由于体积的收缩而在铸锭或铸件心部形成管状（或喇叭状）或分散的孔洞，称为缩孔，如图 2-1 所示。缩孔的相对体积，与液态金属的温度、冷却条件以及铸锭的大小等有关。液态金属的温度越高，则液体与固体之间的体积差越大，而缩孔的体积也越大。向薄壁铸型中浇注金属时，型壁迅速受热，而冷却型壁的空气则是热的不良导体。因

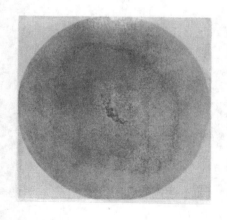

(a) Cr17 铸钢锭下部取样   (b) 低碳钼钢铸锭端部取样

图 2-1 缩孔

此，型壁越薄，则受热越快，液态金属越不易冷却，在刚浇完铸型时，液态金属的体积就越大，金属冷凝后的缩孔也就越大。

如在急剧冷却的条件下浇注金属，可以避免在铸锭上部形成集中缩孔。但在此情况下，液态金属与固态金属之间的体积差仍保持一定的数值，虽然在表面上似乎已经"消除"了大的缩孔，可是有许多细小缩孔即疏松，分布在金属的整个体积中，如图 2-2（a）所示。

在有色金属铸件中，有时会发现沿晶界分布的疏松，这种疏松称为晶间疏松。在黑色金属中虽也可发现这种疏松，但为数较少。此外，在铸件及铸锭中，有时还会发现在树枝晶的晶轴间存在着疏松，这种疏松称为枝间疏松。

晶间疏松与枝间疏松实际上都是一种显微缩孔。因金属冷凝时均以树枝晶的形式结晶，在树枝晶的晶轴凝固后金属的体积发生收缩，以致轴间的金属溶液不足而又得不到补充，从而形成了晶轴间的显微缩孔，此即枝间疏松。在各处晶粒基本凝固后，由于晶粒间的金属溶液不足而又得不到补充时，则形成晶粒间的显微缩孔，即晶间疏松。

钢材在锻造和轧制过程中，疏松情况可得到很大程度的改善，但如由于原钢锭的疏松较为严重、压缩比不足等原因，则在热加工后较严重的疏松仍会存在。图 2-2（b）所示为2Cr13 钢热轧后退火仍有黑色小点显示的中心疏松。此外，如原钢锭中存在着较多的气泡，而在热轧过程中焊合不良，或沸腾钢中的气泡分布不良，以致影响焊合，亦可能形成疏松。

(a) 45 号铸钢锭的严重疏松　　　　　　(b) 2Cr13钢热轧后退火的中心疏松

图 2-2　疏松

疏松的存在具有较大的危害性，主要有以下几种。

① 在铸件中，由于疏松的存在，显著降低其力学性能，可能使其在使用过程中因疏松成为疲劳源发生疲劳断裂。此外，在用作液体容器或管道的铸件中，有时会存在基本上相互连接的疏松，以致不能通过水压试验，或在使用过程中发生渗漏现象。

② 钢材中如存在疏松，亦会降低其力学性能，但因在热加工过程中一般能减少或消除疏松，故疏松对钢材性能的影响比铸件的小。

③ 金属中存在较严重的疏松，对机械加工后的表面粗糙度有一定的影响。

（2）偏析

金属在冷凝过程中，由于某些因素的影响而形成的化学成分不均匀现象称为偏析。金属中产生的偏析有以下几种。

① 晶内偏析与晶间偏析　固溶体金属在冷凝过程中，由于固相与液相的成分在不断地

改变，在同一个晶体内后凝固的部分与先凝固的部分成分将会不同，即越近中心越富含高熔点的组元，而越近边缘则越富含低熔点的组元。这种成分的差异可依靠组元的扩散而趋于均匀化，从而使金属成分达到平衡状态。但晶体中的扩散是一个缓慢的过程，而且随着温度的降低，扩散速度急剧地减小。因此在实际生产中的一般冷却条件下，扩散过程常落后于凝固和冷却过程。由于扩散不足，在凝固后的金属中，便存在晶体范围内的成分不均匀现象，即晶内偏析。这种偏析往往导致金属中树枝状组织的形成，故亦称枝晶偏析。

基于同一原因，在固溶体金属中，后凝固的晶体与先凝固的晶体成分也会不同。此外，在任何一种金属中，各个树枝状晶体之间最后凝固的部分，通常属于低熔点组成物和不可避免的杂质，它们与晶体本身的成分不同。上述这两种情况都属于晶体间的成分不均匀现象，即晶间偏析。

碳化物偏析是一种晶间偏析，常常出现于铸造状态的合金工具钢和高速钢中。当锻造或热轧时，这种粗大的碳化物被击碎，并循加工方向变形而成为不连续的带状碳化物分布于钢的基体中，致使钢的纵横向力学性能发生差异，特别是横向的塑性强烈地下降。在钢的加工和使用过程中，由于这种偏析的存在，可能导致其他缺陷的形成。因此在合金工具钢和高速钢中，应力求避免或减弱这种偏析。

②区域偏析　在浇注铸锭（或铸件）时，由于通过铸型壁强烈的定向散热，在进行着凝固的合金内便形成一个较大的温差。凝固不是在铸锭（铸件）的整个截面上同时进行，而是在同铸型壁接触的外层先开始。于是富集高熔点组元的初生晶体便紧靠型壁析出，而同晶体接触区域中的溶液则富集着低熔点组元。在有利的条件下，在心部凝固之前，边缘区域溶液与心部溶液的成分会调整一致。结果就必然导致外层区域富集高溶点组元，而心部则富集低熔点组元，同时也富集着凝固时析出的非金属杂质和气体等。这种偏析称为区域偏析。

钢锭中存在区域偏析，特别是硫偏析和磷偏析，强烈地降低钢的质量，并为以后的加工造成种种困难，甚至导致材料的严重损害和所制机件在使用中的破坏。如硫偏析能破坏金属的连续性，在钢锻造时引起热脆，在轧制钢板时产生夹层，严重地影响钢板的冷弯性能。承受交变载荷的零件，在使用中硫偏析往往为引起疲劳断裂的主要原因之一。图 2-3 所示为硫偏析的硫印图。磷偏析则使钢具有冷脆性，并促进钢的回火脆性。

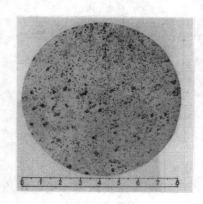

图 2-3　硫偏析

③比重偏析　在金属冷凝过程中，如果析出的晶体与余下的溶液两者密度不同时，这些晶体便倾向于在溶液中下沉或上浮。由此所形成的化学成分的不均匀现象，称为比重偏析。

晶体与余下的溶液之间的密度差越大，比重偏析越大。这种密度差取决于金属组元的密度差，以及晶体与溶液之间的成分差。如果冷却越缓慢，随着温度降低初生晶体数量的增加越缓慢，则晶体在溶液中能自由浮沉的温度范围越大，因而比重偏析也越强烈。

由于各种组织组成物的空间上的分离，不可能通过热处理来消除或减弱比重偏析，只能采取特殊的熔化或浇注等措施（例如快速浇注）予以防止。

（3）气泡与白点

金属在熔融状态时能溶解大量的气体，在冷凝过程中由于溶解度随温度的降低而急剧地减小，致使气体从液态金属中释放出来。若此时金属已完全凝固，则剩下的气体不易逸出，有一部分就包容在还处于塑性状态的金属中，于是形成了气孔。这种气孔称为气泡。如图2-4所示。

气泡的有害影响表现如下。

① 气泡减少金属铸件的有效截面，由于其缺口效应，大大降低了材料的强度。

② 当铸锭表面存在着气泡时，在热锻加热时它们可能被氧化，以致在随后的锻压过程中不能焊合而形成细纹或裂缝。

③ 在沸腾钢及某些合金中，由于气泡的存在还可能产生偏析，导致裂缝。

图 2-4　气泡

氢是以原子状态溶解在钢中的，它在钢中的溶解度随温度的降低而显著减小，如果钢液中氢含量较高，在冷却时氢以原子态析出，聚集在钢中空隙处，结合成分子态的氢。因氢分子很难在钢中进行扩散，在空隙处便形成巨大的局部压力（可达数百个大气压），远远超过了钢的强度，因而产生裂缝。当出现这种缺陷以后，在经侵蚀后的横向截面上，呈现较多短小的不连续的发丝状裂缝；而在纵向断口上会发现表面光滑的、银白色的圆形或椭圆形的斑点，这种缺陷称为白点。如图 2-5 所示。

白点最容易产生在以镍、铬、锰作为合金元素的合金结构钢及低合金工具钢中。奥氏体钢及莱氏体钢中，从未发现过白点；铸钢中也有可能发现白点，但极为罕见；焊接工件的熔焊金属中偶尔也会产生白点。此外，白点的产生与钢材的尺寸也有一定的关系，横截面的直径或厚度小于 30 mm 的钢材不易产生白点。

通常，具有白点的钢材纵向抗张强度与弹性极限降低得并不多，但伸长率则显著降低，尤其是断面收缩率与冲击韧性降低得更多，有时可能接近于零。且这种钢材的横向力学性能又比纵向的降低得更多。因此，具有白点的钢材一般是不能使用的。

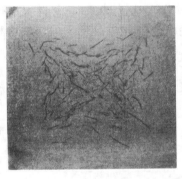

图 2-5　白点

2.1.2　金属锻造及轧制件缺陷

通过锻造和轧制工序，可以改善或消除金属铸态的某些缺陷组织（如疏松、气泡等），但如果工艺不当，便会产生缺陷组织。这些缺陷可分为内部组织缺陷和表面缺陷。

（1）内部组织缺陷

a. 粗大的魏氏体组织　在热轧或停锻温度较高时，由于奥氏体晶粒粗大，在随后冷却时的先析出物沿晶界析出，并以一定方向向晶粒内部生长，或平行排列，或成一定角度。这种形貌称为魏氏体组织，如图 2-6 所示。先析出物与钢的成分有关，亚共析钢为铁素体，过共析钢为渗碳体。

魏氏体组织因其组织粗大而使材料脆性增加，强度下降。比较重要的工件不允许魏氏体组织存在。

b. 网络状碳化物及带状组织　对于工具钢，锻造和轧制的目的不但是毛坯成形，更重要的是使其内部的碳化物碎化和分布均匀。如果不是多方向锻造，和小的锻造比，锻件就存

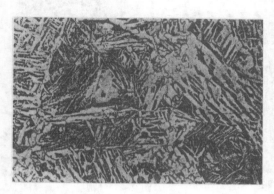

图 2-6　魏氏体组织

图 2-7　碳化物网状组织

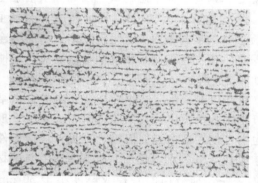

图 2-8　20 号锻钢的带状组织

在网络状或带状分布的碳化物，如图 2-7、图 2-8 所示。由于网状和带状组织破坏了材料性能的均匀性和连贯性，常成为工、模具过早失效的内在因素。

c. 钢材表层脱碳　钢加热时，金属表层的碳原子烧损，使金属表层碳成分低于内层，这种现象称为脱碳，凡降低了碳量的表面层叫做脱碳层。一般的锻造和轧制是在大气中进行的，加热及锻、轧过程中钢件表层会强烈烧损而出现脱碳层，如图 2-9 所示。

脱碳层的硬度、强度较低，受力时易开裂而

图 2-9　锻制螺栓因表面脱碳强度降低而变形及断裂的组织

成为裂源。大多数零件，特别是要求强度高、受弯曲力作用的零件，要避免脱碳层。因此，锻、轧的钢件随后应安排去除脱碳层的切削加工。

（2）钢材的表面缺陷

用肉眼能直接观察、鉴别的钢材表面缺陷，称为外观缺陷。影响钢材表面完整性和表面粗糙度等的表面质量的缺陷，统称为表面质量缺陷，简称表面缺陷。最常见钢材的表面缺陷有折叠、划痕、结疤、分层、表面裂纹等。

a. 折叠　该缺陷往往出现于金属锻、轧件的表面上，图 2-10 所示为低碳铬钼钢管内壁存在的严重折叠。折叠通常是由于材料表面在前一道锻、轧中所产生的尖角或耳子，在随后的锻、轧时压入金属本身而形成的。锻轧时产生的突出的尖角或耳子一般均较细薄，冷却时其冷速常较金属主体为大，同时突出的表面由于氧化的作用，总是在其周围附着一层氧化皮。因此，当突出部分被挤压入主体金属后，就极难同它焊合。折叠一般呈直线状，也有的呈锯齿状，分布于钢材的全长，或断续状局部分布，深浅不一，深的可达数十毫米，其周围有比较严重的脱碳现象，一般夹有氧化铁皮。

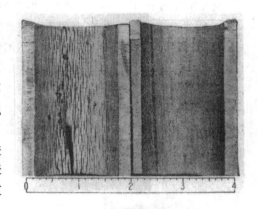

图 2-10　低碳铬钼钢管内壁的折叠和结疤

钢材表面的折叠，可采用机械加工的方法进行去除。型材表面因不再进行机械加工，如果表面存在严重的折叠，就不能使用，因为在使用过程中会由于应力集中造成开裂或疲劳断裂。

b. 划痕　在生产、运输等过程中，钢材表面受到机械刮伤形成的沟痕，称划痕，也称刮伤或擦伤。其深度不等，通常可看到沟底，长度自几毫米到几米，连续或断续分布于钢材的全长或局部，多为单条，也有双条和多条的划痕。

划痕缺陷的存在，能降低金属的强度；对薄钢板，除降低强度外，还会像切口一样地造成应力集中而导致断裂；尤其是在压制时，它会成为裂纹或裂纹扩展的中心。对于压力容器来说，表面是不允许有严重的划痕存在的，否则会成为使用过程中发生事故的起点。

c. 结疤　金属锭及型材的表面由于处理不当，往往会造成粗糙不平的凹坑。这些凹坑是不深的，一般只有 2～3 mm。因其形状不规则，且大小不一，故称这种粗糙不平的凹坑为结疤，也称为斑疤。如图 2-10 所示，管内壁有严重的结疤。

表面具有结疤的材料，如尚须进行切削加工，则结疤对材料的质量并无多大损害，因其在加工时可予去除。若结疤存在于板材上，尤其是在薄板上，则不仅能成为板材腐蚀的中心，在冲制时还会因此产生裂纹。此外，在制造弹簧等零件用的钢材上，是不允许存在结疤缺陷的。因为结疤容易造成应力集中，导致疲劳裂纹的产生，大大地影响弹簧的寿命和安全性。

d. 表面裂纹　钢材表面出现的网状龟裂或缺口，是由于钢中硫高锰低引起热脆，或因铜含量过高、钢中非金属夹杂物过多所致。沿着变形方向分布的裂纹是由于锻轧后处理不当而引起的。钢锭因为脱氧或浇注不当，也可能形成横裂纹或纵裂纹，它们在轧制过程中扩大，并会改变形状。

e. 分层　由于非金属夹杂、未焊合的内裂纹、残余缩孔、气孔等原因，使剪切后的钢材断面呈黑线或黑带，将钢材分离成两层或多层的现象，称为分层。

2.1.3 夹杂物及其对钢性能的影响

钢中非金属夹杂物虽然为数不多，但对性能的影响却不可忽视。夹杂物对钢的力学性能和工艺性能的影响，主要是降低材料的塑性、韧性和疲劳性能，尤其当夹杂物以不利的形状及分布特征存在时，对材料的力学性能影响更为严重。

统计结果表明，机器零件的失效，疲劳破坏约占 90% 以上。钢中非金属夹杂物尤其是表面夹杂物的危害性就在于它破坏了钢基体的均匀连续性，造成了应力集中，促进了疲劳裂纹的产生，并在一定条件下加速了裂纹的扩展，从而加速了疲劳破坏的过程。

（1）夹杂物的分类

钢在加工变形中，各类夹杂物的变形性不同，按其变形能力可分为三类。

a. 脆性夹杂物 一般指那些不具有塑性变形能力的简单氧化物（如 Al_2O_3、Cr_2O_3、ZrO_2 等）、双氧化物（如 $FeO \cdot Al_2O_3$、$MgO \cdot Al_2O_3$、$CaO \cdot 6Al_2O_3$ 等）、氮化物 ［如 TiN、Ti（CN）、AlN、VN 等］和不变形的球状（或点状）夹杂物（如球状铝酸钙和含 SiO_2 较高的硅酸盐等）。

对于变形率低的脆性夹杂物，在钢加工变形的过程中，夹杂物与钢基体相比变形甚小，由于夹杂物和钢基体之间变形性的显著差异，势必造成在夹杂物与钢基体的交界面处产生应力集中，导致微裂纹产生或夹杂物本身开裂，如图 2-11 所示。

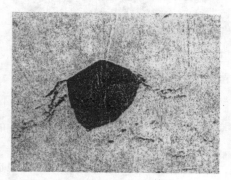 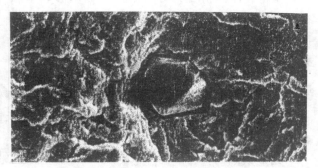

(a) 光学显微镜观察，在 5×10^4 周次时，在 38CrMoAl 板材疲劳试样表面较大的氮化铝尖角处开始产生裂纹 500×

(b) 在扫描电镜下观察疲劳断口，夹杂物与钢基体脱开 500×

图 2-11 裂纹优先在较大的夹杂物与钢基体交界处产生

钢中铝硅钙夹杂物具有较高的熔点和硬度，其硬度随 Al_2O_3 含量的增加而增大，它们几乎不变形，其变形率 $V \approx 0$，当压力加工变形量增大时，铝硅钙被压碎并沿着加工方向呈串链状分布，严重地破坏了钢基体均匀的连续性，如图 2-12 所示。

b. 塑性夹杂物 这类夹杂物在钢经受加工变形时具有良好的塑性，沿着钢的流变方向延伸成条带状，属于这类的夹杂物有含 SiO_2 量较低的铁锰硅酸盐、硫化锰（MnS）、（Fe，Mn）S 等。

硫化锰（MnS）是具有高变形率的夹杂物（$V = 1$），即夹杂物与钢基体的变形相等，它从室温一直到很宽的温度范围内均保持良好的变形性，由于 MnS 与钢基体的变形特征相似，所以在夹杂物与钢基体之间的交界面处结合很好，产生裂纹的倾向性较小，并沿加工变形的方向呈条带状分布，如图 2-13 所示。

c. 半塑性变形的夹杂物 一般指各种复合的铝硅酸盐夹杂物，复合夹杂物中的基体，在热加工变形过程中产生塑性变形，但分布在基体中的夹杂物（如铝酸钙、尖晶石型的双氧化物等）不变形，基体夹杂物随着钢基体的变形而延伸，而脆性夹杂物不变形，仍保持原来的几何形状，因此将阻碍邻近的塑性夹杂物自由延伸，而远离脆性夹杂物的部分沿着钢基体的变形方向自由延伸，如图 2-14 所示。

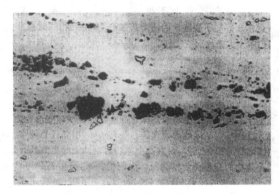

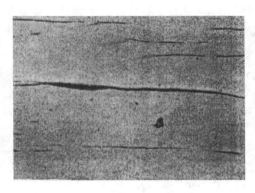

图 2-12　串链状夹杂物　　　　　　　　　图 2-13　硫化锰夹杂物　50×

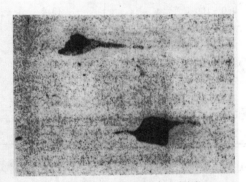

(a) 球形铝酸钙与铝硅酸盐复合夹杂物　500×　　(b) 尖晶石型双氧化物与铝硅酸盐复合夹杂物　500×

图 2-14　复合夹杂物的变形行为

（2）夹杂物对钢性能的影响

研究钢中夹杂物对力学性能的影响，主要是指对强度和韧性的影响。大量试验事实说明夹杂物对钢的强度影响较小，对钢的韧性危害较大，其危害程度又随钢的强度的增高而增加，因此研究高强度和超高强度钢中夹杂物对韧性的影响，对于发展和使用这些材料都是十分必要的。第二次世界大战期间，为了减轻武器和其他构件的重量，逐步扩大了高强度和超高强度钢的用途，但同时伴随着大量低应力下破坏性的灾难性较大事故发生。据统计，在此期间建造的 2500 艘船舰中，有近 700 艘发生了严重的破坏；还有许多桥梁和建筑物也出现过严重事故。许多国家对此从断裂力学的角度开展了大规模的研究，肯定了这些事故的主要原因是钢材的内部存在缺陷引起的应力集中。这些内部缺陷在较低应力作用下将成为高强度低韧性材料的裂源。裂源一旦出现将会由于高强度材料抗断能力较差而使裂纹迅速扩展，导致构件的断裂，造成灾难性事故。作为钢内部缺陷存在的夹杂物，在降低钢的韧性方面起着特殊的作用。

a. 夹杂物变形性对钢性能的影响　通常钢锭不是钢的最后产品，它必须通过不同的方法进行加工和热处理，如轧制、锻造、拉拔、切削等工序。由于夹杂物与钢基体之间的物理性质和变形性方面存在着较大的差异，在加工变形过程中，钢基体的均匀连续性受到破坏，引起应力集中，因此了解夹杂物与钢基体之间的变形行为极为重要，对判断夹杂物对钢性能的影响有重要的参考价值。

钢中非金属夹杂物的变形行为与钢基体之间的关系，可用夹杂物与钢基体之间的相对变形量来表示，即夹杂物的变形率 V。夹杂物的变形率可在 $V \approx 0 \sim 1$ 这个范围变化，若变形率低，钢经加工变形后，由于钢产生塑性变形，而夹杂物基本上不变形，便在夹杂物和钢基体的交界处产生应力集中，导致在钢与夹杂物的交界处产生微裂纹，这些微裂纹便成为零件在使用过程中引起疲劳破坏的隐患。

b. 夹杂物引起应力集中　非金属夹杂物可使金属中发生应力再分配，引起应力集中，成为材料中的薄弱环节。在考虑夹杂物引起应力再分配时，不仅注意夹杂物与钢基体之间具有不同的弹性和塑性性质，而且要考虑两者之间热膨胀系数的差别。

表 2-1　不同材料和夹杂物相的平均膨胀系数　（0～800 ℃）

材料与相	$\alpha(\times 10^{-6})$	材料与相	$\alpha(\times 10^{-6})$
α 铁（0～100 ℃）	14.8	奥氏体（含 C 量 0.7%～1.4%）	23
γ-Mn（0～100 ℃）	14.75	马氏体（含 C 量 0%～1.4%）	11.5
Ni（0～100 ℃）	13.3	渗碳体	12.5
Al（0～100 ℃）	23	Al_2O_3	8～8.5
Ca（0～100 ℃）	22	$CaO \cdot 6Al_2O_3$	8～8.5
Mg（0～100 ℃）	27	$CaO \cdot 2Al_2O_3$	5
铁素体	14.5	$CaO \cdot Al_2O_3$	6.5
$12CaO \cdot 7Al_2O_3$	7.6	CaS	14.7
$3CaO \cdot 7Al_2O_3$	10	MnS	18.1
CaO	13.5	TiN	9.1

从表 2-1 可以看出，刚玉和铝酸钙的热膨胀系数比金属基体小得多，所以在夹杂物周围引起拉应力，夹杂物的热膨胀系数越小，形成的拉应力越大，对钢的危害性越大。在高温下加工变形时，由于夹杂物与钢基体热收缩的差别，裂纹在交界面处产生。它很可能成为留在基体中潜在的疲劳破坏源。钢中非金属夹杂物对疲劳性能的危害程度将按铝酸钙、刚玉（Al_2O_3）、尖晶石型双氧化物的顺序减小。

危害性最大的夹杂物是来源于炉渣和耐火材料的外来氧化物，它们尺寸大、形状不规则、分布集中并且变形性差，这些夹杂物的存在，往往成为潜在的裂纹源，甚至引起部件早期疲劳破坏。

c. 夹杂物与钢的韧性

① 夹杂物形成裂源的原因一般有以下两方面。

ⅰ. 夹杂物是造成钢材局部应力集中的因素，由于夹杂物同钢基体之间热膨胀系数不同，在热加工之后的钢材内将围绕夹杂物形成应力场，若夹杂物为球状，其半径为 r，则在距离夹杂物中心约 $4r$ 为半径的球面内属于应力集中区域，由计算推导出来的最大应力在 80～130 MPa 之间。因此当受外力作用时，这些高应力集中区会首先开裂而形成裂源。

ⅱ. 夹杂物本身产生断裂或夹杂物与基体交界面产生断裂而成为裂源。

② 夹杂物与裂纹扩展。含有夹杂物的钢在断裂过程中，首先在颗粒较大的夹杂物处开裂而形成孔洞，这些孔洞的聚集和长大是通过颗粒较小的碳化物与钢基体分离，然后形成较大的裂纹，最终导致钢的断裂。Cottrell 认为在韧性断裂过程中孔洞的聚集是由于孔

洞之间的基体产生内颈缩的结果。而内颈缩则是由于钢基体受拉伸应力的作用而产生塑性失稳。

钢中夹杂物在裂纹成核方面起主要作用，而裂纹的扩展除借助于碳化物与钢基体的分离外，还与主裂纹前端夹杂物的类型、夹杂物的间距有关。通常有如下规律。

ⅰ. 超高强度钢和碳钢中 MnS 夹杂物的含量对强度无明显影响，但可使韧性降低。其中断裂韧性随 S 含量增加而降低，具有明显的规律性。

ⅱ. 从夹杂物类型比较，硫化物对韧性的影响大于氮化物，在氮化物中 ZrN 对韧性的危害较小，夹杂物类型不同而含量相近的情况下，变形成长条状的 MnS 对断裂韧性影响大于不变形的硫化物（Ti-S，Zr-S）。

ⅲ. 串状或球状硫化物对 ψ 和 A_{kV} 均不利，就对短横试样的危害而言，串状比球状危害更严重。

2.1.4 金属焊接组织缺陷

在机械制造中，焊接通常是采用熔化焊的办法将两块分离开的金属连接起来。在焊接过程中，焊缝金属是由焊条或焊丝等填充材料汇同紧靠焊缝区的受焊金属（即母材边缘部分）经熔化混合、凝固结晶而形成的。在焊接高温下，熔融的焊缝金属与熔渣（焊条药皮或焊剂熔化后形成的）进行冶金反应，在冷却时以母材对接的两坡口面的固态金属为基结晶凝固，焊缝金属形成一个纽带，将两边未熔化的母材结合成一个整体。

金属的焊接是在不平衡的热力学条件下进行的，加热与冷却速度大。此外，在大的结构件上，焊接接头金属只是一个微小部分，它的加热与冷却又是在相当大的刚性拘束下进行的。所以就外因而论，焊接区无论是结构应力，还是热应力都是很复杂的；从内在因素分析，会出现组织转变的不均匀性以及不平衡的结晶凝固引起的物理的与化学的不均匀性。正是由于这些外界的与内在因素综合作用，与其他热加工工艺相比，焊接是最容易产生工艺缺陷的一种工艺。

（1）焊接接头的形成与区域特征

将两块金属焊接起来，其焊缝金属是由熔化的填充金属材料与母材坡口区部分熔化的金属混合组成的。由于焊接热的作用，与其毗邻的母材金属，常称为近缝区或热影响区（见图2-15）。图 2-15 中勾画出的焊缝金属的边缘轮廓线是焊接时焊接熔池的边缘线，也就是焊接过程中某一时刻，液相（焊缝金属）与固相（母材金属）在横截面上相交接的宏观界面线。从冶金因素分析，虽然母材金属熔入焊接熔池中，起到了稀释焊缝金属的作用，然而在一般情况下，由于母材金属含硫、磷、碳等元素高，合金元素偏低，因此就碳、硫、磷等非金属元素而言，它们起到富化焊缝金属的作用；相对应地，对其他元素，则大多起到贫化焊缝金

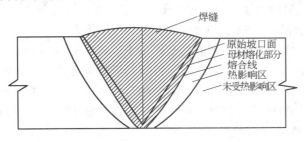

图 2-15　焊接接头的宏观区域结构

属的作用。就微观区域分析，在紧邻未熔化母材的焊缝底部，在母材与焊缝两区域间，则存在着一个过渡的，具有成分浓度梯度的区域。

热影响区的宽度通常以毫米计，考虑到受焊接热作用的程度不同，常常把过热部分，亦即最接近焊缝的部分称作近缝区。焊缝母材交界面，在宏观横截面上表现为一条线，习惯称它为熔合线。然而在微观上，在母材与焊缝区域间是不存在一个完整的交界面或线的。实际上，在它们之间存在的是一个具有化学与组织特征过渡的微观区域。

图 2-16 所示为焊接接头组织区域的划分。

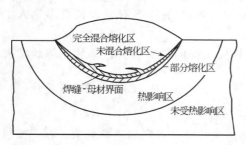

图 2-16　焊接接头组织区域划分示意

由于在焊接过程中金属所处的热力学状态不同，不同区域有不同的晶体学形态。母材金属受到焊接热源的不同加热，晶粒具有不同的长大倾向；焊缝（熔池）金属由于受到热散失方向的作用，一般具有拉长的柱状结晶组织形态。

焊缝（熔池）金属的冷却转变组织，随合金化条件、焊接方法及焊缝冷却速度等参数的变化，可以有珠光体转变，贝氏体转变与马氏体转变。必须说明，在同一个焊缝内，组织一般都是多形态的，特别是合金钢成分焊缝更是这样。

（2）焊接裂纹

在焊接生产中由于采用的钢种和结构的类型不同，可能遇到各种裂纹。裂纹有时分布在焊缝上，有时分布在焊接热影响区，有时出现在焊缝的表面上，也有时出现在焊缝的内部；有时宏观就可以看到，有时必须用显微镜才能发现。有横向裂纹，纵向裂纹，也有时出现在断弧的地方形成弧坑裂纹。总而言之，在焊接生产中所遇到的裂纹是多种多样的。如果按产生裂纹的本质来看，大体上可分为以下四大类。

a. 热裂纹　在高温下产生，而且都是沿奥氏体晶界开裂。根据产生热裂纹的形态、机理和温度区间等因素不同，热裂纹又分为结晶裂纹、高温液化裂纹和多边化裂纹三类。

结晶裂纹　焊缝在结晶过程中，固相线附近由于凝固金属收缩时，残余液相不足，致使沿晶界开裂，故称结晶裂纹。这种裂纹在显微镜下观察时，可以发现具有晶间破坏的特征，多数情况下在焊缝的断面上发现有氧化的色彩，说明这种裂纹是在高温下产生的。

结晶裂纹主要出现在含杂质较多的碳钢焊缝中（特别是含硫、磷、硅、碳较多的钢种焊缝）和单相奥氏体钢、镍基合金以及某些铝及铝合金的焊缝中。图 2-17 所示为结晶裂纹形貌。

图 2-17　焊缝中的结晶裂纹　1×
（母材 20 号钢；焊丝 H08A）

高温液化裂纹　在焊接热循环峰值温度作用下，母材近缝区和多层焊缝的层间金属中，由于含有低熔共晶组成物（如硫、磷、硅、镍等）而被重新熔化，在收缩应力作用下，沿奥氏体晶间发生开裂。应当指出，在不平衡的加热与冷却条件下，由于金属间化合物的分解和元素的扩散不相适应，造成了局部地区共晶成分偏高而发生液化，同样也会发生高温液化开裂。图 2-18 所示为高温液化裂纹形貌。

多边化裂纹　焊接时焊缝或近缝区在固相线温度以下的高温区间，由于刚凝固的金属存在很多晶格缺陷（主要是位错和空位）和严重的物理及化学的不均匀性，在一定的温度和应力作用下，由于晶格缺陷的移动和聚集，便形成了二次边界，即"多边化边界"，这个边界上堆积了大量的晶格缺陷，所以它的组织疏松，高温时的强度和塑性都很低，只要此时受少量的拉伸变形，就会沿着多边化的边界开裂，产生多边化裂纹，又称高温塑性裂纹。这种裂纹多发生在纯金属或单相奥氏体合金的焊缝中或近缝区。图 2-19 所示为多边化裂纹形貌。

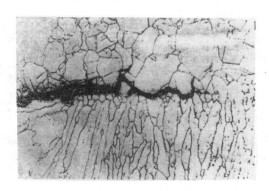 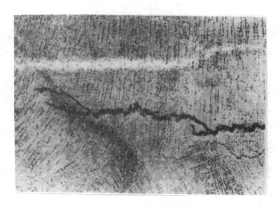

图 2-18　焊缝中的高温液化裂纹　500×　　　　图 2-19　焊缝中的多边化裂纹　100×

b. 再热裂纹　厚板结构焊后再进行消除应力热处理，其目的是消除焊后的残余应力，改善焊接接头的金相组织和力学性能。但对于某些钢种（含有沉淀强化元素的）在进行消除应力热处理的过程中，在焊接热影响区的粗晶部位产生裂纹。这种裂纹是在重新加热（热处理）过程中产生的，故称"再热裂纹"，又称"消除应力处理裂纹"，国外简称"SR 裂纹"（即 Stress Relief Cracking）。

对于产生再热裂纹的机理，一般认为：含有沉淀硬化相的焊接接头中，如存在较大的残余应力，并有不同程度的应力集中时，在热处理温度的作用下，由于应力松弛而导致较大的附加变形，与此同时在焊接热影响区的粗晶部位会析出沉淀硬化相（钼、钒、铬、铌、钛等碳化物），如果粗晶部位的蠕变塑性不足以适应应力松弛所产生的附加变形时，则沿晶界发生裂纹。

再热裂纹与热裂纹虽然都是沿晶界开裂，但是再热裂纹产生的本质与热裂纹根本不同，再热裂纹只在一定的温度区间（约 550～650 ℃）敏感，而热裂纹是发生在固相线附近。

再热裂纹多发生在低合金高强钢、珠光体耐热钢、奥氏体不锈钢，以及镍基合金的焊接接头中。图 2-20 所示为再热裂纹形貌。

c. 冷裂纹　在相当低的温度，大约在钢的马氏体转变温度（即 M_S 点）附近，由于拘束应力、淬硬组织和氢的作用下，在焊接接头产生的裂纹属冷裂纹。冷裂纹主要发生在低合金钢、中合金钢和高碳钢的热影响区，个别情况下，如焊接超高强钢或某些钛合金时，冷裂纹也出现在焊缝上。

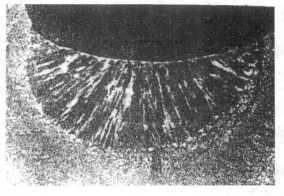

图 2-20　焊缝中的再热裂纹　8×

冷裂纹是目前焊接生产中影响较大的一种缺陷，甚至会造成灾难性的事故。由于被焊材料和结构的形式不同，故冷裂纹也有不同的类别，大体上分为以下三类。

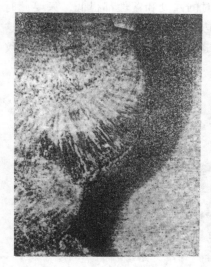

图 2-21　焊缝中的延迟裂纹　5×

① 延迟裂纹是冷裂纹中一种比较普遍的形态，它的特点不是在焊后立即出现，而是有一段孕育期，产生延迟现象，故称延迟裂纹。裂纹的成核与扩展决定于材料的塑性储备，焊接接头所处的应力状态，以及焊缝金属中扩展氢的含量等三个因素的交互作用。图 2-21 所示为延迟裂纹形貌。

② 淬硬脆化裂纹（淬火裂纹）。有些钢种由于淬硬倾向比较大，即便在没有氢的条件下，仅由拘束应力的作用，也能导致开裂。例如，含碳量较高的 Ni-Cr-Mo 钢焊接时，当急冷到 50 ℃ 以下的温度就会出现焊趾裂纹。它完全是由于冷却过程中马氏体相变终了而产生的，一般认为与氢的作用关系不大。另外，焊接马氏体类不锈钢、工具钢，以及异种钢等均可能出现这种淬硬脆化裂纹。

这种裂纹除了出现在热影响区，有时还出现在焊缝上，主要是由淬硬组织引起的，故又称淬火裂纹，是冷裂纹的另一形态。它基本上没有延迟时间，焊后可以立即发现。图 2-22 所示为淬硬脆化裂纹形貌。

③ 低塑性脆化裂纹。某些材料焊接时，在比较低的温度下，由于收缩应变超过了材料本身的塑性储备而产生的裂纹称为低塑性脆化裂纹。例如，铸铁和某些脆性材料的焊接，在热影响区常常出现边焊边裂几乎没有延迟现象。堆焊硬质合金和某些淬硬性较高的高强度钢气切时，也常出现这种低塑性脆化裂纹。

可以认为低塑性脆化裂纹是冷裂纹的另一形态，但它与一般的延迟裂纹不同，这种裂纹前端圆钝，裂纹本身具有一定的宽度，走向直通，似乎有脆断的特征。

d. 层状撕裂　焊接结构的层状撕裂

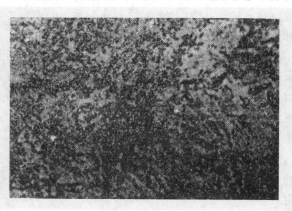

图 2-22　焊缝中的淬硬脆化裂纹　300×

是属低温开裂，常用的低合金高强钢，撕裂温度不超过 400℃。层状撕裂与一般的冷裂纹不同，它主要是由于轧制钢材的内部存在有分层的夹杂物（特别是硫化物夹杂物）和在焊接时产生的垂直轧制方向的应力，致使焊接热影响区附近或稍远的地方产生呈"台阶"状的层状开裂，并具有穿晶发展。层状撕裂常发生在装焊过程或结构完工之后，是一种难以修复的结构破坏，甚至造成灾难性事故。

层状撕裂主要发生在屈服强度较高的低合金高强钢（或调质钢）的厚板结构，如采油平台、厚壁容器、潜艇等，且材质含有不同程度的夹杂物。层状撕裂在 T 形接头，十字接头和角接头比较多见。图 2-23 所示为层状撕裂形貌。

以上简要介绍了各种裂纹的大致分类，为了清楚起见，现将各种裂纹的基本特征，出现

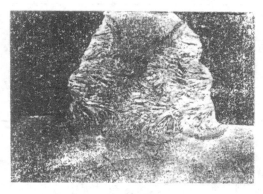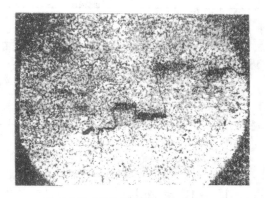

(a) T形接头的层状撕裂　1∶1　　　　　　　　　(b) T形接头层状撕裂裂纹止端的放大　5×

图 2-23　焊缝中的层状撕裂 （14MnMoCu 钢）

的温度区间等列于表 2-2。

表 2-2　各种裂纹分类表

裂纹分类		基 本 特 征	敏感的温度区间	被焊材料	位 置	裂纹走向
热裂纹	结晶裂纹	在结晶后期,由于低熔共晶形成的液态薄膜削弱了晶粒间的联结,在拉伸应力作用下发生开裂	在固相线温度以上稍高的温度(固液状态)	杂质较多的碳钢、低中合金钢、奥氏体钢、镍基合金及铝	焊缝上,少量在热影响区	沿奥氏体晶界
	多边化裂纹	已凝固的结晶前沿,在高温和应力的作用下,晶格缺陷发生移动和聚集,形成二次边界,在高温下处于低塑性状态,在应力作用下产生的裂纹	固相线以下再结晶温度	纯金属及单相奥氏体合金	焊缝上,少量在热影响区	沿奥氏体晶界
	高温液化裂纹	在焊接热循环峰值温度的作用下,在热影响区和多层焊的层间发生重熔,在应力作用下产生的裂纹	固相线以下稍低温度	含 S、P、C 较多的镍铬高强钢、奥氏体钢、镍基合金	热影响区及多层焊的层间	沿晶界开裂
再热裂纹		厚板焊接结构消除应力处理过程中,在热影响区的粗晶区存在不同程度的应力集中时,由于应力松弛所产生附加变形大于该部位的蠕变塑性,则产生再热裂纹	600~700 ℃回火处理	含有沉淀强化元素的高强钢、珠光体钢、奥氏体钢、镍基合金等	热影响区的粗晶区	沿晶界开裂
冷裂纹	延迟裂纹	在淬硬组织、氢和拘束应力的共同作用下而产生的具有延迟特征的裂纹	在 M_S 点以下	中、高碳钢,低、中合金钢、钛合金等	热影响区,少量在焊缝	沿晶或穿晶
	淬硬脆化裂纹	主要是由淬硬组织,在焊接应力作用下产生的裂纹	在 M_S 点附近	含碳较高的 Ni-Cr-Mo 钢、马氏体不锈钢、工具钢	热影响区,少量在焊缝	沿晶或穿晶
	低塑性脆化裂纹	在较低温度下,由于被焊材料的收缩应变,超过了材料本身的塑性储备而产生的裂纹	在400 ℃以下	铸铁、堆焊硬质合金	热影响区及焊缝	沿晶及穿晶

裂纹分类	基 本 特 征	敏感的温度区间	被焊材料	位 置	裂纹走向
层状撕裂	主要是由于钢板的内部存在有分层的夹杂物（沿轧制方向），在焊接时产生的垂直于轧制方向的应力，致使在热影响区或稍远的地方，产生"台阶"式层状开裂	约 400 ℃以下	含有杂质的低合金高强钢厚板结构	热影响区附近	穿晶或沿晶

2.1.5 钢铁热处理产生的组织缺陷

钢铁零件在热处理时出现废品是平常事，其原因是零件在加热和冷却过程中不可避免产生内应力。内应力来源有两个方面。一方面由于冷却过程中零件表面与中心冷却速度不同，其体积收缩在表面与中心也就不一样。这种由于温度差而产生体积收缩量不同所引起的内应力称做"热应力"。另一方面，钢件在组织转变时比体积发生变化，比如奥氏体转变为马氏体时比体积增大。由于零件断面上各处转变的先后不同，其体积变化各处不同，由此引起的内应力称做"组织应力"。

零件在淬火时产生的内应力最大，因此淬裂现象时有发生。导致淬裂的原因是多种多样的，现介绍如下。

(1) 原材料已有缺陷

如果原材料表面和内部有裂纹或夹杂物等缺陷，在热处理之前未发现，有可能形成淬火裂纹。图 2-24 所示为 45 钢机轴缩孔和夹杂物引起的淬火裂纹。

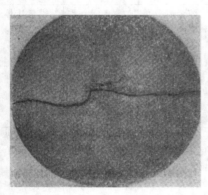

图 2-24 缩孔和夹杂物
引起的淬裂 1×

(2) 原始组织不良

淬火前工件原始组织要求细小而均匀，若原始组织不均匀，例如，带状偏析严重，晶粒粗大，在淬火时容易造成开裂。

(3) 夹杂物

如果零件内夹杂物严重，或本身因夹杂物严重而已隐藏有裂纹，淬火时将有可能产生裂纹。

(4) 淬火温度不当

淬火温度不当引起零件淬裂，一般有两种情况。其一，仪表的指示温度低于炉子实际温度，使实际淬火温度偏高，造成过热淬火，导致工件发生开裂。凡过热淬火开裂的显微组织，均存在着晶粒粗大和粗大的马氏体。其二，钢件实际含碳量高于钢材牌号所规定的含量，若按原牌号正常工艺淬火时，等于提高了钢的淬火温度，故容易造成零件过热和晶粒长大，使淬火时应力增大而可能引起淬裂。

(5) 淬火时冷却不当

淬火时由于冷却不当，也会使零件发生淬裂事故，一般有两种情况。其一，采用过快的冷却速度的介质冷却，如合金钢，尤其是高合金钢水淬时容易造成开裂。其二，零件结构较复杂，截面尺寸变化又较大，在冷却时壁薄部位容易造成应力集中而导致淬裂。

（6）机械加工缺陷

由于机械加工不良，在零件表面留下了深而粗的刀痕，尽管是很简单的零件或不是应力集中的地方，也会在淬火时造成开裂，或在服役中发生早期损坏。

（7）不及时回火

淬火后的零件存在很大的内应力，如果不能及时回火，将可能因淬火残余应力过大而导致裂纹的产生。对于工、模具钢，淬火后及时回火尤其重要。此外，回火必须充分，使马氏体转变为回火状态，同时使残余奥氏体尽可能消除。回火不充分的工、模具常会发生早期失效。图 2-25 所示为高速钢回火程度不同的组织示意。

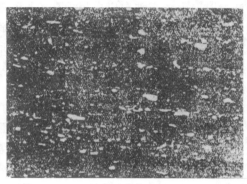 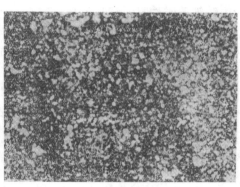

(a) 回火充分   (b) 回火不足

图 2-25　高速钢回火程度不同的组织　500×

2.2　力学计算基本概念

在装备构件的失效分析中，包含有失效构件的力学计算，其中根据强度理论，对均匀连续、没有宏观缺陷的构件受外力产生屈服及断裂失效进行分析计算；而根据断裂力学理论则对有宏观裂纹缺陷的构件提供由裂纹迅速扩展引起断裂失效的分析计算。工程上许多断裂现象用强度理论未能作出解释，但用断裂力学分析与处理可以得到较满意的结果。

2.2.1　传统强度理论及其适用范围

从 17 世纪中期开始的近 300 年的历史时期内，装备构件的设计都是按照一定的强度条件进行的。强度被定义为抵抗外力使构件失效的能力。所设计的构件的安全使用性能以构件有足够的强度为设计准则，再辅以合理的结构设计满足其余使用性能的要求。构件强度条件的建立依据强度理论。构件受外力作用后，构件内部存在应力、应变，且积聚了应变能，归纳构件失效的情况，无论构件应力状态是简单的或是复杂的，基本的失效形式有两种：断裂及屈服。其失效往往是由危险点处的最大正应力、最大线应变、最大切应力或形状改变比能等因素起主导作用。因而按构件强度失效不同的决定性因素便产生了各种假设的解释理论，称为强度理论。本节简单介绍强度理论的工程应用，其中包括解释断裂的最大拉应力理论和最大伸长线应变理论，解释屈服的最大切应力理论和形状改变比能理论，并提出强度理论在解释带裂纹构件断裂失效所出现的问题。

（1）强度理论

a. 最大拉应力理论（第一强度理论）　脆性材料的失效大多数是由拉应力作用造成的断

裂。故这一理论认为，决定构件产生断裂失效的主要因素是单元体的最大拉应力 σ_1。即不论它是单向应力状态或是复杂应力状态，只要单元体中的最大拉应力 σ_1 达到材料在单向拉伸下发生断裂失效时的极限应力值 σ_f，就将发生断裂失效。发生断裂失效时有 $\sigma_1 \geqslant \sigma_f$，在工程上近似用 $\sigma_f \approx \sigma_b$，即有 $\sigma_1 \geqslant \sigma_b$ 的断裂失效条件。

将拉伸强度极限 σ_b 除以安全系数，得到许用应力 [σ]。于是按第一强度理论建立的强度条件是

$$\sigma_1 \leqslant [\sigma] \tag{2-1}$$

试验与实践证明，这一理论与铸铁、石料、混凝土等脆性材料的失效现象相符合。例如，由铸铁等脆性材料制成的构件，在轴向拉伸试验时，得到与轴向应力相垂直的平直断口（有时在试样边缘有不大的剪切唇边）；在扭转试验时，得到沿扭转轴表面层成 45°的螺旋曲面；甚至在复杂应力状态下，其断裂面也是发生在最大拉应力的截面上。因此这一理论适用于以拉伸为主的脆性材料。但这个理论没有考虑到其他两个主应力对材料断裂失效的影响，而且对于单向压缩、三向压缩等应力状态也无法应用。

b. 最大拉应变理论（第二强度理论）　这一理论是根据最大线应变理论经过修正而得到的。这一强度理论的根据是，当作用在构件上的外力过大时，其危险点处的材料就会沿最大伸长线应变的方向发生脆性断裂。因此这一理论认为，决定材料发生断裂失效的主要因素是单元体中的最大拉应变 ε_1。即不论它是单向应力状态或是复杂应力状态，只要单元体中的最大拉应变 ε_1 达到单向拉伸情况下断裂失效时的拉应变极限值 ε_f 时，材料就将发生断裂失效。

在单向拉伸下，假定材料发生断裂时的拉应变的极限值 ε_f，仍可用虎克定律计算（对于脆性断裂，这一假设是近似正确的），则拉断时拉应变的极限值为 $\varepsilon_f = \dfrac{\sigma_b}{E}$，发生断裂失效的条件是

$$\varepsilon_1 = \varepsilon_f = \frac{\sigma_b}{E}$$

构件上危险点处的最大拉应变由广义虎克定律有

$$\varepsilon_1 = \frac{1}{E} [\sigma_1 - \mu(\sigma_2 + \sigma_3)]$$

代入上式得断裂失效条件是

$$\sigma_1 - \mu(\sigma_2 + \sigma_3) \geqslant \sigma_b$$

将 σ_b 除以安全系数，便得许用应力 [σ]，于是按第二强度理论建立的强度条件是

$$\sigma_1 - \mu(\sigma_2 + \sigma_3) \leqslant [\sigma] \tag{2-2}$$

这一理论在单向拉伸情况下，与第一强度理论完全一致，因为 $\varepsilon_1 = \dfrac{\sigma_1}{E} = \varepsilon_f = \dfrac{\sigma_b}{E}$。

第二强度理论能很好地解释脆性材料受轴向压缩时，沿纵向发生的断裂失效现象，这无疑是因为最大拉应变发生于横向的缘故。此外，由脆性材料的断裂失效试验指出，对于工程中最常遇到的一种应力状态，即两个主应力是一拉一压的二向应力状态，试验结果也与按这一理论计算结果相近。

但是必须注意，式（2-2）中所用的 [σ] 是材料在单向拉伸时的许用拉应力，这只对于在单向拉伸时沿横截面发生脆断失效的材料才适用。至于像低碳钢这样的塑性材料，是不可能通过单向拉伸试验得到材料在脆断时的极限值 ε_f 的。所以，第二强度理论对塑性材料

是不适用的。

　　此外，对于两个主应力均为拉应力的二向应力状态，其试验结果与第一强度理论（最大拉应力理论）计算的结果更为符合。

　　c. 最大切应力理论（第三强度理论）　对于塑性好的材料，当作用在构件上的外力过大时，其危险点处的材料就会沿最大切应力所在的截面滑移而产生屈服，从而引起构件失效。因此这一理论认为，决定材料塑性屈服而失效的主要因素是单元体中的最大切应力。即不论它是单向应力状态或是复杂应力状态，只要单元体中的最大切应力 $\tau_{\max}$ 达到在单向拉伸下发生塑性屈服时的极限切应力 τ_s 时，材料就将发生塑性屈服而引起构件失效。

　　在单向拉伸的情况下，当横截面上的拉应力到达极限应力 σ_s 时，与轴线成 45°的斜截面上相应的极限切应力为 $\tau_s = \dfrac{\sigma_s}{2}$。材料发生屈服时的条件是

$$\tau_{\max} \geqslant \tau_s$$

　　在复杂应力状态下的最大切应力为

$$\tau_{\max} = \frac{\sigma_1 - \sigma_3}{2}$$

　　代入屈服条件，得

$$\sigma_1 - \sigma_3 \geqslant \sigma_s$$

　　将 σ_s 除以安全系数得到许用应力 $[\sigma]$，按第三强度理论建立的强度条件是

$$\sigma_1 - \sigma_3 \leqslant [\sigma] \tag{2-3}$$

　　第三强度理论实际上是一种塑性屈服判据，而不是断裂判据。这一理论能圆满地解释塑性材料出现塑性变形的条件和现象，如低碳钢拉伸时，在与轴线成 45°的斜截面上发生最大切应力，并沿这些截面的方向（滑移系统）出现滑移线。但这一理论不考虑主应力 σ_2 的影响，理论结果偏于安全。另外它也不能解释脆性材料的失效问题。

　　d. 形状改变比能理论即均方根切应力理论（第四强度理论）　这一理论认为，对于塑性材料，构件形状改变比能是引起屈服的主要因素。即认为无论构件处在什么应力状态下，只要形状改变比能达到材料在单向拉伸时发生屈服应力 σ_s 相应的形状改变比能，材料就发生屈服，从而引起构件失效。

　　复杂应力状态下构件的形状改变比能为

$$\mu_f = \frac{1+\mu}{6E} \left[(\sigma_1 - \sigma_2)^2 + (\sigma_2 - \sigma_3)^2 + (\sigma_3 - \sigma_1)^2 \right]$$

　　而单向拉伸状态下材料与 σ_s 相应的形状改变比能为

$$\frac{1+\mu}{6E} (2\sigma_s^2)$$

　　构件屈服失效的条件是

$$\mu_f \geqslant \frac{1+\mu}{6E} (2\sigma_s^2)$$

　　经整理后得屈服条件是

$$\sqrt{\frac{1}{2} \left[(\sigma_1 - \sigma_2)^2 + (\sigma_2 - \sigma_3)^2 + (\sigma_3 - \sigma_1)^2 \right]} \geqslant \sigma_s$$

　　将 σ_s 除以安全系数得到许用应力 $[\sigma]$，按第四强度理论建立的强度条件是

$$\sqrt{\frac{1}{2} \left[(\sigma_1 - \sigma_2)^2 + (\sigma_2 - \sigma_3)^2 + (\sigma_3 - \sigma_1)^2 \right]} \leqslant [\sigma] \tag{2-4}$$

由于从均方根切应力理论或从八面体面上的切应力理论推导的结果与上式相同，因此形状改变比能理论又称为均方根切应力理论或八面体面上切应力理论。

几种塑性好的材料，如钢、铝、铜等的试验数据与第四强度理论的屈服条件非常接近，这一理论与试验结果吻合程度比第三强度理论更好。第四强度理论实际上也是一种塑性屈服判据，而不是断裂判据。

（2）各种强度理论的适用范围

为说明方便，把上面四个强度理论所建立的强度条件统一写为

$$\sigma_e \leqslant [\sigma] \tag{2-5}$$

式中，σ_e 为根据不同强度理论所得到的构件危险点处三个主应力的某种组合。从式（2-5）可以看出，这种主应力的组合和单向拉伸时的拉应力在安全程度上是相当的，因此，通常称 σ_e 为相当应力。将四个强度理论的相当应力表达式归纳为表 2-3。

表 2-3　四个强度理论的相当应力表达式

强 度 理 论 的 名 称 及 分 类		相 当 应 力 表 达 式
第一类强度理论 （断裂失效的理论）	第一强度理论——最大拉应力理论	$\sigma_e = \sigma_1$
	第二强度理论——最大拉应变理论	$\sigma_e = \sigma_1 - \mu(\sigma_2 + \sigma_3)$
第二类强度理论 （屈服失效的理论）	第三强度理论——最大切应力理论	$\sigma_e = \sigma_1 - \sigma_3$
	第四强度理论——形状改变比能理论	$\sigma_e = \sqrt{\dfrac{1}{2}\left[(\sigma_1 - \sigma_2)^2 + (\sigma_2 - \sigma_3)^2 + (\sigma_3 - \sigma_1)^2\right]}$

应该指出，按某一个强度理论的相当应力 σ_e 对危险点处于复杂应力状态下的构件进行强度校核，一方面要保证所用的强度理论与在该种应力状态下发生的失效形式相适应，另一方面要求采用的 $[\sigma]$ 也应与该失效形式的极限应力相符合，这两个条件若有一个不能满足，某种强度理论的应用就失掉依据。因此，搞清楚各种强度理论的适用范围是十分必要的。

对于脆性材料，在单向及两向拉伸应力状态下应采用最大拉应力理论。其 $[\sigma]$ 是材料在单向拉伸试验时测出的拉伸强度取用的许用应力值。不论是脆性材料或塑性材料，在三向拉伸应力状态下，都会发生脆性断裂，因此宜采用最大拉应力理论。对于塑性材料，由于从单向拉伸试验结果不可能得到材料发生脆断的极限应力，所以，在按最大拉应力理论对于用这类材料制成的构件进行强度校核时，公式中的 $[\sigma]$ 就不能再用这类材料在单向拉伸时的许用应力值。

对于像低碳钢这一类的塑性材料，在除了三向拉伸应力状态以外的各种复杂应力状态下，材料都会发生屈服现象。对于这类材料制成的薄壁圆筒来说，以采用形状改变比能理论为宜。但有时也可采用最大切应力理论，这是因为最大切应力理论的物理概念较为直观，而且按此理论所计算的结果也偏于安全。

在三向压缩应力状态下，不论是塑性材料还是脆性材料，通常都发生屈服破坏，故一般应采用形状改变比能理论。但因脆性材料不可能由单向拉伸试验结果得到材料发生屈服的极限应力，所以，在按此强度理论作强度计算时，公式中的 $[\sigma]$ 也不能用脆性材料在单向拉伸时的许用应力值。

上述的一些观点，目前在一般的工程设计规范中都有所反映，例如，对钢梁的强度计算一般均采用第四强度理论，又如，对承受内压作用的钢制圆筒进行计算时采用第三强度理

论。应该指出，在不同的情况下究竟如何选用强度理论，这并不单纯是一个力学问题，而与有关工程技术部门长期积累的经验，以及根据这些经验制订的一整套计算方法和规定的许用应力值都有关系。所以在不同的工程技术部门中，对于在不同情况下如何选用强度理论的问题看法上并不一致。所以，断裂失效分析中，在对构件作强度校核时，这是应该注意的问题。

（3）对传统强度理论的评论

在材料力学传统的强度理论的基础上建立的一整套有关结构强度设计的计算方法，被称为传统的强度计算方法。到目前为止，传统的强度计算方法仍对工程实践起着很大的指导作用。国内的 GB150《钢制压力容器》，国外的国家标准，如美国 ASME 的《锅炉及压力容器规范》、英国的 BS5500《非直接火压力容器》、日本的 JIS B8243《压力容器构造》等都是建立在传统的强度计算方法基础上的。中国目前钢制压力容器设计及强度校核执行的 GB150—1998《钢制压力容器》，主要对象是静载荷压力容器及其构件，其设计压力为 $0.1\sim35$ MPa；对容器中任一点应力，都是按平面力系解法将其归结为单向屈服的关系用弹性强度理论导出；总体一次薄膜应力按最大拉应力理论，将应力控制在许用应力之下；对于局部应力，则以最大切应力理论为控制依据，按计算点的三个主应力的最大与最小的差值称为应力强度，将其限制在许用值之下。

传统的强度计算方法简单易行，但不够准确，因为假设材料为均匀连续、无损伤的前提，与材料的实际情况是有区别的。任何原材料都存在微裂纹、微孔洞、剪切带以及各种损伤基元的组合，只是在经典材料力学基础上形成的材料强度理论时期，尚未能对材料微观损伤基元进行观察与研究。这些微观损伤基元的存在使材料绝非均质与连续，如微裂纹、微孔洞本身就存在几何的不连续；而剪切带内变形存在巨大的梯度变化更非均质，并且这些微观损伤随着材料的加工制造及在环境条件下使用会变化发展。材料中存在损伤单元及其可变化扩展将降低材料的承载能力，而当时的科技背景尚不足以对其影响做出客观的认识。为了保证构件的安全，传统强度计算方法采用了较高的安全系数。安全系数既包容了材料的实际情况与均匀连续无损伤假设的差异，也包容了真实变形体与受力假设模型的差异，甚至包容了制造、使用等过程产生的变化与理论假设的差异在内，全部用一个打折扣的数字概括了，这是一个模糊的概念，是一个无知程度系数。当这个安全系数取值未能包含以经验取值的因素出现时，事故就发生了。

第 1 章列举世界工业革命浪潮中出现的船舶折断、桥梁倒塌、车轴断裂、飞机坠毁等，所有构件的强度设计都是按传统强度计算方法进行的，当时被认为是准确无误的。事故后分析其原因大多是构件材料裂纹扩展引起的。裂纹萌生、长大及失稳过程的规律及对构件承载能力削弱的程度，不是安全系数取值加大，使壁厚增加所能包容的，往往适得其反。工业技术发展以前，事故比较少，因为广泛采用低强度韧性好的材料制造装备构件，材料抵抗裂纹扩展有较强的能力，尽管已经存在裂纹，但裂纹扩展的速度慢，在构件设计寿命期内尚未进入裂纹失稳扩展阶段。而工业技术大发展以后，工程结构复杂化、大型化，高参数的构件采用了低韧性的高强度材料，采用了对裂纹敏感的焊接结构，再加上制造和使用过程的苛刻条件，导致材料损伤基元变化加剧，裂纹易于萌生、长大、扩展成宏观裂纹。一旦构件有了裂纹或相当于裂纹的缺陷，构件的承载能力大为降低，往往在低应力使用中构件就发生脆断行为，这时构件的应力值往往低于材料的强度极限值，甚至低于材料的许用应力值。

对于构件材料从初始损伤基元到长大为宏观裂纹的逐渐劣化过程，即材料的损伤过程，这是损伤力学的研究内容。由于损伤力学发展至今只有 20 多年，尚未出现比较公认的理论及工程计算方法，本教材不涉及此内容。仅编入比较成熟的，多用于断裂原因分析和安全评估的断裂力学的基本概念。

断裂力学研究带有宏观裂纹（大于等于 0.1 mm）的均匀连续基体的力学行为，认为引起构件断裂失效的主要原因是构件材料存在宏观裂纹的成长及其失稳扩展。裂纹的失稳扩展，通常由裂纹端点开始，裂端区的应力应变场强度大小与裂纹的稳定性密切相关，当裂端表征应力应变场强度的参量达到临界值时，裂纹迅速扩展，至构件断裂。这里提出了两个问题，一是裂纹体在裂端区应力应变场强度的表征及变化规律；二是裂纹体发生失稳扩展的临界值。前者是含裂纹体的构件在外力作用下裂纹失稳扩展的能力，它必然与构件受外载引起的应力应变状态及环境作用有关，也与原有裂纹的性质及尺寸有关；后者是制造该构件材料抵抗裂纹扩展的能力，具有特定组织结构、性能和质量的材料，其抵抗裂纹扩展的能力应该是一个常数。断裂力学通过对裂纹端部应力应变场的大小和分布的研究，建立了构件裂纹尺寸、工作应力与材料抵抗裂纹扩展能力之间的定量关系。为构件的安全设计、定量或半定量地估计含裂纹构件的寿命、失效分析、选材规范乃至研制新材料提供了更切合实际的理论基础。

工程结构常用的金属材料的断裂主要有两种不同的性质：脆性断裂与韧性断裂。从观察试样的载荷-变形量关系来看，脆性材料的载荷与变形量呈线性关系，在接近承载极限时，才有很小一段非线性关系，脆断发生是突然的，裂纹开始扩展的启裂点与裂纹扩展失稳断裂点非常接近，裂纹扩展后，载荷迅速下降，断裂过程很快就结束了。而韧性比较好的材料，其载荷与变形量的关系开始也是线性的，随后有较长的一段非线性关系，裂纹启裂后可以缓慢地扩展一段时间才引起失稳断裂。两种断裂的载荷与变形量的关系如图 2-26 所示。

断裂力学分为线弹性断裂力学与弹塑性断裂力学，前者解决具有图 2-26（a）所示关系的脆性断裂；后者解决具有图 2-26（b）所示关系的韧性断裂。断裂力学理论基础始于线弹性力学，研究线弹性体的断裂规律，经几十年的探索发展成为研究脆性断裂的线弹性断裂力学，其在理论研究及工程应用方面都比较成熟。弹塑性断裂力学出现较晚，但也日趋成熟。

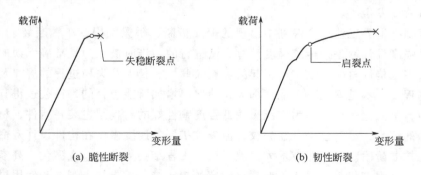

图 2-26 材料断裂的载荷-变形量关系

线弹性断裂力学分析脆性材料裂纹尖端应力应变场时，基于线弹性的假设模型，认为裂纹尖端虽然会出现塑性区，但因塑性区体积很小，其尺寸与裂纹尺寸相比可忽略其影响。但工程构件大多数采用韧性好的塑性材料，只有在低温及较大构件截面积时可增加脆性，才可直接用线弹性断裂力学分析问题。一旦裂纹端部超越"小范围屈服"，线弹性的假设则受到质疑，此时若塑性区较小，仍可用一个修正系数来考虑裂纹端部的塑性区。如果材料的性质、构件的截面尺寸、加载条件和环境条件综合起来在裂纹端部形成"大范围"的塑性区，就应该采用弹塑性断裂力学方法分析问题。本节内容主要学习线弹性断裂力学的基本概念及其应用，不进行数学及弹性力学的推导，对弹塑性断裂力学只作简单的介绍。

（1）线弹性断裂力学的基本概念及其应用

a. 裂纹扩展的三种基本类型　为了对裂纹端部的应力场及应变场进行分析，首先要了解裂纹扩展的方式。一般归类为图 2-27 所示的三种基本类型。在裂纹端部建立直角坐标系，坐标原点定在裂纹尖端，x，y 分别为构件视觉平面互相垂直的两个方向，而 z 为厚度方向。第一种称为张开型或拉伸型，简称 I 型。在 y 方向拉伸力作用下，其两个裂纹面沿 y 方向分离，有位移分量 v，而裂纹尖端扩展沿 x 方向。第二种称为滑开型。切应力平行于构件的视觉平面，两个裂纹面沿 x 正反两个方向移动，有位移分量 u，裂纹扩展沿 x 方向。第三种称为撕开型。切应力垂直于构件视觉平面，两个裂纹面沿 z 正反两个方向移动，有位移分量 w，裂纹扩展沿 x 方向。

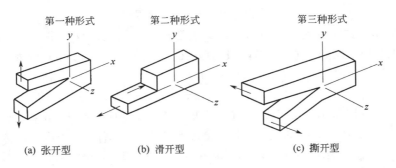

图 2-27　裂纹扩展的三种基本类型

任何复杂的裂纹扩展，都可以看成是这三种基本类型的组合，但 I 型是工程中最常见的，也是危害性最大的一种裂纹扩展型式。工程上的复合型裂纹往往也当作 I 型处理。因此断裂力学的研究重点是 I 型扩展的裂纹，本节内容也仅介绍 I 型裂纹尖端附近的应力场。

b. 张开型裂纹尖端附近的二向应力场方程　对于图 2-28 所示的无限大平板中心的张开型裂纹，由弹性力学的解析解，可以得出裂纹尖端附近（坐标为 r 和 θ）的二向应力分量，省去高阶项，如下式所示。

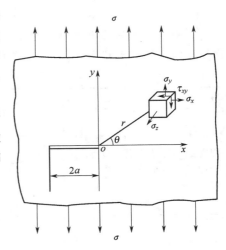

图 2-28　无限大平板中心有一长为 $2a$ 贯穿板厚裂纹

$$\sigma_x = \frac{K_{\mathrm{I}}}{\sqrt{2\pi r}} \cos \frac{\theta}{2} \left(1 - \sin \frac{\theta}{2} \sin \frac{3\theta}{2} \right)$$

$$\sigma_y = \frac{K_{\mathrm{I}}}{\sqrt{2\pi r}} \cos \frac{\theta}{2} \left(1 + \sin \frac{\theta}{2} \sin \frac{3\theta}{2} \right)$$

$$\tau_{xy} = \frac{K_{\mathrm{I}}}{\sqrt{2\pi r}} \sin \frac{\theta}{2} \cos \frac{\theta}{2} \cos \frac{3\theta}{2}$$　　　　(2-6)

$$K_{\mathrm{I}} = \sigma \sqrt{\pi a}$$

当裂纹尖端处于平面应力状态，即二向应力状态，如薄板受力，其 z 方向的应力为零，即 $\sigma_z = 0$，如图 2-29（a）所示。

当裂纹尖端处于平面应变状态，即三向应力状态，如厚板受力，其 z 方向的位移被束缚，即 $\varepsilon_z = 0$，有 z 方向的应力，$\sigma_z = \mu(\sigma_x + \sigma_y)$，如图 2-29（b）所示。

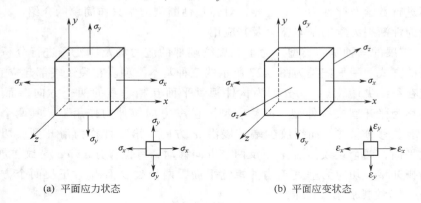

(a) 平面应力状态　　　　　　　　　　(b) 平面应变状态

图 2-29　裂纹尖端两种受力状态

式（2-6）是裂纹尖端区域的应力场近似表达式，越接近裂纹尖端，应力越大，且精确度越高。在裂纹尖端扩展线（即 x 轴）上，$\theta = 0$，$\sin\theta = 0$，式（2-6）变为

$$\sigma_x = \sigma_y = \frac{K_{\rm I}}{\sqrt{2\pi r}}, \quad \tau_{xy} = 0 \tag{2-7}$$

c. 应力场强度因子 $K_{\rm I}$　由式（2-6）可知，裂纹端部应力和 $K_{\rm I}$ 这个量有关。对于裂纹端部任意一点 $A(r, \theta)$，该点的应力分量完全由 $K_{\rm I}$ 所决定。$K_{\rm I}$ 控制了应力的大小，故称为应力场强度因子，下标 I 表示 I 型裂纹（张开型裂纹）。式（2-6）是针对无限大板中心贯穿裂纹推导出来的。对于其他裂纹状态的张开型裂纹，式（2-6）也是成立的，但 $K_{\rm I}$ 应为

$$K_{\rm I} = Y\sigma\sqrt{a} \tag{2-8}$$

式中，Y 是一个和载荷无关，而与裂纹形状、加载方式以及试样几何形状有关的量，称为几何因子或形状因子。$K_{\rm I}$ 的单位为 $\mathrm{MPa}\sqrt{\mathrm{m}}$。表 2-4 列出常见裂纹的 $K_{\rm I}$。

表 2-4　常见 I 型裂纹的应力强度因子

常 见 裂 纹	图 示	应 力 强 度 因 子
无限大平板有 $2a$ 的穿透裂纹，裂纹表面受到均匀拉伸应力作用（与无穷远处受均匀拉伸作用等效）		$K_{\rm I} = \sigma\sqrt{\pi a}$
有限宽的长条板有 $2a$ 的穿透裂纹，受到无穷远处的均匀拉伸		$K_{\rm I} = \sigma\sqrt{\pi a}\sqrt{\sec\dfrac{2a}{w}}$

常 见 裂 纹	图 示	应 力 强 度 因 子
有限宽的长条板有单边裂纹，受到无穷远处的均匀拉伸		$K_{\mathrm{I}} = \sigma\sqrt{\pi a}f\left(\dfrac{a}{w}\right)$ 当 $\dfrac{a}{w}\leqslant 0.6$ 时，$f\left(\dfrac{a}{w}\right)=1.12-0.23\left(\dfrac{a}{w}\right)+10.6\left(\dfrac{a}{w}\right)^2-$ $21.71\left(\dfrac{a}{w}\right)^3+30.38\left(\dfrac{a}{w}\right)^4$ 当 $a\ll w$ 时，$K=1.12\sigma\sqrt{\pi a}$
有限宽的长条板有单边裂纹受到无穷远处的纯弯曲 $\sigma=\dfrac{6M}{w}$（M 为单位厚度弯矩）		$K_{\mathrm{I}} = \sigma\sqrt{\pi a}f\left(\dfrac{a}{w}\right)$ 当 $\dfrac{a}{w}\leqslant 0.6$ 时，$f\left(\dfrac{a}{w}\right)=1.12-1.40\left(\dfrac{a}{w}\right)+7.33\left(\dfrac{a}{w}\right)^2-$ $13.08\left(\dfrac{a}{w}\right)^3+14.0\left(\dfrac{a}{w}\right)^4$
无限大平板的圆孔边有一条穿透板厚的裂纹，裂纹长度为 L，平板远处受均匀拉伸		$L\ll R$ 时，$K_{\mathrm{I}}\leqslant 1.12(3\sigma)\sqrt{\pi L}$ 当裂纹较长时，$K_{\mathrm{I}}\geqslant\sigma\sqrt{\pi\left(R+\dfrac{L}{2}\right)}$
受均匀应力构件内有圆片状裂纹		$K_{\mathrm{I}}=\dfrac{2}{\pi}\sigma\sqrt{\pi a}$

由式（2-6）可知，当 r 趋于零时，全部应力分量都趋于无穷大。即在裂纹尖端（$r=0$ 的点），应力的数值趋于无穷大。裂纹尖端应力场具有奇异性，应力场强度因子 K_{I} 就是用来描述这种奇异性的力学参量。

d. 临界应力场强度因子 $K_{\mathrm{I}C}$　由式（2-8）知，K_{I} 和外加应力及裂纹长度有关。随外加应力 σ 增大（或随裂纹慢慢长大），裂纹前端 K_{I} 增大。当 K_{I} 大到足以使裂纹失稳扩展，从而导致试样或构件断裂时，就称为临界状态。裂纹失稳扩展的临界应力场强度因子也称为断裂韧度，用 $K_{\mathrm{I}C}$ 表示，即

$$K_{\mathrm{I}C}=Y\sigma_c\sqrt{a}\quad\text{或}\quad K_{\mathrm{I}C}=Y\sigma\sqrt{a_c}\tag{2-9}$$

式中，σ_c 和 a_c 分别为临界状态的应力及裂纹尺寸。如裂纹长度不变，通过 σ 增大到 $\sigma=\sigma_c$，K_{I} 增大而达到裂纹失稳扩展的临界状态时，σ_c 属断裂应力，式（2-9）中的 a 指原始裂纹尺寸 a_0。如果外加工作应力 σ 不变，通过裂纹从 a_0 增大到 a_c（如疲劳、氢致开裂或应力腐蚀开裂），从而使 K_{I} 增大而到达临界状态时，a_c 是临界裂纹尺寸，式（2-9）中的 σ 是工作应力。

式（2-9）表明，如用预制裂纹试样（a 和 Y 已知）在空气中加载，测出裂纹失稳扩展所对应的应力 σ_c，代入式（2-9）就可测得此材料的 $K_{\mathrm{I}C}$ 值（材料平面应变断裂韧度 $K_{\mathrm{I}C}$

的测量参考 GB 4161）。由于 K_{IC} 是材料性能，故用试样测出的 K_{IC} 值就是实际含裂纹构件抵抗裂纹失稳扩展的 K_{IC} 值。因此，当构件中裂纹的形状和大小一定时（即 a 和 Y 一定），如果该材料的断裂韧性 K_{IC} 值大，则按式（2-9），由裂纹失稳扩展使构件脆断所需的外应力 σ_c 也高，即构件愈不容易发生低应力脆断。反之，如构件在工作应力下脆断，这时构件内的裂纹长度必须大于或等于式（2-9）所确定的临界值 $a_c = \left(\dfrac{K_{IC}}{Y\sigma}\right)^2$。显然，随着材料的 K_{IC} 愈高时，可容许构件中存在更长的裂纹。表 2-5 列出某些钢材的 K_{IC}。

表 2-5　某些工程用钢的屈服强度及平面应变断裂韧度数据

钢 材 牌 号	试验温度/℃	屈服强度/MPa	K_{IC}/MPa$\sqrt{\text{m}}$	
45 碳钢	0	260	84～91	
16MnR	室温	360	130～149	
15MnVR	室温	475～500	97～105	
18MnMoNbR	室温	480	55～92	
14MnMoVB	室温	720	108	
40CrNiMo	室温	1500	47	
1Cr18Ni9	−101	448	52	
	−129	503	35	
	−157	614	27	
	−196	848	25	
镍基合金	室温		154	
AISI 1045 钢板（相当 45 碳钢）	−4	269	50	
	−18	276	50	
AISI 4340 钢板（相当 40CrNiMo）500 ℉回火	室温	1495～1640	50～63	
AISI 4340 锻件（相当 40CrNiMo）800 ℉回火	室温	1360～1455	79～91	
18Ni 马氏体时效钢	316	1627	87	
AISI 300 钢板	21	1931	74	
	−73	2103	46	
D6AC 钢板 1000 ℃回火	21	1495	102	
	−54	1570	62	
304 或 316	288		母材	350
			气体保护弧焊缝	182
			埋弧焊	117

e. 脆性断裂判据及工程应用　按线弹性力学分析，当 I 型裂纹尖端的应力场强度因子 K_I 因为应力增大或是裂纹增大使其数值超过材料抵抗断裂的临界值 K_{IC} 时，裂纹会迅速扩展而导致构件断裂。因此脆性断裂失效的判据可写为

$$K_I \geqslant K_{IC} \tag{2-10}$$

这个判据称为应力强度因子判据，简称 K 判据。按照这个判据可以解决工程结构很多实际问题。

① 解释低应力脆断失效的原因，这是因为材料有裂纹状缺陷存在是客观的，裂纹在构件服役期间的长大及失稳扩展引起脆断。

② 计算构件在服役条件下的最大裂纹容限，对构件做出安全评估。

③ 根据构件现存的裂纹尺寸，确定构件的最大工作应力或最大允许载荷。

④ 若能检出或从经验得出裂纹扩展速率，可计算出构件的安全寿命，并制订出合理的裂纹检测周期。

⑤ 确立材料强韧化的设计思想，既要求材料有高强度以节约资源，更要求材料有高韧性储备抵抗脆断。设计构件时选择 K_{IC} 高的材料，或通过工艺处理提高材料的 K_{IC}。

脆性断裂的另一个判据是按能量方法建立起来的"裂纹扩展力"判据，或称"裂纹扩展能量释放率"判据，简称 G 判据。这个判据的建立比 K 判据还要早，开始由玻璃、陶瓷等纯脆性材料断裂而建立的，后经修正才用于金属材料。按照能量平衡原理，裂纹萌生或扩展时，弹性体内储存的弹性变形能下降，释放出来的弹性变形能提供了形成新裂纹的表面能（r 为单位表面能）及裂纹尖端附近材料的塑性变形功（r_p 为单位塑性变形功）。裂纹扩展释放的弹性变形能用 G 来表示，G 的大小是应力 σ 和裂纹长度 a 的函数，是使裂纹扩展的力；而材料抵抗裂纹扩展的力用 G_C 来表示，G_C 是形成新裂纹的表面能与裂尖塑性变形功之和。裂纹扩展的能量判据应该是 $G \geqslant G_C$。

对于无限大平板有 $2a$ 穿透裂纹的平面应变情况，有 $G_I = \dfrac{\pi a(1-\mu^2)\sigma^2}{E}$，而 $G_{IC} = Aa(r + r_p)$，根据能量判据 $G_I \geqslant G_{IC}$，同样能得出构件断裂的临界应力和临界裂纹长度。但在应用 G 判据中，要测出材料的表面能吸收率，在技术上较为困难（可参考断裂力学教材或有关专著），一般对脆断的判断采用 K 判据。

f. 裂纹尖端的塑性区及小范围屈服的修正　从式（2-6）可知，越靠近裂纹尖端（$r \rightarrow 0$），应力越大，但出现无穷大的应力是不可能的，尤其是塑性比较好的金属材料，边缘应力的自限性使裂纹尖端的应力受到屈服强度的限制，当该应力达到屈服强度 σ_s 时，材料就因屈服而发生塑性变形。发生塑性变形的区域，称为塑性区。正是裂纹尖端的高应力导致了塑性区的产生及扩大。

对于 I 型裂纹端部的塑性区大小的表达式如下，r_p 是 θ 的函数。

$$r_p = \frac{K_I^2}{2\pi\sigma_s^2}\left(\cos^2\frac{\theta}{2} + 3\sin^2\frac{\theta}{2}\right) \qquad \text{（平面应力）}$$

$$r_p' = \frac{K_I^2}{2\pi\sigma_s^2}\left[2(1-2\mu)^2\cos^2\frac{\theta}{2} + \frac{3}{2}\sin^2\frac{\theta}{2}\right] \qquad \text{（平面应变）}$$

$$(2\text{-}11)$$

据式（2-11）得裂纹尖端塑性区的大小和形状如图 2-30（a）所示。

当 $\theta = 0$，即在 x 轴上时，有

$$r_{p,\theta=0} = \frac{1}{2\pi}\left(\frac{K_I}{\sigma_s}\right)^2 \qquad \text{（平面应力）}$$

$$r_{p,\theta=0}' = \frac{1}{2\pi}\left(\frac{K_I}{\sigma_s}\right)^2 (1-2\mu)^2 \qquad \text{（平面应变）}$$

$$(2\text{-}12)$$

对于金属材料，平面应变状态下塑性区在 x 轴上宽度较之平面应力情况小很多，若取 $\mu = 0.3$，$r_p' = 0.16 r_p$。

对于实际构件，由于从表面到中心的约束不一样，即使内部呈平面应变状态，其表面也总是处在平面应力状态。如穿透厚板的裂纹，虽然板内是平面应变状态，裂尖塑性区比较小，但板表面是平面应力状态，其裂尖塑性区是比较大的。图 2-30（b）所示是厚板内穿透

裂纹尖端塑性区大小沿板厚方向改变的情形。

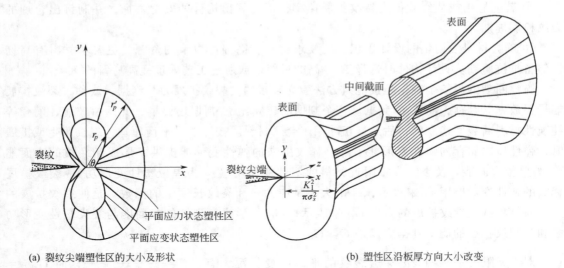

(a) 裂纹尖端塑性区的大小及形状 　　　　　　 (b) 塑性区沿板厚方向大小改变

图 2-30　裂纹尖端塑性区

只有 r_p/a 非常小，用线弹性断裂判据才是合理的。如果塑性区的存在仍属小范围屈服条件，但其影响不可忽略，一般对塑性区进行修正，如对于工业上广泛应用的中低强度钢，由于 σ_s 低，而 K_{IC} 又高，则 $(K_{IC}/\sigma_s)^2$ 比较大。这时只有当构件厚度尺寸很大的时候，

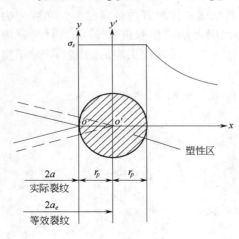

图 2-31　塑性区修正和等效裂纹

一般认为板厚 $B \geqslant 2.5 \left(\dfrac{K_{IC}}{\sigma_s} \right)^2$，即 B 为 r_p 的 25 倍左右（如厚壁容器），构件内部裂纹尖端塑性区相对尺寸才比较小，这时通过对塑性区进行修正，可应用线弹性断裂判据解决问题。如果中小型构件塑性区相对尺寸很大，这时裂端区已大范围屈服，不再适用线弹性断裂力学，必须采用弹塑性断裂力学的判据来解决问题。

采用线弹性断裂力学判据时，对厚板穿透裂纹裂尖塑性区的修正，可用图 2-31 所示进行解释，即把裂纹尖端塑性变形看作相对于使裂纹长度较实际尺寸 a 增加了 Δa，等效裂纹长度为 $a_e = a + \Delta a$，即 $a_e = a + r_p$，$\theta = 0$。

$$a_e = a + \frac{1}{2\pi} \left(\frac{K_I}{\sigma_s} \right)^2 \qquad （平面应力）$$

$$a_e = a + \frac{1}{2\pi} \left(\frac{K_I}{\sigma_s} \right)^2 (1 - 2\mu)^2 \qquad （平面应变）$$

$$(2\text{-}13)$$

用式（2-13）的 a_e 代替式（2-8）的 a，即 $K_I = Y\sigma\sqrt{a_e}$，则可以用线弹性断裂力学的判据 $K_I \geqslant K_{IC}$ 解释裂尖区小范围屈服的断裂问题。裂纹尖端的塑性区相当于使裂纹增长了，因而在同样的拉伸应力作用下，应力场强度因子 K_I 比原来提高了，例如厚 10 mm、宽 200 mm 的平板两端承受均匀拉伸应力 640 MPa，板中央有一 20 mm 长的穿透裂纹，钢板的

$\sigma_s = 1200$ MPa。该板属于平面应力状态。

不考虑塑性区

$$K_{\mathrm{I}} = Y\sigma\sqrt{a} = \sqrt{\pi\sec\frac{2a}{w}}\,\sigma\sqrt{a} = 113.4 \text{ MPa}\sqrt{\mathrm{m}}$$

考虑塑性区 以 $a_e = a + \dfrac{1}{2\pi}\left(\dfrac{K_{\mathrm{I}}}{\sigma_s}\right)^2$ 作为裂纹当量半长，得

$$K_{\mathrm{I}} = \frac{Y\sigma\sqrt{a}}{\sqrt{1-\dfrac{1}{2\pi}\left(\dfrac{Y\sigma}{\sigma_s}\right)^2}} = 123.3 \text{ MPa}\sqrt{\mathrm{m}}$$

（2）弹塑性断裂力学简介

对工程上大量使用的中低强度钢，其韧性好，许多工程构件断裂事故发生之前，裂纹尖端有大范围屈服，即塑性区尺寸与裂纹长度相比，已达同数量级，从而破坏了裂纹尖端的弹性应力场，裂纹失稳扩展发生在材料屈服应力下，此时应用弹塑性断裂力学对失效进行分析。

弹塑性断裂力学既能解决裂尖区大范围屈服的塑性断裂问题，同时在线弹性的范围内又与线弹性断裂力学等价，因此弹塑性断裂力学是人们对断裂规律认识的进步，是线弹性断裂力学的发展。在弹塑性断裂力学中有许多不同的理论和分析方法，其中较为成熟而应用又比较广泛的是裂纹尖端张开位移理论和 J 积分理论。

a. 裂纹张开位移理论 裂纹张开位移理论又称为 COD 理论，COD 理论原来是建立在大量的实验结果上的经验性的方法，随后才出现对 COD 方法的解释理论。实验与分析结果都证实，裂纹体受力后，裂纹尖端附近存在高应力（σ_s）的塑性区使得裂纹面分离，裂纹尖端有张开的位移（见图 2-32）。COD 理论认为，当裂纹尖端张开位移 δ 达到材料的临界值 δ_c 时，裂纹就失稳扩展发生断裂。有 COD 判据为

$$\delta \geqslant \delta_c \tag{2-14}$$

大量的实验研究证明，对于一种材料来说，裂纹开始扩展时，尖端的张开位移 δ_c 是材料常数，与试样的几何尺寸、加载方式等无关，是材料对裂纹扩展阻力的量度，是材料弹塑性断裂韧性的指标，与温度有关。δ_c 是裂纹开裂临界值，不是裂纹最后失稳的临界值。因此 δ_c 称为启裂断裂韧度。

构件中存在长度为 $2a$ 的穿透裂纹，裂纹张开位移 δ 的计算因裂纹塑性区建模不同有不同的表示公式。其中窄条形塑性区简化模型的解析解应用较广。

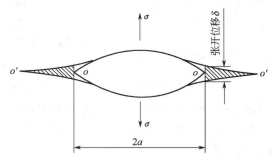

图 2-32 裂纹张开位移示意

$$\delta = \frac{8a\sigma_s}{\pi E}\ln\left(\sec\frac{\pi\sigma}{2\sigma_s}\right) \tag{2-15}$$

式（2-15）是 COD 理论的基本公式，用位错理论导出来的结果完全一样；当构件断裂应力比 σ_s 小得多时，式（2-15）与线弹性断裂力学得到结果也完全一致。

将式（2-15）按级数展开，并当 δ 较小时，近似地只取第一项，得

$$\delta = \frac{8a\sigma_s}{\pi E} \times \frac{1}{2}\left(\frac{\pi\sigma}{2\sigma_s}\right)^2 = \frac{\pi a\sigma^2}{E\sigma_s}$$

因为 $K_{\mathrm{I}} = \sigma\sqrt{\pi a}$，所以

$$\delta = \frac{K_{\mathrm{I}}^{\,2}}{E\sigma_s} \tag{2-16}$$

材料的临界 COD 值 δ_c，按 GB 2358 在实验室中用小试样即可测出。由于 COD 理论应用在线弹性范围内与线弹性断裂力学是等价的，因而可通过测出的 δ_c 而求出 $K_{\mathrm{I}C}$。

$$K_{\mathrm{I}C}^{\,2} = E\delta_c\sigma_s \qquad\qquad \text{（平面应力状态）}$$

$$K_{\mathrm{I}C}^{\,2} = \frac{E}{1-\mu^2}\delta_c\sigma_s \qquad\qquad \text{（平面应变状态）} \tag{2-17}$$

b. J 积分　从能量守恒分析裂纹尖端二向应力应变行为，只取裂纹尖端沿其所在平面方向的广义力，裂纹扩展时外力所做的功一部分用于裂纹扩展所消耗的能量，另一部分增加体系的弹性能。这些能量可用围绕裂纹尖端的任意封闭回路 Γ 的线积分求得，这个积分称为 J 积分（见图 2-33）。J 积分的最大特点是具有守恒性，它可以避开裂纹尖端处的高应力区。在弹塑性的情况下，J 积分的表达式如下。

$$J = \int_{\Gamma}\left[w(x,y)\mathrm{d}y - T\left(\frac{\partial u}{\partial x}\right)\mathrm{d}s\right]$$

式中，Γ 为由裂纹下表面任一点开始逆时针绕裂尖旋转至裂纹上表面任一点的积分回路；n 是 Γ 任意点的法线方向；$\mathrm{d}s$ 为沿 Γ 边界的单位弧长；$w(x,y)$ 为具有裂纹的试样在单调加载过程中任意一点（x，y）的应变能密度，包括弹性应变能和塑性应变能；T 为积分线路外边界上的作用力，u 是边界上的位移。

上式的第一项是带裂纹体的总应变能，第二项是由张力 T 产生的位能。总应变能与位能的差值越大，裂纹扩展力越大。当围绕裂纹尖端的 J 积分达到临界值 J_C 时，裂纹开始失稳扩展，故有如下失效判据。

$$J \geqslant J_C \tag{2-18}$$

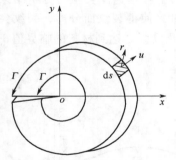

图 2-33　J 积分示意

J_C 为材料的性能参数，是弹塑性材料启裂时的临界值，按 GB 2038 用厚度 $6\sim7$ mm 的小试样可测出 J_C。

J 积分的应用不及 COD 广泛，因为积分线上的应力和应变值，需用内插法或图解法求解，比较繁琐。

2.3　环境作用机理

2.3.1　化学反应

工程上应用的金属材料，基本上都是从自然界的矿石冶炼出来的。从热力学来看，这些材料都是不稳定的，倾向于和环境介质作用，转变成稳定的物质。在这一过程中，金属失去电子变成金属离子或金属化合物，而环境介质获得电子。这是一种自发的、自动进行的过

程。依金属与介质作用的方式划分，可以把这些过程的反应分为化学反应和电化学反应。某些时候，通过化学反应或电化学反应可以使金属材料的性能得到改善，但在更多情况下，化学反应或电化学反应会使材料性能受到破坏，也即材料受到腐蚀。本书涉及的是后一种情况，对应这种情况的化学反应和电化学反应也分别称为化学腐蚀和电化学腐蚀。化学腐蚀的方式是环境介质中的某些组分在与金属表面接触时取得金属原子的价电子而被还原，与失去价电子的被氧化的金属"就地"形成腐蚀产物，一般情况下这种腐蚀产物覆盖在金属表面上。常见的化学腐蚀有干燥气体介质的腐蚀，如氧化、硫化、卤化和氢蚀等；液体介质的腐蚀，如非电解质溶液的腐蚀、液态金属的腐蚀、低熔点氧化物的腐蚀等。构件化学腐蚀失效中常见的是金属在高温气体中的氧化，因此本节以金属在干燥气体中的氧化为中心，简述化学腐蚀的基本原理和规律。

（1）氧化的原理和规律

a. 氧化发生的条件 以二价金属为例，氧化反应可以表示为

$$M + \frac{1}{2}O_2 \Longleftrightarrow MO \qquad (2\text{-}19)$$

式（2-19）反应达到平衡时体系中氧的分压称为金属氧化物的分解压（P_{MO}）。P_{MO} 是金属在含氧环境中稳定性的参量。比较 P_{MO} 和金属所处环境的氧的分压（P_{O_2}）的相对大小，可以判断金属是否具氧化倾向。

当 $P_{O_2} = P_{MO}$ 时，金属与其氧化物处在平衡状态；

当 $P_{O_2} > P_{MO}$ 时，金属不稳定，具氧化倾向生成金属氧化物；

当 $P_{O_2} < P_{MO}$ 时，金属稳定，金属氧化物具还原倾向分解成金属。

常温下大气环境中氧的分压为 0.022 MPa。所以在常温中如果某一金属的 P_{MO} 小于0.022 MPa，该金属就可能氧化。P_{MO} 是温度的函数，一般随温度的上升而增加。表 2-6 列出了 6 种金属在几个温度下的分解压，由表中看出，在室温下，6 种金属的 P_{MO} 均小于0.022 MPa，均具氧化倾向生成金属氧化物；在高温下（直至 1800 K），除银以外的其他 5

表 2-6 部分金属氧化物在某些温度下的分解压力

| T/K | 金属氧化物按下式分解时的分解压力/MPa | | | | | |
	$2Ag_2O \Longrightarrow$ $4Ag + O_2$	$2Cu_2O \Longrightarrow$ $4Cu + O_2$	$2PbO \Longrightarrow$ $2Pb + O_2$	$2NiO \Longrightarrow$ $2Ni + O_2$	$2ZnO \Longrightarrow$ $2Zn + O_2$	$2FeO \Longrightarrow$ $2Fe + O_2$
300	8.4×10^{-6}					
400	6.9×10^{-2}					
500	24.9	0.56×10^{-31}		1.8×10^{-47}	1.3×10^{-69}	
600	36.0	8.0×10^{-25}		1.3×10^{-38}	4.6×10^{-57}	5.1×10^{-43}
800		3.7×10^{-17}	2.3×10^{-22}	1.7×10^{-27}	2.4×10^{-41}	9.1×10^{-31}
1000		1.5×10^{-12}	1.1×10^{-16}	8.4×10^{-21}	7.1×10^{-32}	2.0×10^{-23}
1200		2.0×10^{-9}	7.0×10^{-13}	2.6×10^{-16}	1.5×10^{-25}	1.6×10^{-20}
1400		3.6×10^{-7}	3.8×10^{-10}	4.4×10^{-13}	5.4×10^{-21}	5.9×10^{-15}
1600		1.8×10^{-5}	4.4×10^{-8}	1.2×10^{-10}	1.4×10^{-17}	2.8×10^{-12}
1800		3.8×10^{-4}	1.8×10^{-6}	9.6×10^{-9}	6.8×10^{-15}	3.3×10^{-10}
2000		4.4×10^{-2}	3.7×10^{-5}	9.3×10^{-7}	9.5×10^{-13}	1.6×10^{-8}

种金属的 P_{MO} 仍远小于 0.022 MPa，因此若高温环境中氧的分压基本不变时，这些金属仍具氧化倾向生成氧化物。

b. 氧化膜的保护性　金属在常温大气环境下生成的自然氧化膜，厚度大致相当于数个分子，对金属的光泽没有影响，肉眼感觉不出。随着温度升高，氧化膜增厚，会呈现出不同的色彩，肉眼可以观察到氧化膜的存在。氧化膜的存在或多或少地阻隔了金属与介质之间的物质传递，不同程度地减缓了金属继续氧化的速度。氧化膜的保护性能与膜的结构关系密切，只有致密、完整的氧化膜才能把金属表面完全遮盖，从而有可能提供良好的保护作用。而金属氧化膜完整的必要条件是金属氧化物的体积（V_{MO}）大于生成此氧化物所消耗掉的金属体积（V_M），也就是满足如下关系式。

$$\frac{V_{MO}}{V_M} > 1 \tag{2-20}$$

此比值不宜过大，因为 V_{MO} 与 V_M 的比值过大，形成氧化膜后内应力太大，膜容易破坏。一般认为当 $2.5 > \frac{V_{MO}}{V_M} > 1$ 时，利于生成完整的氧化膜。表 2-7 列出部分金属的 $\frac{V_{MO}}{V_M}$。由表中看出，铝、铜、铁等金属材料 V_{MO} 与 V_M 的比值适中，有可能形成完整的氧化膜。除致密和完整以外，氧化膜还应满足以下条件，才能具有良好的保护作用：金属氧化物本身稳定、难熔、不挥发，不易与介质发生作用而被破坏；氧化膜与基体结合良好，有相近的热膨胀系数，不会自行或受外界作用而剥离脱落；氧化膜有足够的强度和塑性，足以经受一定的应力、应变的作用。

表 2-7　氧化膜与金属的体积比

金属	氧化物	V_{MO}/V_M	金属	氧化物	V_{MO}/V_M
K	K_2O	0.45	Ti	Ti_2O_3	1.48
Na	Na_2O	0.55	Zn	ZnO	1.55
Ca	CaO	0.64	Cu	Cu_2O	1.64
Ba	BaO	0.67	Ni	NiO	1.65
Mg	MgO	0.81	Cr	Cr_2O_3	2.07
Al	Al_2O_3	1.28	Fe	Fe_2O_3	2.14
Pb	PbO	1.31	Si	SiO_2	1.88
Sn	SnO_2	1.32	W	W_2O_3	3.35

c. 氧化膜生长的规律　不同的金属，其氧化膜生长呈不同的规律，常见有以下几种类型。

直线规律　如果氧化膜对基体金属完全没有保护作用，氧化速度将直接由形成氧化物的化学反应速度决定，在温度恒定的条件下，反应速度也恒定。若以氧化时间作自变量，以氧化膜质量变化值为函数，将会得到一条直线。

$$y = Kt + C \tag{2-21}$$

式中，y 为氧化膜厚度；K 为与温度有关的常数；C 为常数。

反应温度不同，直线的斜率不同，温度越高，斜率越大。图 2-34 所示是纯镁在不同温

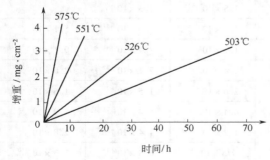

图 2-34　纯镁在不同温度下的氧化曲线

度下的氧化曲线。除 Mg 以外，K、Na、Ca 和 W、Mo、V、Ta、Nb 以及这些元素含量较高的合金的氧化都服从直线规律。

抛物线规律 当氧化膜对基体金属具有一定保护作用时，继续氧化的速度将与膜的厚度成反比。用数学关系式表示即为

$$\frac{\mathrm{d}y}{\mathrm{d}t} = K\frac{1}{y}$$

积分可得

$$y^2 = Kt + C \qquad (2\text{-}22)$$

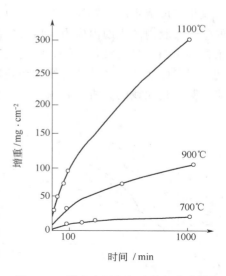

图 2-35 铁在高温空气中的氧化曲线

这是一个抛物线方程，式中的 C 为积分常数。在一定温度下，很多金属和合金，如，Fe、Co、Ni、Cu 等金属的氧化物都呈现这种成长规律。图 2-35 所示是铁在高温空气中的氧化曲线。

在 $t \to 0$ 时，若金属表面尚未形成氧化膜，即 $y \to$ 0，$\frac{\mathrm{d}y}{\mathrm{d}t}$ 应趋于无穷大，这与实际情况不相符。原因是未考虑化学反应速度对氧化膜生长速度的影响。为解决这一问题，U.R. 艾万思提出一个修正式。

$$\frac{y^2}{K_D} + \frac{2y}{K_C} = 2C_O t + C \qquad (2\text{-}23)$$

式中，K_D 为氧化过程与扩散有关的常数；K_C 为形成氧化膜的化学反应速度常数；C_O 为膜-气体界面上的 O^{2-} 离子浓度，或金属-膜界面上的金属离子浓度。

在 $t \to 0$ 时，氧化膜很薄，式（2-23）左边第一项远小于第二项，可以忽略，因此在氧化开始阶段，膜的生长服从直线规律。

对数规律 某些金属的氧化膜在生长过程因体积效应内应力增大，膜的外层变得更加紧密，使氧离子或金属离子的扩散更加困难，进一步氧化的速度比抛物线规律更慢，其氧化速度为

$$\frac{\mathrm{d}y}{\mathrm{d}t} = \frac{K}{\mathrm{e}^y}$$

积分此式，可知膜的厚度与时间的关系服从对数关系。

$$y = \ln(Kt) + C \qquad (2\text{-}24)$$

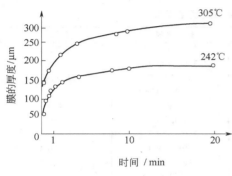

图 2-36 铁在 242 ℃ 和 305 ℃ 时的氧化曲线

Cr 和 Zn 在 25～225 ℃ 范围内，Ni 在 650 ℃ 以下，Fe 在 375 ℃ 以下，膜的生长都服从对数规律。图 2-36 中 Fe 在 242 ℃ 和 305 ℃ 时的氧化曲线可观察到这一规律。与抛物线规律一样，在膜刚开始生长阶段，膜层厚度接近零时，膜的生长速度只受化学反应速度控制，服从直线规律。

上述三种规律是最常见的。此外还有立方规律 $y^3 = Kt$，反对数规律 $\frac{1}{y} = K - K_1 \lg t$ 等。它们可以看成是抛物线规律和对数规律的引伸。在进

行氧化速度测定时需要注意的是，由于氧化物的体积大于其所消耗掉的金属的体积，随着膜的生长，膜内产生的内应力也增大，以致氧化膜可能破裂，导致金属氧化加速。图 2-37 所示是铜在 500 ℃的氧化曲线，它由几段曲线组成，表明膜在生长过程曾因内应力作用几次破裂。每段曲线均由初始的直线段和随后的抛物线段组成，总试验过程的氧化速度接近直线规律。对氧化曲线的分析，必须考虑膜层破裂所造成的影响。

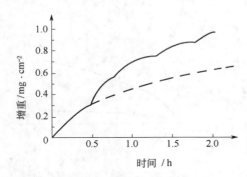

图 2-37　铜在 500 ℃的氧化曲线
（虚线为膜不发生破裂时应遵循的曲线）

环境温度对金属氧化曲线有两方面的影响。一方面，温度影响金属的氧化速度。大多数金属氧化速度随着温度升高而急剧增大。另一方面的影响是可能改变氧化反应的规律。图 2-35 和图 2-36 表明铁在不同温度下，氧化膜生长的规律不同。表2-8 列出了几种金属氧化规律随温度变化而变化的情况。

（2）钢铁的高温氧化腐蚀

钢铁是工程上应用最广泛的金属材料。在常温干燥空气中，钢铁氧化速度较慢。温度升至 200～300 ℃，钢铁表面出现可见的氧化膜。随温度升高膜逐渐增厚。钢铁氧化膜的结构比较复杂。在 570 ℃以下，仅生成 Fe_3O_4 和 Fe_2O_3，它们的结构致密，保护作用较好，因此氧化速度比较低；温度超过 570 ℃，在氧化膜的内层生成 FeO，如图 2-38 所示。FeO 的结构疏松，晶格缺陷密度高，金属离子和氧离子容易扩散穿过，氧化速度急剧增大。当温度高于 800 ℃时，表面上开始形成多孔、疏松的"氧化皮"。"氧化皮"与基体结合松散，稍受振动便以层状脱落。气相的组成，对钢铁的高温腐蚀有强烈的影响。特别是水蒸气和硫的化合物的影响最大。表 2-9 比较了几种不同成分的气体对碳钢腐蚀的影响。

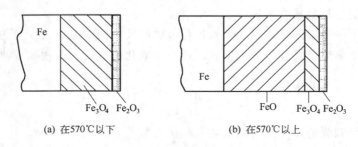

(a) 在570℃以下　　　　　　　　(b) 在570℃以上

图 2-38　铁在空气中加热时表面氧化膜组成示意

表 2-8　几种纯金属在不同温度下的氧化规律

金　属	对数规律	立方规律	抛物线规律	直线规律
Al	<300 ℃	—	300～400 ℃	>500 ℃
Ca	—	—	330～385 ℃	>425 ℃
Ce	—	—	30～125 ℃	125～190 ℃
Cu	<50 ℃	80～250 ℃	>250 ℃	—
Mg	<50 ℃	—	<450 ℃	>475 ℃
Ta	<300 ℃	275～350 ℃	>350 ℃	—
Th	—	—	250～350 ℃	350～450 ℃
Ti	<360 ℃	—	360～820 ℃	>820 ℃
V	—	—	112～165 ℃	165～215 ℃
Zn	<350 ℃	—	350 ℃	—
Fe	<400 ℃	—	500～1100 ℃	—

表 2-9　工作气体成分对碳钢气体腐蚀的影响

气 体 成 分	相对腐蚀量（%）	气 体 成 分	相对腐蚀量（%）
单纯空气	100	空气 + 5% H$_2$O	135
空气 + 2% SO$_2$	118	空气 + 5% H$_2$O + 5% SO$_2$	276

2.3.2　电化学反应

当环境介质含离子导体时，金属与介质的作用将以另一种方式进行。这时金属失去电子（广义也称为氧化）和介质获得电子这两个过程在金属表面的不同部位同时进行，并且得失电子的数量相等。金属被氧化后成为正价离子（包括络合离子）进入介质或成为难溶化合物（一般是金属的氧化物或含水氧化物或金属盐）留在金属表面。金属失去的电子通过金属材料本身流向金属表面的另一部位，在那里由介质中被还原的物质所接受。按这种途径进行的反应称电化学反应，或称为电化学腐蚀。金属在酸、碱、盐溶液中，在土壤、潮湿的大气等多个环境中发生的腐蚀都是电化学腐蚀。电化学腐蚀是最普遍的腐蚀现象。

2.3.2.1　电化学腐蚀的原因及发生的条件

（1）电化学腐蚀模型

a. 腐蚀原电池模型　将金属锌浸入硫酸溶液中，可以观察到锌逐渐溶解，同时有氢气自金属锌的表面析出，如图 2-39 所示。

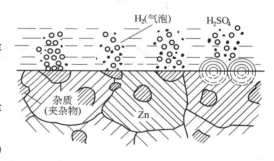

金属锌溶解就是锌以离子的形式进入溶液，同时放出电子。

$$Zn \longrightarrow Zn^{2+} + 2e \qquad (2\text{-}25)$$

氢气的析出是由于溶液中的氢离子夺取了金属上的多余电子，成为氢原子，进而复合为氢气。

图 2-39　锌在硫酸溶液中溶解示意

$$2H^+ + 2e \longrightarrow H_2\uparrow \qquad (2\text{-}26)$$

式（2-25）和式（2-26）都是在金属锌上进行的反应，均称为电极反应，金属锌称为电极。式（2-25）是失去电子的反应，称为氧化反应，在电化学腐蚀中也称为阳极反应。式（2-26）是得到电子的反应，称为还原反应，在电化学腐蚀中也称为阴极反应。在式（2-26）中进行还原反应的物质是 H$^+$，称为氧化剂。阳极反应和阴极反应统称为电化学反应。式（2-25）和式（2-26）两个反应虽然都在金属锌表面进行，但就某一时刻来说，它们是在不同部位同时独立进行的，而不是金属锌和氢离子直接接触发生电子交换。发生阳极反应的区域称阳极区，发生阴极反应的区域称阴极区。

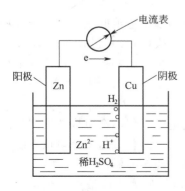

图 2-40　铜锌原电池示意

式（2-25）和式（2-26）两个反应与图 2-40 的铜锌原电池本质上是一样的。锌的溶解过程也和铜锌原电池一样包含有阳极反应、阴极反应、电子流动和离子传递 4 个串联的基本过程。铜锌原电池的氧化反应和还原反应分别在锌电极和铜电极上进行，锌电极氧化放出的电子通过外电路的负载（图 2-40 中的电流表）流到铜电极，也就是电极上的电化学反应转换为外电路的电能，可以对外做功。而金属锌在硫酸溶液中溶解时，氧化反应和还原反应同时在锌电极表面的阳极区和阴极区进行，反应产生的电子流只在锌电极内部流动，不能对外做功，是短路的原电池。这种引起金属腐蚀的短路原电池称腐蚀原电池。

b. 腐蚀原电池的类型　　腐蚀电极表面不同部位分别形成阳极区和阴极区，其原因是电极表面的电化学不均匀性。这种不均匀性来自金属材料和环境介质两个方面。金属材料，存在化学成分、组织结构、表面膜完整性、受力情况等差异；在介质方面，有成分、浓度、温度、充气等不同情况。依照阳极区和阴极区的大小，腐蚀原电池可以分为宏观腐蚀原电池和微观腐蚀原电池两大类。宏观腐蚀原电池是肉眼可以观察到的，主要有三种类型：异种金属接触所构成的电偶电池；金属处在浓度不同的介质（包括所充气体）中所形成的浓差电池；金属处在温度不同的介质中所形成的温差电池。图 2-41 所示是几种宏观腐蚀原电池。微观腐蚀原电池是肉眼不可分辨的，可以分为四种类型：材料化学成分不均匀；微观组织不均匀；受力不均匀；表面膜不完整。微观腐蚀原电池如图 2-42 所示。

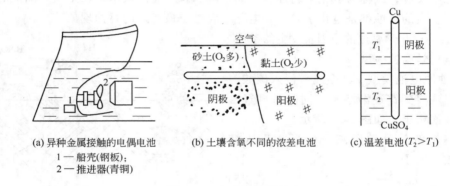

(a) 异种金属接触的电偶电池
1—船壳(钢板)；
2—推进器(青铜)

(b) 土壤含氧不同的浓差电池

(c) 温差电池($T_2 > T_1$)

图 2-41　宏观腐蚀原电池

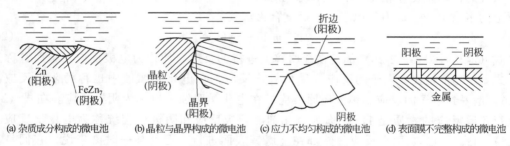

(a) 杂质成分构成的微电池　　(b)晶粒与晶界构成的微电池　　(c)应力不均匀构成的微电池　　(d)表面膜不完整构成的微电池

图 2-42　微观腐蚀原电池

金属材料的电化学不均匀性是腐蚀原电池产生的内因，但腐蚀原电池的形成，还需要环境介质中存在氧化剂，没有氧化剂进行得电子的还原反应，金属失电子的氧化反应就不能持续进行。对于电化学腐蚀体系，氧化反应和还原反应是一对互为依存的共轭反应。从这个角度上讲，氧化剂的存在，是金属发生电化学腐蚀的必需的条件。

（2）电化学腐蚀的氧化剂

硫酸溶液中的氢离子可以作为氧化剂消耗锌溶解所放出的电子，但当金电极放在同一溶液中，氢离子却不能夺取金的电子，即不能作为氧化剂而起作用。为什么这两个电极系统有截然不同的行为？为了解释这个问题，需要对电极电位等概念作简单介绍。

a. 电极电位　　当把电子导体的金属材料放在离子导体的电解质如水溶液中，金属表面的金属正离子一方面受金属内部的金属离子和电子的作用，另一方面与溶液相邻处又受极性水分子或水化离子的作用。两方面的力作用的结果，会产生两种情况：当前一个力小于后一个力时，金属表面将会有部分金属离子从金属转入溶液，而把电子留在金属上，这时金属带多余的负电荷，溶液一侧则因金属离子的转入而带正电荷，如图 2-43（a）所示；反之，当前一个力大于后一个力时，将有金属阳离子或其他水化阳离子从溶液侧转到金属上，使金属带多余的正电荷，溶液侧则带负电荷，如图 2-43（b）所示。电极与溶液界面带等量的异种电荷的结构称双电层，如图 2-43 所示。双电层类似一个充了电的电容器，其两端的电位差就是金属在该电解质中的电极电位。如果只是同一种

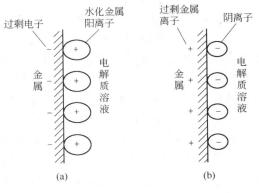

图 2-43　双电层示意

物质的电荷在金属和溶液之间转移，经过一段时间，双向转移将会等速，也即单位时间内有多少荷电物质从金属电极转入溶液，也就有等量的同种荷电物质从溶液转入金属电极，电极反应达到平衡，这种类型的电极称平衡电极，对应的电极电位称平衡电极电位。式（2-25）和式（2-26）表示的电极反应达到平衡时可分别表示为

$$Zn^{2+} + 2e \Longleftrightarrow Zn \tag{2-27}$$

$$2H^+ + 2e \Longleftrightarrow H_2 \tag{2-28}$$

不同的电极反应，其平衡电极电位不同。同一反应的平衡电极电位也随温度、溶液浓度及气体溶解量变化而变化。温度在 25 ℃，溶液中各物质的活度为 1 mol/L（若为气体，逸度 0.103 MPa）时的电极电位称为该电极的标准电极电位。这里规定，式（2-28）所表示的反应在铂电极上进行时的标准电极电位为零（各种电极反应的标准电极电位可从化学和物理化学教科书的附录查找）。金属及其离子电对构成的平衡电极电位越正，氧化的倾向就越小。如果某金属的平衡电极电位比该溶液中氢离子反应的平衡电极电位正，氢离子就不可能夺取电子成为氧化剂。反之，金属的平衡电极电位越负，氧化的倾向就越大。如果某金属的平衡电极电位比该溶液中氢离子反应的平衡电极电位负，氢离子就可能成为该金属腐蚀反应的氧化剂。

b. 氢离子腐蚀和氧腐蚀　除氢离子可在电极上进行反应外，在电化学腐蚀中还有两个值得注意的电极反应。

在酸性溶液中

$$O_2 + 4H^+ + 4e \Longleftrightarrow 2H_2O \tag{2-29}$$

在碱性溶液中

$$O_2 + 2H_2O + 4e \Longleftrightarrow 4OH^- \tag{2-30}$$

这两个电极反应的标准电极电位分别为 1.229 V 和 0.401 V，比氢标准电极电位正很多。也就是说，在标准状态下，O_2 比 H^+ 更具氧化能力。例如，铜的标准电极电位为 0.3419 V，在除氧的稀硫酸溶液中，H^+ 不能成为铜的氧化剂，铜不发生腐蚀。但当稀硫酸溶液含氧时，铜电极的某些部位有式（2-29）向右方向进行的反应，O_2 消耗电子，还原成 H_2O。这时 O_2 成为腐蚀原电池的氧化剂，使铜电极受腐蚀。

溶液中的其他物质或离子，只要具有得电子的能力，氧化态和还原态之间电极反应的平

47

衡电位正于金属及其离子构成的平衡电极电位，都有可能成为金属腐蚀的氧化剂。但大多数腐蚀的阴极过程都是 O_2 和 H^+ 的还原。

2.3.2.2 电化学腐蚀的速度

按腐蚀原电池模型，电化学腐蚀的速度可由电池的工作电流确定。根据欧姆定律，用电池电动势除以内外电路的总电阻可以得到原电池的工作电流。电池电动势可由原电池阴极和阳极反应的电极电位差求出。电池电动势越大，体系的腐蚀电流也应越大。但实际测量结果与计算结果不相符：实测值比计算值往往低一、两个数量级；有些电动势大的体系，腐蚀速度反而低。产生这种现象的原因是当电极上有电流流动时，电极的平衡状态被打破，阳极区的电极反应向氧化态方向进行，而阴极区的电极反应向还原态方向进行。反应的结果使双电层上电荷的分布发生变化，原电池阳极的电位变正，阴极的电位变负，电池工作电位将远低于电池电动势。电极电位在有电流时发生偏移的这种现象称为极化。极化使腐蚀电流变小。电化学腐蚀速度不能由电池电动势的大小判断，需要通过实验，研究电极的极化行为才能确定。

在讨论电化学腐蚀速度时，还有一种现象需要加以注意，这就是金属的钝化。钝化是指金属在某些介质中失去化学活性。钝化的原因有可能是表面形成吸附层，也有可能是氧化时，金属不是以离子状态进入溶液，而是生成氧化物，形成对基体金属的保护膜，使腐蚀速度下降。有两种类型的钝化，一种是化学钝化，也称自动钝化，这是金属与钝化剂自然作用产生的。例如，钢在稀硫酸中是溶解的，并且随稀硫酸的浓度增加腐蚀速度加快。但当硫酸浓度增大到 80% 时，腐蚀速度陡然下降，达几个数量级之多，这就是化学钝化。另一种钝化称电化学钝化，它是通过对金属施加阳极电流而形成的钝化。一般情况下，施加阳极电流会使腐蚀加速，但在某些介质中却有相反的结果。例如，在稀硫酸中可以通过施加阳极电流的方法，使腐蚀电流下降几个数量级。钝化现象比较广泛，因此研究并利用钝化现象对控制腐蚀和延长设备寿命有重要的意义。

复 习 思 考 题

2-1 铸态金属常见的组织缺陷有哪些？它们的组织形貌如何？对金属的力学性能有何影响？

2-2 钢中非金属夹杂物分为几类？哪一种夹杂物容易成为疲劳断裂的裂纹源？为什么？

2-3 金属焊接裂纹分为哪几类？它们具有怎样的形貌特征？

2-4 为什么高强材料、大型装备及焊接工艺问世后，低应力脆断事故会不断地出现？传统的强度设计方法还能否使用？

2-5 断裂力学的出现对解决有裂纹缺陷构件的失效及安全问题做出了哪些突出的贡献？

2-6 试按传统强度观点和断裂力学观点比较下列两种材料的安全性，构件可视为无限大的厚平板，此时构件受拉应力 $\sigma_{max} = 800$ MPa，其中心有一个长度为 4 mm 的贯穿性裂纹（即 $2a = 4$ mm）。

材　　料	热处理状态	屈服强度 σ_s/MPa	拉伸强度 σ_b/MPa	断裂韧性 K_{IC}/MPa $\sqrt{m}$
40CrNiMoA	860 ℃油淬 430 ℃回火	1360	1420	91.640
20SiMn2MoVA	900 ℃油淬 250 ℃回火	1240	1510	115.024

2-7 20 世纪 50 年代，美国完全按照传统强度设计与验收的北极星导弹固体燃料发动机压力壳，在

发射时出乎意料地发生低应力脆断。压力壳材料属于超高强度钢，$\sigma_s = 1400$ MPa，$K_{IC} = 200$ MPa $\sqrt{m}$。检查原因是所用的超高强度钢在淬火后马上进行回火，从而出现裂纹。请算出脆断的临界裂纹尺寸（这个裂纹尺寸在当时的无损探伤是检查不出或容易漏检的）。

2-8　金属氧化物必须具备什么条件才能形成具有良好保护性能的氧化膜层？

2-9　金属氧化物生长主要有哪几种规律？试作简要说明并各举一例。

2-10　试举一腐蚀原电池的例子，并说明该电池的阳极反应和阴极反应。

2-11　为什么在除氧气的稀硫酸溶液中锌板遭受腐蚀而铜板不受腐蚀？

3　金属构件常见失效形式及其判断

金属装备的失效，常常是某个构件先失效而引起装备失效。金属构件的失效按材料失效性质划分，常见的失效形式可以分为四大类型：变形失效、断裂失效、腐蚀失效和磨损失效。各种类型的失效形式均有其产生的条件、特征及判断依据。总结实际的失效往往是多种因素共同作用的结果，是多种特征混合，不是单一的典型形式，分析时要注意。本章学习金属构件常见的失效形式的名称含义、特征及判断依据、产生原因及预防的措施。本章是本课程学习的重点内容。

3.1　变形失效

金属构件在外力作用下产生形状和尺寸的变化称为变形。只要金属构件受力就会产生变

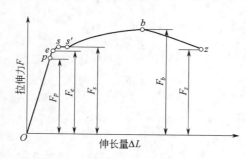

图 3-1　低碳钢的拉伸曲线

形。如图 3-1 所示，随着拉伸力的增加，伸长量不断地增加，材料经历了弹性变形阶段（Oe）和塑性变形阶段（ez）。当构件受力超过材料的承载极限点（b 点）后，构件材料会出现裂纹，裂纹扩展直至最后断裂（z 点）。从图上可见，构件的变形会延续到构件的完全断裂，即从均匀的伸长到不均匀的伸长及形状改变，产生缩颈，缩颈收敛至材料断裂分离。

变形失效都是逐步进行的，一般属于非灾难的，因此这类失效并不引起人们的关注。但是忽视变形失效的监督和预防，也会导致很大的损失。因为过度的变形最终会导致断裂。

在常温或温度不很高的情况下的变形失效主要有弹性变形失效和塑性变形失效，弹性变形失效主要是变形过量或丧失原设计的弹性功能，塑性变形失效一般是变形过量。在高温下的变形失效有蠕变失效和热松弛失效。

3.1.1　金属构件的弹性变形失效

（1）弹性变形

弹性变形是在加上外载荷后就产生，而卸去外载荷后即消失的变形，当变形消失后，构件的形状和尺寸完全恢复到原样。在外载（包括温度）作用下固体材料产生弹性变形，这是固体材料的一种体积效应。在弹性状态下，固体材料吸收了加载的能量，依靠原子间距的变化而产生变形，但因未超过原子之间的结合力，当卸载时，全部能量释放，变形完全消失，恢复材料的原样。图 3-2 所示为金属材料拉伸试验时测试的拉伸曲线转换成的应力-应变曲线，直线段是弹性变形阶段，其应力 σ 与应变 ε 成正比，$\sigma = E\varepsilon$，遵从"虎克定律"。其中比例常数 E 称为弹性模量，它反映金属材料对弹性变形的抗力，代表材料的刚度。各种钢材的 E 值大致相同（约为 2×10^5 MPa），当材料的弹性极限比较大时，如图中的弹簧钢 σ-ε

曲线所示，其最大弹性变形量比低碳钢大，$\varepsilon_e' > \varepsilon_e$，弹性比较好。不同 E 值的材料，不能只从 E 值大小判断其弹性好坏，要依据发生塑性变形前最大弹性变形量的大小而定。图中所示铝材的弹性比钢材要好，$\varepsilon_e'' > \varepsilon_e$，铝的弹性模量约为 0.7×10^5 MPa。要有好的弹性，应从提高材料的弹性极限及降低弹性模量入手。

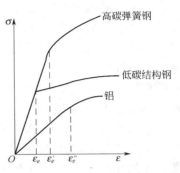

图 3-2　三种材料的
应力-应变曲线

（2）金属弹性变形的特点

金属弹性变形在理论上具有可逆性、单值性和变形量很小三个特点。

a. 可逆性　金属材料的弹性变形具有可逆的性质，即加载时产生，卸载后恢复到原状的性质。

b. 单值性　金属材料在弹性变形过程中，不论是加载阶段还是卸载阶段，只要在缓慢的加载条件下，应力与应变都保持正比的单值对应的线性关系，即符合虎克定律。

c. 变形量很小　金属的弹性变形主要发生在弹性阶段，但在塑性阶段也伴随着发生一定量的弹性变形。但两个阶段弹性变形的总量是很小的，加起来一般小于 0.5% ~ 1.0%。

（3）过量的弹性变形失效

构件产生的弹性变形量超过构件匹配所允许的数值，称为过量的弹性变形失效。判断过量的弹性变形失效往往是很困难的，因为在工作状态下引起的变形导致失效的构件，在解剖构件或测量尺寸时，变形已经恢复。为了判断是否因弹性变形过量而引起失效，要综合考虑以下几个因素。

① 失效的构件是否有严格的尺寸匹配要求，是否有高温或低温的工作条件。

② 注意观察在正常工作时，构件互相不接触，而又很靠近的表面上是否有划伤、擦伤或磨损的痕迹。只要观察到这种痕迹，而且构件停工时，构件相互间仍有间隙，便可作为判断的依据。

③ 在设计时是否考虑了弹性变形的影响及采取了相应的措施。

④ 通过计算验证是否有过量弹性变形的可能。

⑤ 由于弹性变形是晶格的变形，可用 X 射线法测量金属在受载时的晶格常数的变化，验证是否符合要求。

对于弯曲变形的轴类零件，其过大的弹性变形量（过大挠度、偏角或扭角）会造成轴上啮合零件的严重偏载、甚至啮合失常，也会造成轴承的严重偏载、甚至咬死，进而导致传动失效。对于拉压变形的杆柱类零件，其弹性变形量过大会导致支撑件过载，或机构动作失误。

在卧式装备支撑的双鞍座设计中，一般鞍座垫板上用两种地脚螺栓孔，一个鞍座螺栓孔为圆孔，一个鞍座螺栓孔为长圆孔，就是考虑避免过量弹性变形引起失效。曾有某工厂 30 多米长的回转圆筒干燥器，超温操作，弹性变形过量，因轴向位移受约束，引起倒塌事件。

（4）失去弹性功能的弹性变形失效

当构件的弹性变形已不遵循变形可逆性、单值对应性及小变形量的特性时，则构件失去了弹性功能而失效。这种弹性变形失效是容易判断的，如弹簧秤上的弹簧构件，在很小的拉力下，弹簧被拉得很长；又如安全阀上的弹簧，压力容器没有超压，就能把阀芯顶起，说明弹力已经松弛；各种装备上安置的弹簧，因生锈变质，失去了原设计的应力与应变的对应性等而失效。

(5) 弹性变形失效的原因及防护措施

过载、超温或材料变质是构件产生弹性变形失效的原因，而这些原因往往是由于构件原设计的考虑不周、计算错误或选材不当而造成的。预防措施从下列几个方面考虑。

① 选择合适的材料或构件结构。如对弹性变形有严格限制的构件，则要选择刚性高的材料与设计结构，E 值高的材料不容易弹性变形；增加承载截面积能降低应力水平而减小弹性变形；对于重量相同的构件，把材料尽量分布于截面中性轴或中心轴的较远处，使构件获得尽可能大的刚度，则变形减小。

② 确定适当的构件匹配尺寸或变形的约束条件。对于拉压变形的杆柱类零件、弯扭变形的轴类零件，其过量的弹性变形都会因构件丧失配合精度导致动作失误，要求精确计算可能产生的弹性变形及变形约束而达到适当的配合尺寸。

③ 采用减少变形影响的连接件，如皮带传动、软管连接、柔性轴、椭圆管板等。

3.1.2　金属构件的塑性变形失效

(1) 塑性变形

塑性表示材料中的应力超过屈服极限后，能产生显著的不可逆变形而不立即破坏的性态。这种显著且不可逆的变形称为塑性变形。材料塑性变形量的大小反映了材料塑性的好坏。通常反映材料塑性性能优劣的指标是伸长率 δ 和断面收缩率 ψ。伸长率和断面收缩率越高，则塑性越好。金属材料最大的塑性变形量可达百分之几十。金属的塑性变形一般可看作是晶体的缺陷运动，其中位错运动是基本的、主要的。

(2) 金属塑性变形的特点

总的来说，金属塑性变形在理论上具有不可逆性、变形量不恒定、慢速变形及伴随材料性能变化等特点。

a. 不可逆性　金属材料的塑性变形是不可恢复的，当材料应力等于或高于屈服极限后产生的变形，在卸载后，其变形仍然保留在材料内。表面光滑的构件经塑性变形后，表面可见滑移痕迹；把滑移痕迹用光学显微镜放大，可见滑移条带间距为 $10^{-3} \sim 10^{-4}$ cm，带间高度差为 $10^{-4} \sim 10^{-5}$ cm；用电子显微镜再把滑移条带放大，可见滑移条带由许多滑移线组成，滑移线间距为 10^{-6} cm 左右，线间高度差为 $10^{-6} \sim 10^{-7}$ cm。塑性变形的微观机制表明，位错运动及增殖使晶体实现一个晶面在另一个晶面上的逐步滑移，宏观表征是卸载后塑性变形保留至可观察及测量。充分退火的软金属，位错的密度为 $10^{5} \sim 10^{8}$ cm^{-2}；经强烈塑性变形后可达 $10^{11} \sim 10^{12}$ cm^{-2}。

b. 变形量不恒定　金属是多晶体，各个晶粒取向不同，晶面滑移先后不同，从而使各晶粒变形有不同时性及不均匀性。一个构件在各个部位的塑性变形量不相同，因而个别塑性变形量大的部位将出现材料的不连续（成为断裂失效的裂源）。

c. 慢速变形　金属的弹性变形是以声速传播的，但塑性变形的传播是很慢的。

d. 伴随材料性能的变化　在塑性变形过程中，伴随会发生材料性能的变化，这主要是因为塑性变形时，金属内部组织结构发生变化，由位错运动及增殖实现了晶面的滑移，亚晶结构形成；晶粒歪扭，微裂纹等缺陷产生。如在材料加工中，随塑性变形量增加，即产生了加工硬化，原因是位错密度增加、位错缠结、位错运动相互作用及运动阻力增加，其宏观表现就是应变硬化。

（3）塑性变形失效

受力的金属构件一般设计在弹性变形阶段中工作，限制材料出现塑性变形，塑性变形出现容易引发裂纹等缺陷的产生。但实际工作构件也不是出现任何程度的塑性变形都认为是失效，尤其当采用塑性好的材料时，局部位置应力超过屈服极限还有自限性。当构件塑性变形速率不高，变形量不大，不影响构件正常功能的发挥时，构件是容许存在塑性变形的。因此金属构件的塑性变形失效定义为：金属构件产生的塑性变形量超过允许的数值称为塑性变形失效。其变形失效判断以影响构件执行正常功能为依据。

金属构件的塑性变形失效是容易鉴别的。如果是塑性变形尺寸过大，将失效件进行测量，与正常件进行比较即可判定；如果是塑性变形形状变化量过大，包括鼓胀、椭圆度增大、翘曲、凹陷及歪扭畸变等，用肉眼观察或用形规对比即可判别。例如，家用的液化石油气钢瓶是一种薄壁圆筒形的压力容器，如过量的充装液化石油气，则可测量出气瓶的中部外直径明显增大，当肉眼观察到形状由圆筒形胀成腰鼓形后，尽管卸压后，其形状也不会变回圆筒形。腰鼓形的气瓶不能再使用了，判为塑性变形失效。为保气瓶安全使用，液化石油气的充装量不能超过 90%。

图 3-3 所示是用 AISI 304 不锈钢管 $\phi133 \times 6.3$ 进行承压试验的试样。图（a）是试验前把钢管两端焊上平盖接管，钢管是圆筒形；图（b）是加压试验后的失效试样。当材料承受均匀的内压力后，圆筒壁内有拉伸应力存在，因为周向应力比经向应力大（$\sigma_{周向} = 2\sigma_{经向}$），因此圆筒中部是刚性最弱的部位，在周向应力达到屈服极限后产生塑性变形。随着压力的加大，塑性变形使圆筒变形成腰鼓形，4# 试样加压试验后卸压，变形不可恢复；1#、2# 试样继续加压，过量的塑性变形使圆筒壁不断减薄，至承载能力超过强度极限而破裂。

(a) 未加压的圆筒形试样   (b) 塑性变形后的鼓胀及断裂

图 3-3　承受内压的 304 不锈钢管塑性变形及断裂试验

（4）塑性变形失效的原因及预防措施

构件塑性变形失效的原因主要是过载，使构件的受力过大，出现影响构件使用功能的过量的塑性变形。过载不仅是对构件承受的外载荷估计不足，实际操作载荷超过原设计指定的最大操作载荷引起工作应力超值，还应该包括偏载引起局部应力、复杂结构应力计算误差及应力集中、加工及热处理产生残余应力、材料微观不均匀的附加应力等因素，使构件受力不均，局部区域的总应力超值。虽然塑性变形失效是一种慢速失效，失效前又有可观测的变形征兆，但如不注意预防，塑性变形的发展便会产生断裂。

塑性变形失效预防措施如下。

① 合理选材，提高金属材料抵抗塑性变形的能力，除了选择合适的屈服强度的材料，还要保证金属材料质量，控制组织状态及冶金缺陷。

② 准确地确定构件的工作载荷，正确进行应力计算，合理选取安全系数及进行结构设计，减少应力集中及降低应力集中水平。

③ 严格按照加工工艺规程对构件成形，减少残余应力。

④ 严禁构件运行超载。

⑤ 监测腐蚀环境构件强度尺寸的减小。

3.1.3　高温作用下金属构件的变形失效

金属构件在高温长时间作用下，即使其应力恒小于屈服强度，也会缓慢地产生塑性变形，当该变形量超过规定的要求时，会导致构件的塑性变形失效。此时所称的高温为高于 $0.3T_m$（T_m 是以绝对温度表示的金属材料的熔点），一般情况下碳钢构件在 300 ℃ 以上，低合金强度钢构件在 400 ℃ 以上。长期服役的变形失效主要有蠕变变形失效和应力松弛变形失效。

（1）蠕变变形失效

金属材料在长时间恒温、恒应力作用下，即使应力低于屈服强度，也会缓慢地产生塑性变形，这种现象称为蠕变。金属的蠕变过程可用蠕变曲线来描述。大多数蠕变曲线都具有三个明显的阶段，典型的蠕变曲线如图 3-4 所示。图中 oa 线段是试验加载荷后引起的瞬时应变 ε_0。从 a 点开始随时间 t 的增长而产生的形变属于蠕变。图中 $abcd$ 曲线即为蠕变曲线。第 I 阶段 ab 是减速蠕变阶段，出现应变速率递减的塑性应变增加，开始时蠕变速率大，至 b 点时最小，因晶内滑移和晶界滑动等位错刚开始，障碍较少，随后出现位错增殖及空位，位错密度增大，位错逐渐塞积，晶格畸变不断增加，造成形变强化，蠕变速率随之降低。第 II 阶段 bc 是恒速蠕变阶段，蠕变在一个较小的大致恒定的速率下增加。如果载荷不大，此阶段的时间一般很长，此阶段位错移动与形变强化成平衡状态，这就是稳态蠕变，在稳态蠕变的后期，总形变量往往会超过规定的要求，而产生蠕变变形失效。如果此阶段结束时总的变形量尚未超标，则蠕变进入第 III 阶段。第 III 阶段 cd 是加速蠕变阶段，变形不断增大表明位错导致金属内部的晶粒变形大，晶界移动受到限制会产生微裂纹；晶格缺陷移动向晶界塞积形成空位，结果在晶界也产生微裂纹。此阶段变形加速增长，材料丧失抵抗变形的能力，并致裂纹扩展断裂。高温的承载构件在长期服役中就经历了上述的蠕变过程。当蠕变变形量超过允许的数值时，构件产生蠕变变形失效。压力容器的蠕变变形量一般规定在 10^5 h 为 1%，即蠕变速率为 10^{-7} mm/(mm·h)。

蠕变变形失效也是一种塑性变形失效，有塑性变形失效的特点，但蠕变失效并不一定是过载，只是载荷大时，蠕变变形失效的时间短，恒速蠕变阶段蠕变速度大。高温下不仅有蠕

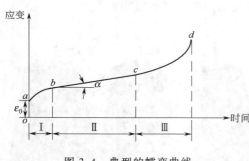

图 3-4　典型的蠕变曲线

变变形引起的构件外部尺寸的变化，还有金属内部组织结构特有的变化。如珠光体耐热钢在长期高温下会发生珠光体球化、石墨化，碳化物的聚集与长大、再结晶，固溶体及碳化物中合金元素重新分布等，这些内部结构组织的变化导致高温力学性能下降、构件承载能力下降、蠕变速度加快、失效加快。

材料抵抗蠕变的能力用蠕变极限及持久强度来衡量。蠕变极限是高温长期载荷下材料抵抗塑性变形的抗力指标，用给定温度下材料产生规定蠕变速率的应力值或材料产生一定蠕变变形量的应力值来表示。持久强度则是材料在高温长期载荷下，不发生蠕变断裂的最大应力值。材料的蠕变极限及持久强度高，则抗高温蠕变性能好。汽轮机的叶片、叶轮、隔板和气缸等构件，在高温应力下长期运行，不允许有较大的变形，因此设计时有较严格的蠕变变形量的要求，蠕变变形失效也有发生，但例子不多。而锅炉受热面管子及蒸汽管道不仅长期高温操作，且由于实际操作的短期超温及长期超温，往往加速管子蠕胀（甚至爆破），这是过量的高温蠕变变形引起的普遍且典型的例子。

预防高温蠕变变形失效的措施是选用抗蠕变性能合适的材料与防止装备中构件的超温使用。图 3-5 所示是一个很典型的例子，某动力锅炉的过热管束，图中环焊缝以前管段（图中上段）认为是低温段，采用 20 低碳钢钢管，图中环焊缝以后管段（图中下段）认为是高温段，采用 12Cr1MoV 低合金耐热钢钢管。在运行的 3 年中陆续发生蒸汽泄漏，大修检查发现几乎所有过热管的异种钢接头 20 钢管一侧有胀管现象，并有多根管子胀裂。胀区金属材料微观观察显示，低碳钢中的珠光体消失，相当于珠光体球化标准 6 级，严重球化，而正常的20 钢金属微观组织应为铁素体＋片层状珠光体。管束的实际强度是连续变化的；在该段管子焊缝附近的管材经受大致相同的工作条件，耐热钢抗蠕变性能比低碳钢好。在设计时如考虑把耐热钢选用的部位往低温段延伸，则不致使低碳钢管子落在超温工作部位。管束全长选用耐热钢则更安全。

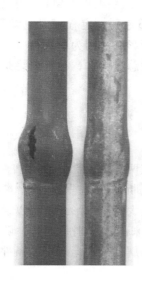
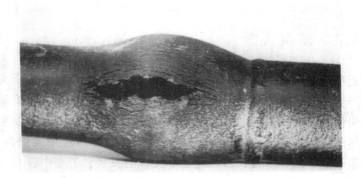

图 3-5　过热管蠕变变形及胀裂

（2）应力松弛变形失效

金属的蠕变是在应力不变的条件下，构件不断产生塑性变形的过程；而金属的松弛则是在总变形不变的条件下，构件弹性变形不断转为塑性变形从而使应力不断降低的过程。

处于应力松弛条件的构件，在一定的温度下，弹性变形量与塑性变形量的变化可用下式表示。

总变形量 $\qquad\qquad\qquad \varepsilon_0 = \varepsilon_{弹} + \varepsilon_{塑} = 常数$

构件开始工作时 $\varepsilon_0 = \Delta L / L$，全为弹性变形；随着时间的增加，弹性变形 $\varepsilon_{弹}$ 降低，塑

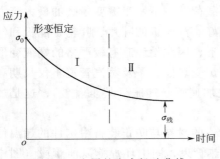

图 3-6　金属的应力松弛曲线

性变形 $\varepsilon_{塑}$ 增加。因为金属材料的高温松弛也是基于蠕变现象产生的，当总变形恒定时，若产生塑性的蠕变变形，就要降低弹性变形量。金属蠕变与应力松弛都是长期高温下材料的塑性变形的表征，只是约束变形条件不同而表现形式有所不同。金属的应力松弛一般也可用图线来表示，称为应力松弛曲线，如图 3-6 所示。这是在给定温度和初始变形量不变条件下，应力随时间而降低的曲线。该曲线有明显的两个阶段，第 I 阶段持续时间较短，应力随时间增加而急剧下降；

第 II 阶段持续时间很长，应力缓慢下降。而且往往经很长时间仍然看不到松弛的下限应力。在某一时间段上构件所保持的应力称为残余应力。

材料抵抗应力松弛的性能称为松弛稳定性，用残余应力 $\sigma_{残}$ 来衡量。材料在一定的高温和初始应力下，经规定的工作时间后，残余应力高则松弛稳定性好。

燃气透平、蒸汽透平的组合转子或法兰的紧固力，高温下使用的压紧弹簧的弹力，热压构件的紧固力，热交换器管子与管板的胀接力等，在高温长期使用中都会出现应力松弛的问题，当残余应力降低至影响构件执行正常功能时，则产生应力松弛失效或松弛变形失效。

预防高温松弛失效的措施是选用松弛稳定性好的材料。对紧固性构件的实际使用也可以在构件使用过程中对其进行一次或多次再紧固，即在构件应力松弛到一定程度时重新紧固，这是经济而又有效的方法。但要注意到再紧固会对松弛性能有所影响，因为每进行一次再紧固，材料都产生应变硬化，残余应力有所下降，随着塑性应变的总量增加，材料最终是会断裂的。

3.2　断裂失效

断裂是金属构件在应力作用下材料分离为互不相连的两个或两个以上部分的现象。构件内部产生裂纹也属于材料断裂范畴，只要把裂纹打开，也可按照断裂失效进行研究。断裂是金属构件常见的失效形式之一，特别是脆性断裂，它是危害性甚大的失效形式。可以说，金属材料的研究在某种意义上是在与断裂作斗争的过程中发展起来的。特别是近代，随着宇航、原子能、海洋开发、石油化工等工程的发展，工程中各种金属构件在运行中的条件（如载荷、环境、温度等）越来越苛刻，断裂的几率也在增加。

金属材料的断裂过程一般有三个阶段，即裂纹的萌生，裂纹的亚稳扩展及失稳扩展，最后是断裂。金属构件可能在材料制造、构件成形或使用阶段的不同条件下启裂、萌生裂纹；并受不同的环境因素及承载状态的影响而使裂纹扩展直至断裂，因此有不同特征的各种类型断裂失效。

金属构件断裂后，在断裂部位都有匹配的两个断裂表面，称为断口，断口及其周围留下与断裂过程有密切相关的信息。通过断口分析可以判断断裂的类型、断裂过程的机理，从而找出断裂的原因和预防断裂的措施。

本节统一下列断裂要素，便于讲述断裂失效的内容。

① 加载条件：中、低速列入静载荷，高速列入冲击载荷；交变载荷指循环载荷。用拉伸、压缩、弯曲、扭转、剪切、接触作为加载方向。

② 裂纹扩展速率：裂纹低速稳态扩展每秒小于 5 米；裂纹非稳态快速扩展，高达每秒上千米。

③ 最终断裂前的应变状态用脆性、韧性来说明；宏观断裂方向用平直面（平面应变状态）和剪切面（平面应力状态）来说明。

④ 断口表面的宏观形貌用肉眼、放大镜或低倍显微镜观察后用光反射（发亮或发灰）和纹理（光滑或粗糙、结晶或丝光、颗粒或纤维、自然现象景观等）来表示。

⑤ 断口表面的微观形貌用显微镜观察的图像像形来表示（韧窝、解理小平面、辉纹、自然现象景观等）。

3.2.1 断裂失效的分类

（1）按断裂前变形程度分类

a. 韧性断裂　断裂前产生明显的塑性变形，断裂过程中吸收了较多的能量，一般是在高于材料屈服应力条件下的高能断裂。

b. 脆性断裂　断裂前的变形量很小，没有明显的可以觉察出来的宏观变形量。断裂过程中材料吸收的能量很小，一般是在低于允许应力条件下的低能断裂。

这种根据断裂前的变形量来划分，只具有相对的意义。同一种材料，条件改变（应力、温度、环境等），其变形量也可能发生显著的变化；在宏观范围内是脆性断裂，但在局部范围内或微观范围内却存在着大量的集中变形。

完全脆性断裂和完全韧性断裂是较少见的，通常是出现脆性和韧性的混合型断裂。

（2）按造成断裂的应力类型及断面的宏观取向与应力的相对位置分类

a. 正断　当外加作用力引起构件的正应力分量超过材料的正断抗力时发生的断裂。断裂面垂直于正应力或最大的拉伸应变方向。

b. 切断　当外加作用力引起构件的切应力分量超过材料在滑移面上的切断抗力时发生的断裂。断裂面平行于最大切应力或最大切应变方向，与最大正应力约呈45°交角。

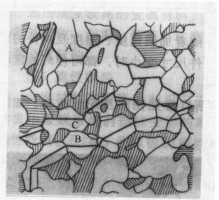

正断可能是脆性的，也可能是韧性的，而切断一般总是韧性的。

表 3-1 列出不同类型负荷下正断和切断的宏观形态。

（3）按断裂过程中裂纹扩展所经的途径分类

a. 沿晶断裂　裂纹沿晶界扩展至断裂（图 3-7 中A）。当晶界上存在着脆性相、焊接热裂纹、蠕变断裂、应力腐蚀等一般是沿晶断裂。沿晶断裂多属脆性断裂，

图 3-7　裂纹扩展路径示意

A—沿晶裂纹；B—穿晶裂纹；C—混晶裂纹

表 3-1　不同类型负荷下的断裂形式

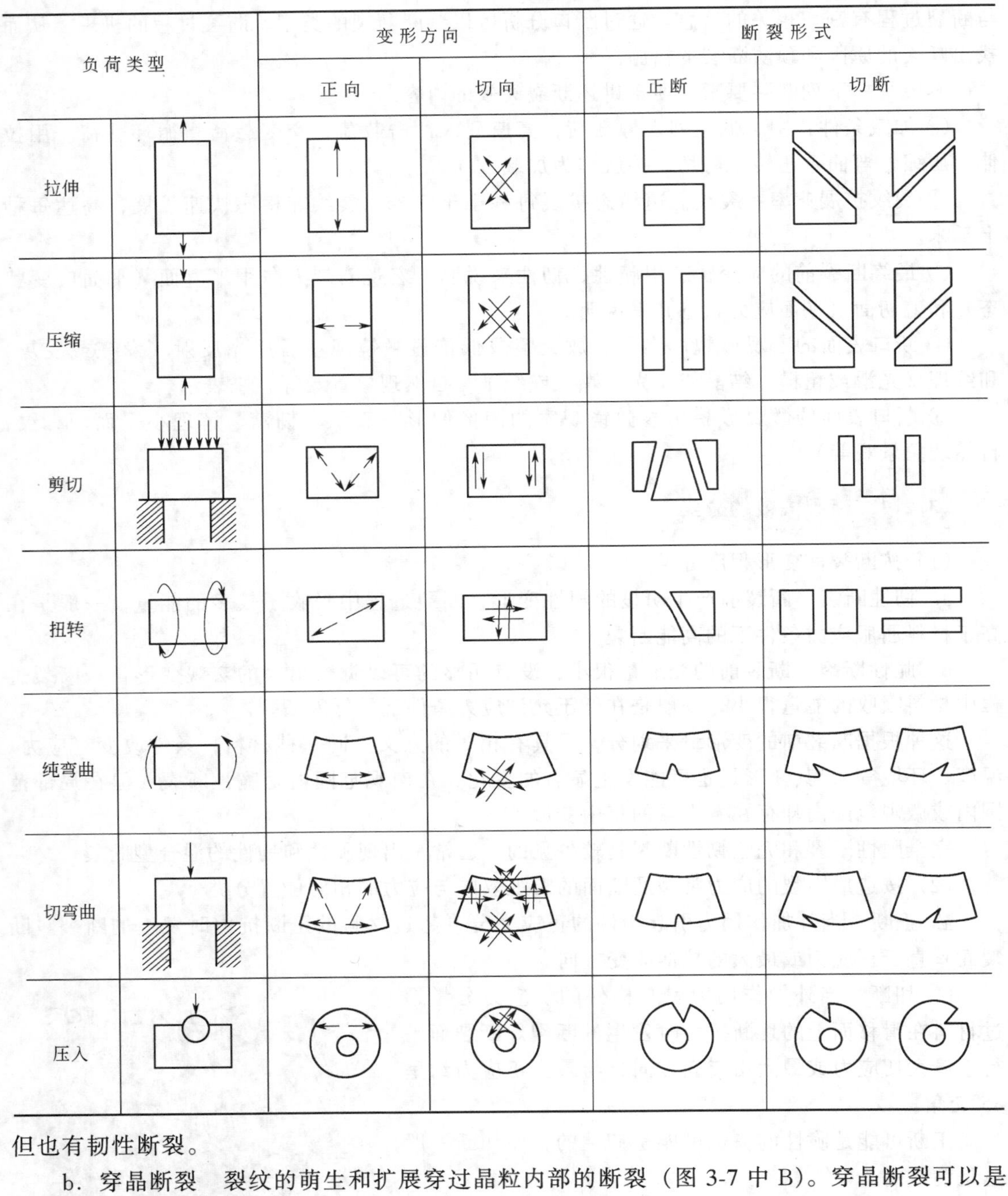

负荷类型		变形方向		断裂形式	
		正向	切向	正断	切断
拉伸					
压缩					
剪切					
扭转					
纯弯曲					
切弯曲					
压入					

但也有韧性断裂。

　　b. 穿晶断裂　裂纹的萌生和扩展穿过晶粒内部的断裂（图 3-7 中 B）。穿晶断裂可以是韧性的也可以是脆性的。

　　c. 混晶断裂　在多晶体金属材料的断裂过程中，多数是其裂纹的扩展既有穿晶型、也有晶间型的混晶断裂（图 3-7 中 C）。如马氏体或回火马氏体材料的瞬间断裂便属于这种类型。

　　(4) 按负荷的性质及应力产生的原因分类

　　a. 疲劳断裂　材料在交变负荷下发生的断裂。

58

b. 环境断裂 材料在环境作用下引起的低应力断裂。主要包括应力腐蚀断裂和氢脆断裂。

（5）按微观断裂机制分类

a. 解理断裂 在正应力（拉力）作用下，裂纹沿特定的结晶学平面扩展而导致的穿晶脆断，但有时也可沿滑移面或孪晶界分离。

b. 韧窝断裂 在外力作用下因微孔聚集相互连通而造成的断裂。

c. 疲劳断裂 在交变应力作用下以疲劳辉纹为标志的断裂。

d. 蠕变断裂 材料在一定温度下，恒载经一定时间后产生累进式形变而导致的断裂。

e. 结合力弱化断裂 裂纹沿着由于各种原因而引起的结合力弱化所造成的脆弱区域扩展而形成的断裂。

3.2.2　韧性断裂

在构件断裂之前产生显著的宏观塑性变形的断裂称为韧性断裂。图 3-8 所示是液氨管道韧性断裂失效的实物照片。

图 3-8　液氨管韧性断裂失效

3.2.2.1　韧性断裂特征

韧性断裂是一个缓慢的断裂过程，塑性变形与裂纹成长同时进行。裂纹萌生及亚稳扩展阻力大、速度慢，材料在断裂过程中需要不断消耗相当多的能量。随着塑性变形的不断增加，承载截面积减小，至材料承受的载荷超过了强度极限 σ_b 时，裂纹扩展达到临界长度，发生韧性断裂。韧性断裂的塑性应变可大于 5% 以上。由于韧性断裂前产生显著的塑性变形，会引起注意，一般不会造成严重事故。

韧性断裂有两种类型。一种是宏观断面取向与最大正应力相垂直的正断型断裂，又称平面断裂，这种断裂出现在形变约束较大的场合，如平面应变条件下的断裂；另一种是宏观断面取向与最大切应力方向相一致的切断，即与最大正应力约呈 45°角，又称斜断裂，这种断裂出现在滑移形变不受约束或约束较小的情况，如平面应力条件下的断裂。各种韧性断裂都是这两种断裂形式的单独存在或结合而派生出来的。图 3-9 所示是工程构件最常出现的两种韧性断裂宏观形貌。

图 3-9（a）是正断与切断结合的杯-锥状断裂。在直径较大、没有缺陷及缺口的光滑圆棒试样慢应变拉伸试验中，当材料韧性好，通常出现这种断裂。试样拉伸至材料屈服极限后出现缩颈，厚截面的缩颈中心部位有较大的三向应力，导致空洞在夹杂或第二相边界处成

核、聚集扩大和连接成裂纹，接着裂纹扩展失稳，直至试样断裂，试样中心部位为平面断裂。而中心部位的外围处于平面应力状态，故发生斜断裂。

图 3-9（b）是纯剪切断裂。由位错滑移形变引起，沿滑移面分离，这种韧性断裂过程与空洞的成核、长大无关。产生缩颈后试样变得越来越细，缩颈作用相当于在两个方向（斜断裂）或空间中许多方向上（颈缩为一点）的剪切位移，这种断裂常发生于滑移形变不受约束或约束较小的情况。如平板承受拉伸载荷，薄壁容器过载器壁承受双向拉伸载荷，其断裂时出现的就是剪切斜断裂；高纯金属圆棒小试样慢速拉伸会变得很细，断裂时断口接近一个点。

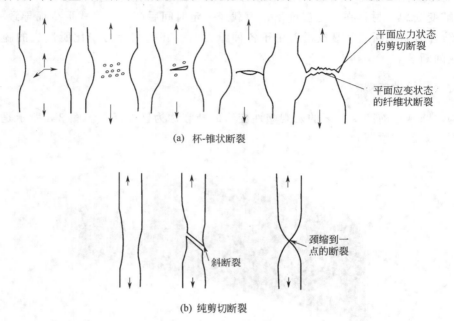

(a) 杯-锥状断裂

(b) 纯剪切断裂

图 3-9　韧性断裂宏观形貌

3.2.2.2　韧性断裂的断口形貌

杯-锥状的韧性断裂是由平直面断裂和斜断裂两种基本断裂形式结合而派生出来的，因此以杯-锥状断口为例说明韧性断裂断口形貌特征。

（1）韧性断裂断口宏观形貌

可见明显的区域性。在直径大的圆棒钢试样新断裂的金属灰色断口上能观察到三个区：凹凸不平暗灰色且无光泽的纤维区、放射线纹理的灰色有光放射区及平滑丝光的亮灰色剪切唇区。

图 3-10（a）、（b）所示光滑无缺陷圆棒拉伸韧性断口的宏观形貌，在试样缩颈后断裂的

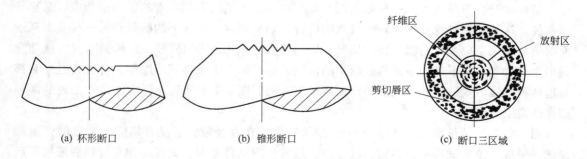

(a) 杯形断口　　　　　(b) 锥形断口　　　　　(c) 断口三区域

图 3-10　光滑圆棒试样韧性断口宏观形貌

两个断面呈匹配的杯状和锥状。纤维区位于杯底和锥顶的中心部位，宏观断面与主应力相垂直，断面粗糙不平，用放大镜观察，此纤维区是由无数纤维状"小峰"组成，"小峰"的小斜面和拉伸轴线大约成45°角，纤维区是材料内部处在平面应变三向应力作用下启裂，在试样中心形成很多小裂纹及裂纹缓慢扩展而形成的。纤维区外显示出平行于裂纹扩展的放射线状的纹理，这是中心裂纹向四周放射状快速扩展的结果，该区称为放射区。当裂纹快速扩展到试样表面附近时，由于试样剩余厚度很小，故变为平面应力状态，从而剩余的外围部分剪切断裂，断裂面沿最大切应力面和拉伸轴成45°角，此区称为剪切唇区。

如果圆棒钢试样在表面开有缺口，或表面有缺陷，则从缺口或缺陷处启裂，试样的中心是最后断裂区，不可能得到杯-锥状断口。如图3-11（a）所示。

厚截面的板状试样的韧性断口也能看到三区，中心纤维区成椭圆形，放射区成人字花样，其尖端指向裂纹源，最外面是45°的剪切唇区。随着板厚的减薄，剪切唇区所占断口面积增大，放射区缩小。对于相当薄的板试样，其断口是全剪切的，也就是平面应力条件下造成的纯剪切断口，如图3-11（b）所示。

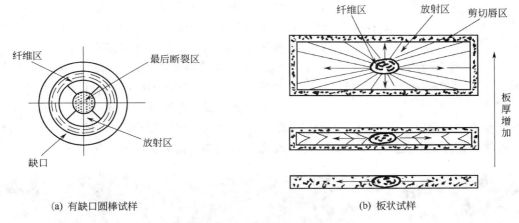

(a) 有缺口圆棒试样　　　　　　　　　　(b) 板状试样

图 3-11　非杯-锥状韧性断口宏观形貌

从韧性断裂宏观形貌三区的特征可分析断口的类型、断裂的方式及性质，有助于判断失效的机理及找出失效的原因。根据纤维区、放射区及剪切唇区在断口上所占的比例可初步评价材料的性能。如纤维区较大，材料的塑性和韧性比较好；如放射区比较大，则材料的塑性降低，而脆性增大。由于三区所占比例随构件形状尺寸变化有所不同，所以按三区评价材料性能要考虑构件截面形状及尺寸的影响。另外，随环境条件的变化，断口三区所占的比例也发生变化。如温度降低、加载速度升高等，纤维区及剪切唇区减小、放射区增大，因温度降低会引起低温脆性，加载速度升高使裂纹扩展速率增加。

（2）韧性断裂断口微观形貌

韧性断裂有正断和切断，其微观形貌相应也有微孔聚集型的韧窝花样和纯剪切的蛇行花样（及由蛇行滑动形成的涟波或延伸而致的无特征花样）。

a. 韧窝　韧性断裂断口的微观形貌呈现出韧窝状，在韧窝的中心常有夹杂物或第二相质点。

① 韧窝的分类。韧窝的形状与材料断裂时的受力状态有关。根据受力状态的不同，通常可以出现三种不同形态的韧窝。

等轴韧窝　在正应力（即垂直于断面的最大主应力）的均匀作用下，显微孔洞沿空间三

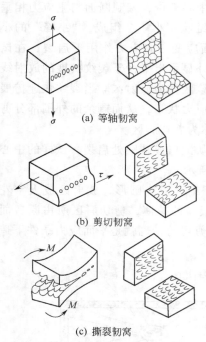

(a) 等轴韧窝

(b) 剪切韧窝

(c) 撕裂韧窝

图 3-12　在三种应力作用下由显微
孔洞聚集所形成的韧窝形态示意

个方向上的长大速度相同，因而形成等轴韧窝 [见图 3-12 (a)]。拉伸试样断口的杯形底部和锥形顶部就是由等轴韧窝组成的。

剪切韧窝　在切应力（平行于断面的最大切应力）的作用下，塑性变形使显微孔洞沿切应力方向的长大速度达到最大，同时，显微孔被拉长，形成抛物线状或半椭圆状的韧窝，这时两个匹配面上的韧窝朝着相反方向，这种韧窝称为剪切韧窝 [见图 3-12 (b)]。剪切韧窝通常出现在拉伸断口的剪切唇区。

撕裂韧窝　撕裂应力作用下出现伸长的或呈抛物线状的韧窝，此时两个匹配面上的韧窝朝着相同的方向，这种韧窝称为撕裂韧窝 [见图 3-12 (c)]。撕裂韧窝的方向指向裂纹源，而其反方向则是裂纹的扩展方向。撕裂韧窝与剪切韧窝在形貌上没有什么不同，大多是长形、抛物线状，只是在对应的两个断面上，其抛物线韧窝的凸向不同，对剪切韧窝凸向相反，对撕裂韧窝凸向相同。

图 3-13 所示为等轴韧窝与拉长韧窝的电子断口形貌。以上所讨论的三种韧窝形状，都是相对于局部断裂而言，不同的局部位置，存在着与其局部受力相适应的韧窝形态。在通常情况下，各种形态的韧窝是混合在一起的。在实际构件的韧性断口中，等轴韧窝与抛物线韧窝是有规则且交替分布的，能观察到抛物线韧窝包围着等轴韧窝。

(a)　等轴韧窝　6000×

(b)　拉长韧窝　6000×

图 3-13　20 钢拉杆韧窝碳复型透射电镜形貌

② 韧窝的大小和深浅，决定于材料断裂时微孔的核心数量和材料本身的相对塑性，如果微孔的核心数量很多或材料的相对塑性较低，则韧窝的尺寸较小或较浅；反之，韧窝的尺寸较大或较深。通常韧窝越大越深，材料的塑性越好。在金属材料韧性断裂的断口中，最常见的是尺寸各不相同的韧窝花样。但是，也可以看到尺寸较大而又均匀的韧窝，或者是在比较大的韧窝周围密集着尺寸较小的韧窝的情况。当断口中只有较均匀的韧窝时，则形成韧窝源的夹杂物或第二相质点只有一种类型，而且显微孔洞之间的连接是靠材料内部的塑性变形而实现的。当断口中存在着尺寸大小不同的韧窝，尤其是均匀的大韧窝周围有小韧窝时，首先是较大尺寸的

夹杂物或第二相质点作为韧窝的核心形成显微孔洞，当显微孔洞长大到一定尺寸后，较小的夹杂物或第二相质点再随着形成显微孔洞并长大，与先前形成的显微孔洞在长大过程中发生联结，因而形成了大小不一的韧窝。图 3-14 所示为夹杂物形核的韧窝，可见韧窝尺寸与夹杂物的大小直接相关，而且当夹杂物呈圆颗粒时，韧窝呈等轴状，当夹杂物呈条状时，韧窝也呈长条形。

③ 韧窝数量的多少取决于显微孔洞数目的多少。当材料含有较多的第二相质点或夹杂物时，则在形成韧窝过程中，第二相质点或夹杂物往往存在于韧窝底部（见图 3-14），形成的韧窝数量较多，而且较小。例如，镍基合金若含有大量氧化物弥散质点，则其断口的韧窝数目比不含有氧化物的镍基合金的断口的韧窝数目更多更小。

虽然韧窝的大小、深浅和数量与材料的塑性直接相关，但因材料的冶金质量、相组成、热处理质量、晶粒大小、性能和试验温度等因素的影响，至今还没有找到韧窝大小、深浅、数量与材料塑性之间明确的定量关系。

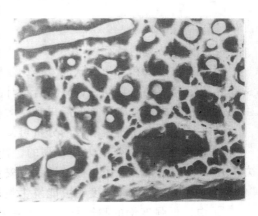

图 3-14　韧窝大小与夹杂物尺寸的关系
SEM 1000×

b. 蛇行花样　在某些金属材料中，尤其是杂质、缺陷少的金属材料，在较大的塑性变形后，沿滑移面剪切分离，因位向不同的晶粒之间的相互约束和牵制，不可能仅仅沿某一个滑移面滑移，而是沿着许多相互交叉的滑移面滑移，形成起伏弯曲的条纹形貌，一般称为"蛇行花样"，如图 3-15 所示。若形变程度加剧，则蛇行花样因变形而平滑化，形成"涟波"花样，如图 3-16 所示。如若继续变形，涟波花样也将进一步平坦化，在断口上留下了没有特殊形貌的平坦面，有称"延伸区"、"平直区"或直接称"无特征花样"。

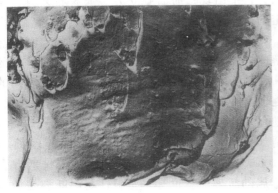

图 3-15　大韧窝的底部可观察有蛇行
花样条纹　TEM 10000×

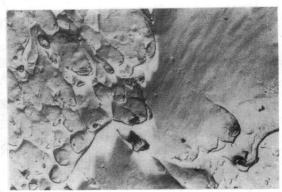

图 3-16　剪切韧窝及涟波花样
TEM 10000×

3.2.2.3　产生韧性断裂的影响因素及防止措施

韧性断裂的原因多是各种影响因素造成的材料强度不足，如构件受到较大的载荷或过载、局部应力集中等。预防的措施如下。

① 设计时充分考虑构件的承载能力，在可能的情况下设计变形限位装置或者增加变形保护系统等，尽可能使塑性变形不要发展为断裂。

② 操作时保持仪表完好的状态，准确显示操作工况。

③ 严格遵守操作规程，严禁超载、超温、超速等。

④ 随时注意有无异常变形。

⑤ 定期测厚，尤其有腐蚀、高温氧化等引起壁厚减薄的工况。

3.2.3　脆性断裂

（1）脆性断裂的特征

随着工业生产和科学技术的发展，不断涌现出高速运转、高压承载、低温使用的大型设备和复杂组合结构，它们往往在符合设计要求，满足常规力学性能指标的情况下，却不断发生脆性断裂事故，造成严重的后果和巨大的经济损失。

通过对大量脆性断裂事故的分析可知，脆性断裂有如下几个特征。

① 脆性断裂时工作应力是不高的，往往低于材料的屈服点，甚至低于设计时的许用应力。在该名义应力下工作往往被认为是安全的，但却发生破坏。因此，人们把脆性断裂称为"低应力脆性断裂"。高强度钢可能发生脆性断裂，低强度钢也可能发生脆性断裂。

② 中、低强度钢的脆性断裂一般是在比较低的温度下发生的，因此人们也把脆性断裂叫做"低温脆性断裂"。与面心立方金属比较，体心立方金属随温度的下降，塑性将明显下降，屈服应力升高（见图 3-17）。

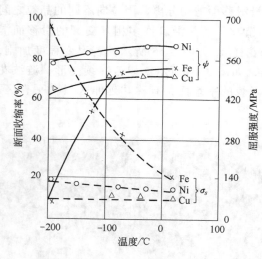

图 3-17　体心立方 Fe 和面心立方
Ni、Cu 的塑性和屈服应力随温度的变化

③ 脆性断裂是从金属构件内部存在的裂纹作为裂纹源而开始的。裂纹一旦产生，常造成构件灾难性的总崩溃。因此，脆性断裂总是突然间发生的，断裂前总的变形量极小，无明显先兆，难以察觉。

④ 脆性断裂通常在体心立方和密排六方金属材料中出现，而面心立方金属材料只有在特定的条件下才会出现脆性断裂。

⑤ 脆性断裂一般沿低指数晶面穿晶解理，解理是金属在正应力的作用下沿解理面发生的一种低能断裂。由于解理是通过破坏原子间的键合来实现的，而密排面之间的原子间隙最大，键合力最弱，故绝大多数解理面是原子密排面。例如，体心立方金属材料的常见解理面为 {100}，有时是 {110} 和 {112}；密排六方金属材料的解理面为 {0001}。表 3-2 为常见纯金属的解理面。也有一些脆性材料断裂是沿晶断裂，如晶界上有脆性物存在或有晶间腐蚀时，就有可能产生沿晶断裂。

表 3-2　常见纯金属的解理面

金　属	晶　系	解　理　面	金　属	晶　系	解　理　面
α-Fe	体心立方	{100}	Ti	密排六方	{0001}
W	体心立方	{100}	Te	六　方	{1010}
Mg	密排六方	{0001}	Bi	菱　形	{111}
Zn	密排六方	{0001}	Sb	菱　形	{111}

（2）脆性断裂的断口形貌

a．断口的宏观形貌　　如上所述，脆性断裂大多数是穿晶解理型的，故其断口的宏观形貌具有两个明显的特征。

小刻面　脆性解理断裂的断口是平滑明亮结晶状的。一个多晶体金属材料的解理断口，由于其每个晶体的取向不同，所以其解理面与断裂面所取的位向也就不相同，形如剥落的云母片，若把断口放在手中旋转时，将闪闪发光，像存在许多分镜面似的。一般称这些发光的小平面为"小刻面"。根据这个宏观特征很容易判别脆性解理断口。

人字条纹或山形条纹　脆性解理断口还具有另一个特殊的宏观形貌特征，即从断裂源点形成"人字条纹"或"山形条纹"（见图 3-18）。随着裂纹的发展，人字条纹或山形条纹变粗。因而根据断口人字条纹或山形条纹的图形可以判断脆性断裂的裂纹扩展方向和寻找断裂起源点。人字条纹或山形条纹从细变粗的方向为裂纹扩展的方向；相反的方向，即人字条纹矢形指向的方向和山形条纹汇集的方向指向裂纹起源点。图 3-18 中箭头指示的方向为裂纹扩展方向。这个判断方法对于寻找脆性断裂源，从而正确分析失效原因是有实际意义的。

例如，美国顺纳德球形储氢压力容器（直径 11.7 m）爆炸成为 20 个碎片，断口呈人字条纹，脆性断裂总长达 198 m。失效分析工作者将 20 个碎片拼合，根据断口人字条纹矢形方向汇集到清扫孔 A、B、C 处，

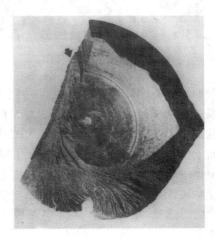

图 3-18　容器脆性宏观断口的
人字条纹和山形条纹
（箭头所指方向为裂纹扩展方向）

从而断定裂纹源于清扫孔处。图 3-19 为这个球形压力容器碎片拼合后的一个视图（底视图），由此可以看到，断口人字条纹矢形方向汇集到清扫孔，右上角是清扫孔附近的放大图，裂纹起源于 A、B、C 处。

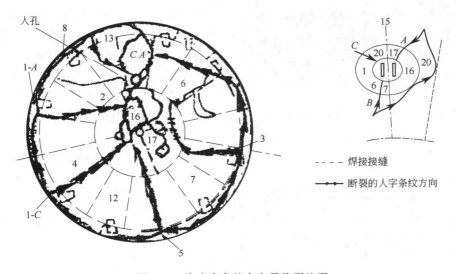

图 3-19　由人字条纹方向寻找裂纹源
（球形储氢压力容器脆性断裂分区底视图）

65

图 3-20　河流花样　TEM 2000×

b. 断口的微观形貌　一般是解理特征，不同组织的解理断口具有不同的形貌：铁素体的解理断口呈河流条纹、舌状花样；珠光体的解理断口呈不连续片层状；马氏体的解理断口由许多细小的解理面组成，可观察到针状刻面。几乎所有的解理断口上均有二次裂纹。

河流条纹　脆性解理断裂的电子显微断口形态的一个特征是呈现河流花样（见图 3-20）。由于实际晶体内部存在着许多缺陷（如位错、析出物、夹杂物等），所以在一个晶粒内的解理并不是只沿着一个晶面，而是沿着一族相互平

行的（具有相同的晶面指数），位于不同高度的晶面解理。这样，不同高度的解理面之间的裂纹相互贯通便形成解理台阶，许多的解理台阶的相互汇合便形成河流花样。所以河流花样实际上是断裂面上的微小解理台阶在图像上的表现，河流条纹就是相当于各个解理平面的交割。河流条纹的流向也是裂纹扩展的方向，河流的上游（即河流分叉方向）是裂纹源。这个特点与宏观人字条纹或山形条纹类似。图 3-21 所示是河流花样的形成示意。

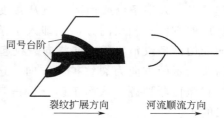

图 3-21　河流花样形成的示意

舌状花样　脆性解理断裂的电子微观断口形貌的另一个特征是出现舌状花样（见图 3-22）。它所以称为"舌"，是因其电子金相形态如"舌"的缘故。当材料的脆性大、温度低，临界变形困难，晶体变形以形变孪晶方式进行。体心立方金属的解理舌状花样形成示意如图 3-23 所示。当沿主解理面 {100} 扩展的裂纹 A 扩展到 B，在 B 处与孪晶面 {112} 相遇时，裂纹在孪晶面 {112} 发生次级解理而改变力向，使裂纹从主解理面局部地转移到形变孪晶的晶面上，即扩展到 C 处，然后沿 CD 断开，与此同时，主裂纹也从孪晶两侧越过孪晶面而沿 DE 继续扩展，于是形成解理舌状花样。

图 3-22　舌状花样　TEM 24000×

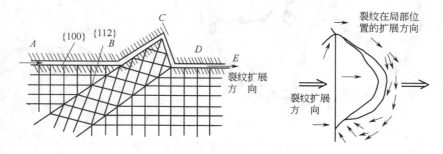

图 3-23　解理舌状花样形成示意

其他花样　有羽毛花样、青鱼骨状花样及瓦纳线花样。

ⅰ．羽毛花样及青鱼骨状花样　在脆性解理断口上有时还可以看到羽毛状花样（图 3-22 背底有较小的羽毛花样）以及青鱼骨状花样（见图 3-24）。

ⅱ．瓦纳（Wallner）线花样　在极脆的金属解理断裂时，出现一种瓦纳线的解理特征，它通常是在体心立方结构的金属材料或非金属材料断裂时被观察到。瓦纳线花样与宏观人字条纹相似，但其裂纹扩展方向恰恰相反。它是裂纹快速扩展时裂纹尖端与弹性冲击波相互干涉所造成。

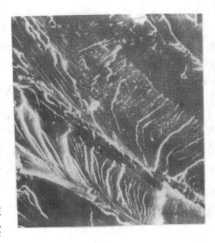

图 3-24　青鱼骨状花样
SEM 2000×

在回火马氏体组织（有时也在贝氏体组织）的脆性断口上首先观察到一种特别的断口形态"准解理"。实际遇到的构件穿晶型脆性断口，大多属于这种类型。准解理断口的显微形态特征是具有起源于解理面心部向四周扩展的辐射状河流条纹，以及由隐蔽裂纹扩展接近产生韧性变形而形成的撕裂棱和微坑结构。在准解理断口中有时也有舌状花样，所以准解理断口的显微形态是介于解理断口与韧性断口之间的一种断口形态，即具有解理断口形态特征——河流条纹、舌状花样和韧性断口形态特征——韧窝、撕裂棱等。图 3-25 所示为准解理断口的河流花样及韧窝。

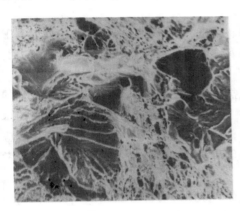

图 3-25　准解理断口 SEM 2000×

有一些脆性断裂并不是沿晶粒内一定解理面裂开，而是沿着晶粒边界或相界裂开的。当晶界有脆性析出物、晶界偏析、回火脆性以及某些条件下的蠕变、氢脆、应力腐蚀和焊接热影响区，将会出现晶间脆性断裂。晶间脆性断裂的断口特征是呈现较大浮凸，可以看到多面体的晶粒外形和三叉边界。例如，不锈钢中的 $Cr_{23}C_6$ 沿晶界析出，常引起沿晶界脆断；某些合金钢中的磷、锡、砷、锑等元素沿晶界偏析时，将导致回火脆性而引起沿晶断裂。

（3）脆性断裂的影响因素

a．应力状态与缺口效应　应力状态是指构件内应力的类型、分布、大小和方向。不同的应力状态对脆性断裂有不同的影响，如最大拉伸应力（σ_{max}）和最大切应力（τ_{max}）对形变和断裂起不同的作用。最大切应力促进塑性滑移的发展，是位错移动的推动力，它对形变和断裂的发生及发展过程都产生影响；而最大拉伸应力则只促进脆性裂纹的扩展。因此，最大拉应力与最大切应力的比值（σ_{max}/τ_{max}）越大，构件失效脆性断裂可能性越大，在三向拉伸应力状态下比值（σ_{max}/τ_{max}）最大，极易导致脆性断裂。在实际金属构件中，常见由于应力分布不均匀而造成三向应力状态，如构件的截面突然变化、小的圆角半径、预存裂纹、刀痕、尖锐缺口尖端处往往由应力集中而引起应力不均匀分布，周围区域为了保持变形协调，便对高应力区以约束，即造成三向拉伸应力状态。这是造成金属构件在静态低负荷下产生脆性断裂的重要原因。

b．温度　温度是造成工程构件脆性断裂的重要因素之一。对许多脆性断裂事故进行分析表明，其中不少是发生在低温条件下，而且脆性断裂源产生于缺陷附近区域。

低温下造成构件的脆性断裂是由于温度的改变而引起材料本身的性能变化。随着温度的降低，钢的屈服应力增加，韧性下降，解理应力也随着下降。当温度在材料脆性转变温度以下时，材料的解理应力小于其屈服应力，材料的断裂由原来的正常韧性断裂转为脆性断裂。

c. 尺寸效应　近年来随着工程结构的大型化，所使用的钢板厚度增加，如厚壁容器、高压设备的厚度高达 100～200 mm。钢板厚度对脆性断裂有较大的影响，厚钢板的缺口韧性差。在 V 形夏比试验中，随着钢板厚度的增加，脆性转变温度提高。实验表明钢板厚度对脆性断裂开始温度有较大的影响，钢板越厚其低温脆性倾向越显著。如 C-Mn 钢板的脆性断裂开始温度与钢板厚度的关系为：当钢板厚度由 50 mm 增加到 150 mm 时，板厚每增加 1 mm，其脆性断裂开始温度上升 0.17 ℃；钢板厚度由 150 mm 增加到 200 mm 时，板厚每增加 1 mm，其脆性断裂开始温度上升 0.52 ℃。

由上可知，随着钢板厚度的增加，脆性转变温度升高，钢材的缺口脆性增加。关于板厚的脆化原因一般认为与冶金质量和应力状态有关。

d. 焊接质量　许多脆性断裂事故往往出现在焊接构件中，焊接构件的脆性断裂主要决定于工作温度、缺陷尺寸、应力状态、材料本身的脆性以及焊接影响因素（如焊接残余应力、角变形、焊接错边等）。焊接缺陷一般有夹杂、气孔、未焊透和焊接裂纹等，而其中焊接裂纹的存在对焊接构件的断裂起着重要作用。

e. 工作介质　金属构件在腐蚀介质中，受应力（尤其拉应力）作用，同时又有电化学腐蚀时，极易导致早期脆性断裂。

构件在加工或成形过程中，如铸造、锻造、轧制、挤压、机械加工、焊接、热处理等工序中产生的残余应力，若有较高的应力水平，则在与腐蚀介质的协同作用下极易产生应力腐蚀而导致脆性断裂。

例如，蒸汽锅炉上铆钉的断裂；奥氏体不锈钢在盐水溶液、海水、苛性钠溶液中产生的应力腐蚀断裂；铝合金在氯化钠水溶液、海水等介质中产生的断裂；铜合金在氨气、氨的水溶液等介质中产生的断裂都是由于构件本身存在应力，且在腐蚀介质环境下工作而产生的应力腐蚀断裂。特别是高强度钢构件，如果在较低的静负荷下发生突然脆性断裂事故，就应考虑是否发生了由应力腐蚀而造成的破坏。

f. 材料和组织因素　脆性材料、劣等冶金质量、有氢脆倾向的材料以及缺口敏感性大的钢种都能促使发生脆性断裂；不良热处理产生脆性组织状态，如组织偏析、脆性相析出、晶间脆性析出物、淬火裂纹、淬火后消除应力处理不及时或不充分等也能促进脆性断裂的发生。

（4）预防脆性断裂的途径

为确保构件在使用中的安全，传统的强度计算是以材料的屈服点作为设计依据，这种设计不可能避免构件的脆性断裂。因为传统设计不包含脆性强度概念，没有考虑温度、加载速度、构件尺寸效应、三向应力状态等引起脆性断裂的因素。随着近代工业的发展，人们逐渐认识到除合理选择材料外，设计和制造方面在防止构件的脆性断裂也起着重要的作用。

防止脆性断裂的合理结构设计应控制影响脆断的下列因素：材料的断裂韧性水平，构件的最低工作温度和应力状态，承受的载荷类型（交变载荷、冲击载荷等）以及环境腐蚀介质。

温度是引起构件脆断的重要因素之一，设计者必须考虑构件的最低工作温度应高于材料的脆性转变温度。若所设计的构件工作温度较低，甚至低于该材料的脆性转变温度，则必须降低设计应力水平，使应力低于不会发生裂纹扩展的水平；若其设计应力不能降低，则应更换材料，选择韧性更高、脆性转变温度更低的材料。

设计者在选择材料时，除考虑材料的强度外，还应保证材料有足够的韧性。应该从断裂力学的观点来选择材料，若材料有较高的断裂韧性时，则构件中允许有较大的缺陷存在。

为减少构件脆性断裂，在设计时应使由缺陷所产生的应力集中减小到最低限度：如减少尖锐角；消除未焊透的焊缝；结构设计时应尽量保证结构几何尺寸的连续性（因为在结构不连续的过渡部位往往使构件应力集中而形成高应力区）；过渡段的连接应采用正确的焊接方法，例如，在焊接时可能产生缺陷，则应将这些部位放在远离应力集中的区域（焊接接头离应力集中区越远越好）。

尽量减少由焊接产生的缺陷。这种设计包括选择适当的焊缝金属缺口韧性，焊接预热和焊后的热处理制度，适当设计焊接条件以减少缺陷。

设计焊接结构时要特别细致，设计中应尽量减少和避免焊缝集中和重叠交叉。需采用较好的焊接工艺，保证焊透，尽量避免焊缝表面缺陷。任何焊后留下的焊接金属或凸起部分必须清除干净，以保证表面平整。对焊接接管和其他配件端部在全部焊完后应磨出一个光滑圆角，以减少应力集中。在条件允许的情况下焊接结构应尽量消除焊接残余应力。

3.2.4　疲劳断裂

金属构件在交变载荷的作用下，虽然应力水平低于金属材料的抗拉强度，有时甚至低于屈服极限，但经过一定的循环周期后，金属构件会发生突然的断裂，这种断裂称为疲劳断裂。疲劳断裂是脆性断裂的一种形式，据统计，疲劳断裂及与疲劳有关的断裂约占构件各种断裂失效的 80% 以上。疲劳断裂的方式多种多样，按载荷类型分，有拉伸疲劳、拉压疲劳、弯曲疲劳、扭转疲劳及各种混合受力方式的疲劳；按载荷交变频率分，有高周疲劳和低周疲劳；按构件应力大小分，有高应力疲劳（一般是低周疲劳）及低应力疲劳（一般是高周疲劳）；还有复杂环境条件下的腐蚀疲劳、高温疲劳、微振疲劳、接触疲劳等。因此，进行疲劳断裂失效分析和研究，对提高构件疲劳抗力十分重要。

（1）疲劳断裂的现象及特征

① 疲劳负荷是交变负荷，其负荷形式虽然有各种变异，但其负荷的基本形式有三种。

反向负荷　构件承受等值反向交变的拉伸、压缩或切应力，又称对称循环应力 [见图 3-26 (a)]。如在弯曲负荷下的旋转轴。

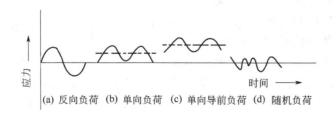

(a) 反向负荷　(b) 单向负荷　(c) 单向导前负荷　(d) 随机负荷

图 3-26　疲劳应力随时间变化的曲线

单向负荷　构件承受零到最大应力的变化，或者是拉伸、压缩，或者是剪切，又称完全脉动循环应力 [见图 3-26 (b)]。如齿轮的负荷情况。

单向导前负荷　负荷从最小应力到最大应力变化，但没有到达零点，[见图 3-26 (c)]。如连杆螺钉的受力情况。

试样疲劳试验时，负荷可以固定波形（如正弦波形）、固定应力幅和固定应力周期，但是一个构件在机器中进行实际运转，由于服役条件可能发生变化（开车、停车），工作负荷可能有大有小，运转可能时快时慢，所以疲劳负荷的应力波形、应力幅大小，负荷周期都可能随时间而变化。因此，构件的实际运转的疲劳负荷波谱是多种多样的。图 3-26（d）所示是实际构件在实际运转时的随机疲劳波形的一种。不论疲劳负荷如何多变，其基本特点是负荷随时间交变（应力波形、应力大小、应力方向）。

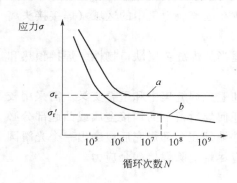

图 3-27　疲劳曲线示意

a—结构钢的机械疲劳曲线；*b*—腐蚀疲劳曲线，σ_r'—条件疲劳极限

② 金属构件在交变负荷作用下，一次应力循环对构件不产生明显的破坏作用，不足以使构件发生断裂。构件疲劳断裂是在负荷经多次循环以后才发生的，高周疲劳断裂的循环次数 $N_f > 10^4$，而低周疲劳断裂的循环次数较少，一般 $N_f = 10^2 \sim 10^4$，界限不是十分明确，有的以 10^5 为界限。疲劳断裂应力远小于抗拉强度 σ_b，甚至也小于屈服点 σ_s。高周疲劳断裂应力水平，一般 $\sigma_f < \sigma_s$，也称低应力疲劳；而低周疲劳断裂应力水平较高，一般 $\sigma_f \geqslant \sigma_s$，往往有塑性应变发生，也称高应力疲劳或应变疲劳。材料的疲劳性能通常用疲劳曲线（σ-N 曲线）来表示，如图 3-27 所示。图中的 *a* 曲线是常用结构钢的机械疲劳曲线，对于常用的钢铁材料疲劳极限 σ_r 是试样无限循环而不破坏的最高应力，在疲劳极限以下的应力运转，具有无限寿命，在疲劳极限以上的应力运转，疲劳寿命有限。实际构件的疲劳寿命往往低于实验室疲劳试验的小试样的寿命。这是由于实际构件的实际因素（表面应力状态、表面质量、尺寸因素、冶金质量和热处理质量等等）影响的结果。

③ 疲劳断裂只可能在有使材料分离扯开的反复拉伸应力和反复切应力的情况下出现。纯压缩负荷不会出现疲劳断裂，疲劳起源点往往出现在最大拉应力处。构件承受弯曲和扭转负荷，其最大应力总是产生于构件的表面处。图 3-28 表示一个承受弯曲负荷的轴的应力分布情况。在轴的表面出现最大拉应力，加上零件表面易于出现工艺缺陷和应力集中而造成弱化，所以疲劳源通常出现于构件表面。有时由于热处理、表面化学热处理和表面强化工艺产生的残余应力和外加应力叠加的结果，在亚表面出现应力高

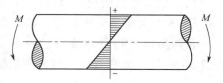

图 3-28　轴弯曲时的轴向应力分布

峰；或化学热处理过渡层质量较差，疲劳源也可能出现在亚表面。只有当材料内部存在着内部缺陷，如夹杂物、内部裂纹等，疲劳源方可能出现在构件内部。

④ 疲劳断裂过程包括疲劳裂纹的萌生、疲劳裂纹的扩展和瞬时断裂三个阶段。

疲劳裂纹的萌生　大量研究表明，疲劳裂纹都是由不均匀的局部滑移和显微开裂引起的，主要方式有表面滑移带形成，第二相、夹杂物或其界面开裂，晶界或亚晶界开裂及各类冶金缺陷，工艺缺陷等。金属构件由于受到交变负荷的作用，金属表面晶体在平行于最大切应力平面上产生无拘束相对滑移，产生了一种复杂的表面状态，常称为表面的"挤出"和"挤入"现象（见图 3-29），形成了滑移带，当金属表面的滑移带形成尖锐而狭窄的缺口时，便产生疲劳裂纹的裂纹源。由这种挤入、挤出继续发展成为裂纹是纯金属和单相合金疲劳裂

纹萌生的主要方式，而工程金属疲劳裂纹的萌生多发现于第二相、夹杂物或其界面开裂，这些部位在较低的应力下就会出现应力应变集中，容易启裂。在大振幅疲劳条件下，疲劳裂纹由晶界开始萌生。而工程构件疲劳断裂的裂纹常在表面的冶金缺陷及工艺缺陷部位萌生，如夹渣、气孔、缩孔、疏松、腐蚀坑等。

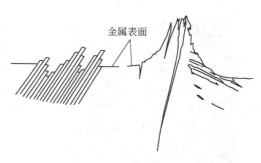

图 3-29 滑移带中产生的"挤入"及"挤出"示意

疲劳裂纹的扩展 疲劳裂纹的扩展是一个包括滑移、塑性形变与不稳定断裂交替作用的复杂过程，通常具有切向扩展和正向扩展两个阶段（见图 3-30）。

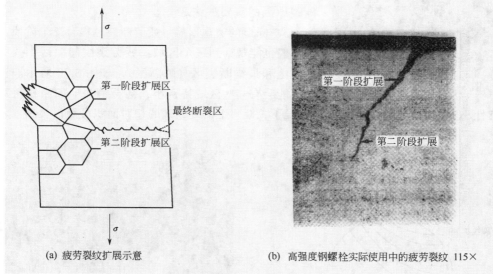

(a) 疲劳裂纹扩展示意   (b) 高强度钢螺栓实际使用中的疲劳裂纹 115×

图 3-30 疲劳裂纹扩展的两个阶段

疲劳裂纹扩展的第一阶段为切向扩展阶段。在交变应力继续作用下，使滑移形成的裂纹源扩展形成可观察的裂纹，裂纹尖端将沿着与拉伸轴呈 45°角方向的滑移面扩展。在疲劳裂纹扩展第一阶段中，范围较小，大约在 2~5 个晶粒之内，其深度一般决定于材料的晶体结构、晶粒尺寸、应力水平、温度和环境介质等因素。面心立方结构材料、晶粒越大、应力水平越高，裂纹扩展的深度越大。此外，其扩展深度还和晶体与拉伸轴的取向、加载速度有关。此阶段疲劳裂纹扩展速率很低，但占疲劳寿命的比例不低。

疲劳裂纹扩展的第二阶段为正向扩展阶段。在交变应力作用下，疲劳裂纹从原来与拉伸轴呈 45°角的滑移面，发展到与拉伸轴呈 90°角，即由平面应力状态转变为平面应变状态，这一阶段中最突出的显微特征是存在着大量的、相互平行的条纹，称为"疲劳辉纹"。在一定条件下，疲劳辉纹间距的大小与疲劳宏观裂纹扩展速率大小相对应。

瞬时断裂 疲劳裂纹在第二阶段扩展到一定深度后，由于剩余工作截面减小，应力逐渐增加，裂纹加速扩展。当剩余面积小到不足以承受负荷时，在交变应力作用下，即发生突然的瞬时断裂，其断裂过程同单调加载的情形相似。这一阶段中，在通常情况下，呈现被拉长的韧窝花样或准解理等显微特征，还有剪切唇区。

从以上分析可知，疲劳断裂与其他一次负荷断裂有所区别，它是一种累进式断裂。

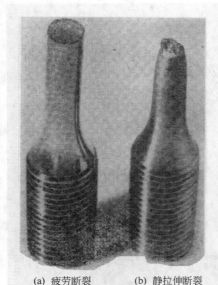

(a) 疲劳断裂　　(b) 静拉伸断裂

图 3-31　软钢断裂试样

⑤ 即使是塑性良好的合金钢或铝合金，疲劳断裂构件断口附近通常也观察不到宏观的塑性变形。如图 3-31 所示用低碳钢制的疲劳试样及一般静载拉伸试样的宏观外貌，图（a）为在对称循环拉压应力作用下断裂的疲劳试样，断口附近没有宏观塑性变形，而图（b）为在静拉伸试验中断裂的试样，其断裂区呈现明显的"缩颈"。

（2）疲劳断裂的断口形貌

疲劳断裂和其他断裂一样，其断口也记载了从裂纹萌生至断裂的整个过程，有明显的疲劳过程形貌特征，这些特征受材料性质、应力状态、应力大小及环境因素的影响。因此疲劳断口分析是研究疲劳断裂过程及分析断裂原因的重要方法之一。

a. 断口的宏观形貌　疲劳断裂过程有三个阶段，其断口一般也能观察到三个区域：疲劳裂纹起源区、疲劳裂纹扩展区和最终断裂区（瞬断区），如图 3-32 所示。特殊情况可能会有某些区域特别小，甚至消失，如当材料对裂纹的敏感性小、载荷小、载荷频率大等情况下，断口上的终断区的相对面积可能很小。

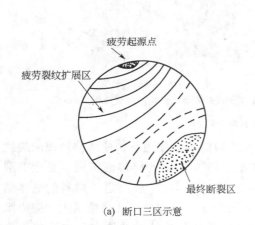

(a) 断口三区示意

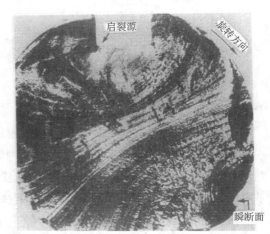

(b) 疲劳断口的实物照片

图 3-32　疲劳断口的宏观形貌

疲劳裂纹起源区　即为疲劳裂纹萌生区。这个区域在整个疲劳断口中所占的比例很小。通常就是指断面上疲劳花样放射源的中心点或疲劳弧线的曲率中心点。疲劳裂纹源一般位于构件表面应力集中处或不同类型的缺陷部位。例如，当构件表面存在着表面缺陷（刀痕、划伤、烧伤、锈蚀、淬火裂等）时，裂纹源将产生于这些部位。但是，当构件的心部或亚表面存在着较大缺陷（夹杂物、气孔、夹渣、白点、内裂等）时，则断裂也可从构件的亚表面或内部开始。对于具有表面硬化层的构件，如表面淬火、化学热处理或特殊几何形状（缺口、沟槽、台阶、尖角、小孔、截面突变等），则裂纹一般发生在过渡层处或应力集中的部位。

一般情况下，一个疲劳断口有一个疲劳源，但也有不少例外。例如，反复弯曲疲劳时出现两个疲劳源；低周循环疲劳，其应力水平较大，断口上常有几个位于不同位置的疲劳裂纹起源点；在腐蚀环境下，反复弯曲的疲劳断口中，由于滑移使金属表面膜发生破裂而出现许多活性区域，故也有多个疲劳源。多个疲劳源萌生有不同时性，源区越光滑，该疲劳源越先产生。

疲劳裂纹扩展区　在此区中常可看到有如波浪推赶海岸沙滩而形成的"沙滩花样"，又称"贝壳状条纹"、"疲劳弧带"等，如图3-32（b）所示。这种沙滩花样是疲劳裂纹前沿线间断扩展的痕迹，每一条条带的边界是疲劳裂纹在某一个时间的推进位置，沙滩花样是由于裂纹扩展时受到障碍，时而扩展、时而停止，或由于开车停车、加速减速、加载卸载导致负荷周期性突变而产生的。疲劳裂纹扩展区是在一个相当长时间内，在交变负荷作用下裂纹扩展的结果。拉应力使裂纹扩张，压应力使裂纹闭合（或大小应力使裂纹张合），裂纹两侧反复张合，使得疲劳裂纹扩展区在客观上是一个明亮的磨光区，越接近疲劳起源点越光滑。如果在宏观上观察到沙滩花样时，就可判别这个断口是疲劳断口；如果在宏观上没有观察到沙滩条纹，必须进一步进行高倍观察才能作出判断，不要轻易否定，因为在裂纹连续扩展且无载荷变化的条件下，疲劳断口宏观观察根本没有沙滩花样。沙滩花样通常出现于低应力高周循环疲劳断口上，而在负荷均衡的实验室疲劳试验以及许多高强度钢、灰铸铁和低周循环疲劳断口上则难于观察到这种沙滩花样。

多源疲劳的裂纹扩展区，各个裂源不一定在一个平面上，随着裂纹扩展彼此相连时，在不同的平面间的连接处形成疲劳台阶或折纹。疲劳台阶越多，表示其应力或应力集中越大。

疲劳裂纹扩展区的大小和形状取决于构件的应力状态、应力水平和构件的形状。

最终断裂区　当疲劳裂纹扩展到临界尺寸时，构件承载截面减小至强度不足引起瞬时断裂，该瞬时断裂区域是最终断裂区。最终断裂区的断口形貌较多呈现宏观的脆性断裂特征，即粗糙"晶粒"状结构，其断口与主应力基本垂直。只有当材料的塑性很大时，最终断裂区才具有纤维状的结构，并出现较大的45°剪切唇区。

从一个疲劳断口的宏观特征，能够判断以下几个问题。

i. 判断疲劳起源点及裂纹扩展方向。疲劳裂纹发生以后，以疲劳裂纹源为中心，向四周扩展。随着截面的逐渐弱化，裂纹扩展加快，条纹显得更稀、更粗。根据磨光区和疲劳条纹很容易找到疲劳裂纹起源点。疲劳裂纹起源点总是处于磨光区中磨得最平整的地方，它必然处于疲劳条纹的放射中心。所以，可以在条纹稠密处、条纹曲率半径最小的地方寻找疲劳裂纹起源点。

疲劳裂纹起源点可能在构件表面上，也可能在构件的亚表面处或零件的心部。如果疲劳裂纹起源点在构件的表面上，那么应当从构件表面质量和表面应力状态及工作介质等方面去查明疲劳断裂的原因；如果疲劳裂纹起源点处于亚表面上，则应考虑亚表面是否有拉应力峰值或表面热处理的过渡层质量问题，或其他材质缺陷；如果疲劳裂纹起源点落于构件内部，则疲劳断裂多半是材料内部质量（夹杂物、内裂纹等）所引起的。

有时断口上出现几个磨光区，有几个不同放射中心的疲劳条纹，那么，它表明同时有几个疲劳裂纹起源点存在，这时必须注意哪些疲劳源是初生的，哪些是次生的。判断疲劳源产生的先后，应根据疲劳条纹的密度、疲劳源区的光亮度和台阶情况来确定疲劳源的起始次序。

最初疲劳源区相对于其他疲劳源区所承受的应力较小，裂纹扩展速率较慢，经历交变负荷作用的时间长（摩擦次数多），因此没有台阶，疲劳条纹密度大，且密度越大起源的时间越早，同时比较光泽明亮。如图3-33所示的疲劳断口上有三个疲劳裂纹源，根据上述原则可知：1位置为最早裂纹源，其次

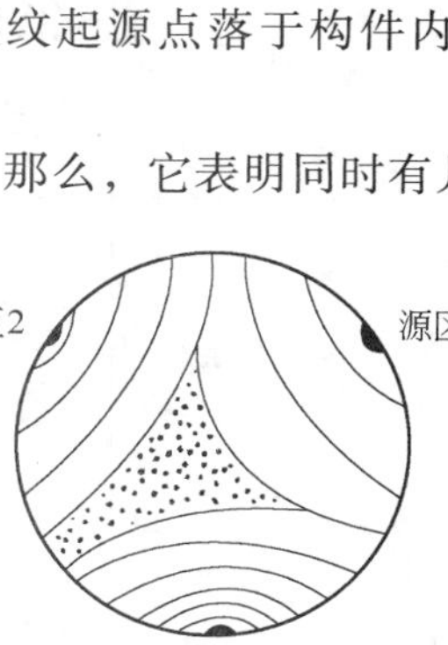

图3-33　裂源次序示意

73

是 2 位置的裂纹源，最后是 3 位置的裂纹源。

沙滩花样从疲劳裂纹起源点向最终断裂区放射的方向就是疲劳裂纹扩展的方向。

ⅱ. 判断应力大小。如果最终断裂区在断裂构件的中心，那么疲劳断裂应力等级是很高的，名义应力可能超过疲劳极限的 $30\% \sim 100\%$，断裂循环次数大约不超过 3×10^5 周次；如果最终断裂区在构件的表面或接近于表面，那么引起疲劳断裂的实际应力可能高出疲劳极限不多，最多高出 10% 左右，构件可能是经历了几百万周次循环后才断裂。

最终断裂面所占断口面积的比例反映应力数值的大小，最终断裂面的面积大，则应力大；反之则应力小。

ⅲ. 材料的缺口敏感性常常影响疲劳断裂的断口形态。若材料对缺口不敏感，则疲劳条纹绕着裂源或为向外凸起的同心圆状，如图 3-34 (a) 所示；若材料对缺口敏感，则疲劳条纹绕着裂源开始较为平坦，向前扩展一定距离后即以反弧形向前扩展，如图 3-34（b）所示。

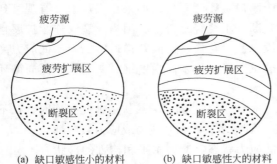

图 3-34　缺口敏感性对疲劳断口形态的影响

ⅳ. 判断负荷类型。根据疲劳断口的形态可以判别负荷的类型。拉压疲劳和单向弯曲疲劳断口形态基本相似，其中单向弯曲疲劳的疲劳前沿线扁平一些。双向弯曲疲劳以上下两对应处起源，最终撕裂面夹于两个磨光区之中。旋转弯曲疲劳断口的最终撕裂面有偏离效应。而高应力集中时，最终撕裂面移向中心，呈现棘轮花样。拉压和各种弯曲疲劳断口形态如图 3-35

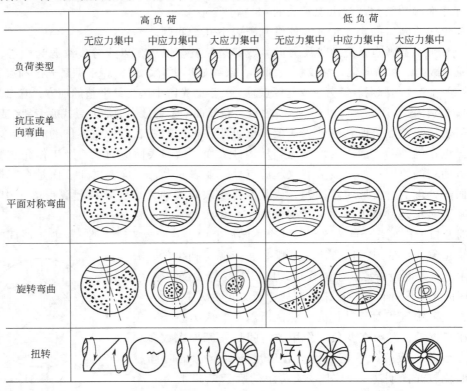

图 3-35　负荷类型、应力集中程度和负荷大小对疲劳断口形态的影响示意

所示。

b. 断口的微观形貌 为疲劳断裂提供可靠定性的判据。当宏观的判断不充分时，微观判据是不可缺少的。微观信息可以为定量反推断裂条件、裂纹扩展速率等提供依据。

疲劳辉纹 在疲劳断口的显微观察中可以看到一种独特的花样——疲劳辉纹。如图3-36所示。疲劳辉纹具有以下的几个特征。

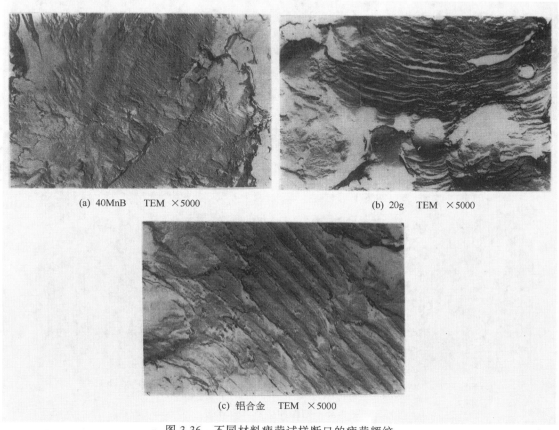

(a) 40MnB　TEM　×5000　　　　　(b) 20g　TEM　×5000

(c) 铝合金　TEM　×5000

图 3-36　不同材料疲劳试样断口的疲劳辉纹

ⅰ．疲劳辉纹是一系列基本上相互平行的条纹，略带弯曲，呈波浪状。并与裂纹微观扩展方向相垂直。裂纹的扩展方向均朝向波纹凸出的一侧。辉纹的间距（每两条相邻疲劳条纹之间的距离）在很大程度上与外加交变负荷的大小有关，条纹的清晰度则取决于材料的韧性。因此，高应力水平比接近疲劳极限应力下更易观察到疲劳辉纹；高强钢疲劳就不如铝合金疲劳那样容易观察到疲劳辉纹。

ⅱ．每一条疲劳辉纹表示该循环下疲劳裂纹扩展前沿线在前进过程中的瞬时微观位置。裂纹三阶段有不同的微观特征：疲劳起源部位由很多细滑移线组成，以后形成致密的条纹，随着裂纹的扩展，应力逐渐增加，疲劳条纹的间距也随之增加，如图3-37所示。

ⅲ．疲劳辉纹可分为韧性辉纹和脆性辉纹两类（见图3-38）。脆性疲劳辉纹的形成与裂纹扩展中沿某些解理面发生解理有关，在疲劳辉纹上可以看到把疲劳辉纹切割成一段段的解理台阶，因此，脆性疲劳辉纹的间距呈不均匀，断断续续的，脆性疲劳辉纹一般不常见。韧性疲劳辉纹较为常见，它的形成与材料的结晶学之间无明显关系，有较大塑性变形，疲劳辉纹的间距均匀规则。

(a) 疲劳源处形成大量的滑移线　　　　(b) 疲劳裂纹扩展初期形成的疲劳条纹较密　　(c) 疲劳裂纹扩展后期形成的疲劳裂纹较疏
　　　　2500×　　　　　　　　　　　　　　3000×　　　　　　　　　　　　　　　3000×

图 3-37　疲劳断面不同部位疲劳辉纹形态

(a) 韧性条带　TEM　×10000　　　　　　　　　　(b) 脆性条带　TEM　×15000

图 3-38　韧性和脆性疲劳辉纹

ⅳ．疲劳断口的微观范围内，通常由许多大小不同、高低不同的小断片组成。疲劳辉纹均匀分布在断片上，每一小断片上的疲劳辉纹连续且相互平行分布，但相邻断片上的疲劳辉纹是不连续、不平行的，如图 3-39 所示。

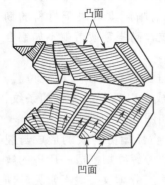

图 3-39　疲劳辉纹
与小断片示意

ⅴ．疲劳辉纹中每一条辉纹一般代表一次载荷循环，辉纹的数目与载荷循环次数相等。图 3-40 表示一次载荷循环产生一条疲劳辉纹的示意过程。未加载荷时裂纹形态如图 3-40（a）所示，加载后在张应力作用下裂纹张开，裂纹尖端两个小切口使滑移集中于与裂纹平面成 45°角的滑移带上，两个滑移带相互垂直［见图 3-40（b）］，当张应力达到最大值时［见图 3-40（c）］，裂纹因变形使应力集中的效应消失，裂纹前端的滑移带变宽，裂纹前端钝化，呈半圆状。在此过程中产生新的表面并使裂纹向前扩展。此后，转入去载后半周期，沿滑移带向相反方向滑移［见图 3-40（d）］，裂纹前端相互挤压，在加载半周期中形成的新表面被压向裂纹平面，其中一部分产生折叠而形成新的切口［见图 3-40（e）］，结果形成一个新的疲劳纹，其间距为 Δa［见图 3-40（f）］。由此可知，一次载荷循环便产生一条疲劳辉纹。这个对应关系便有可能定量计算裂纹长度与疲劳循环次数之间的关系，计算疲劳裂纹扩展速率。工程上是用一定的标准方法通过裂纹扩展宏观量测定疲劳裂纹扩展速率的。微观量的测定计算作为机理性的探讨。

轮胎压痕花样 除疲劳辉纹以外，在疲劳断口上有时还可见到类似汽车轮胎走过泥地时留下的痕迹，这种花样称为轮胎压痕花样（见图 3-41）。它是由于疲劳断口的两个匹配断面之间重复冲击和相互运动所形成的机械损伤，也可能是由于松动的自由粒子（硬质点）在匹配断裂面上作用留下的微观变形痕迹。轮胎压痕花样不是疲劳本身的形态，但却是疲劳断裂的一个表征。

（3）影响疲劳断裂的因素及其改善的途径

a. 构件表面状态 大量疲劳失效分析表明，疲劳断裂多数起源于构件的表面或亚表面，这是由于承受交变载荷的构件工作时其表面应力往往较高，典型的是弯曲疲劳构件表面拉应力最大，加上各类工艺程序难以确保表面加工质量而造成的。因此，凡是制造工艺过程中产生预生裂纹（如淬火裂纹）、尖锐缺口（如表面粗糙度不符合要求，有加工刀痕等）和任何削弱表面强度的弊病（如表面氧化、脱碳等）都将严重地影响构件的疲劳寿命。而且，材料的强度越高，则表面状态对疲劳的影响也越大。图 3-42 所示说明了各种加工方法对构件弯曲疲劳的影响。对抗拉强度分别为 480 MPa、960 MPa、1400 MPa

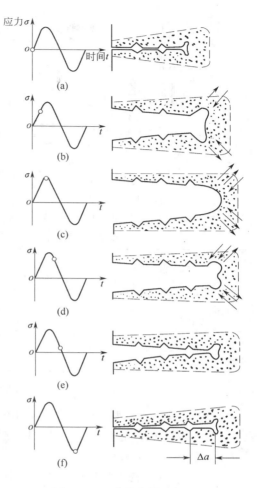

图 3-40 一次载荷循环产生
一条疲劳辉纹的过程示意

(a) 不锈钢气阀头断口
TEM 50000×

(b) 2Cr13疲劳试样断口
TEM 12000×

图 3-41 疲劳断口上的轮胎压痕花样

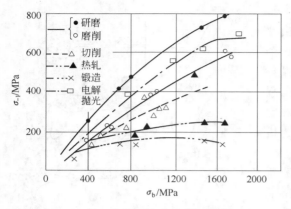

图 3-42 加工方法对弯曲疲劳极限的影响

的三种钢材做表面粗糙度对疲劳强度影响的试验，其试验结果见表 3-3。从表中可知，对于 $\sigma_b = 1400$ MPa 的钢材，经铣削的零件，其疲劳强度仅为抛光过的（同一材料所制）零件的 35%。构件表面脱碳对静强度影响不大，但是严重地影响过载疲劳寿命，特别是在过载不很高的情况下（在 σ_s 以下）影响尤其严重，若不重视改善构件的表面脱碳状态，那么其他提高疲劳强度的措施都将被微量的脱碳所抵消。提高构件的表面质量是提高构件疲劳抗力的重要途径。

表 3-3　表面状态对不同抗拉强度钢材疲劳强度的影响

表面状态	疲劳强度的变化（%）		
	$\sigma_b = 480$ MPa	$\sigma_b = 960$ MPa	$\sigma_b = 1400$ MPa
抛光	100	100	100
超级精磨加工	95	93	90
精磨	93	90	88
粗磨	90	80	70
铣削	70	50	35

b. 缺口效应与应力集中　许多构件包含有缺口、螺纹、孔洞、台阶以及与其相类似的表面几何形状，也可能有刀痕、机械划伤等表面缺陷，这些部位使表面应力提高和形成应力集中区，且往往成为疲劳断裂的起源。

图 3-43 表示了构件缺口根部的应力分布。从图中可以看出，纵向正应力（σ_L）、切向正应力（σ_T）和最大切应力（τ）的最大值都出现在缺口根部，而径向正应力（σ_R）的最大值则在缺口根部以下。在略低于缺口根部，最大切应力降低到很低的水平。所以，当塑性变形在缺口根部开始时，会有较大程度的三向应力出现，由于附加切向和径向约束的结果，将引起低于缺口表面处正应力与切应力比值（σ/τ）的增加，促进脆性行为的产生。

应力峰引起疲劳断裂的可能性是特别重要的，在低应力疲劳中应力峰的存在，使屈服局部化，往往是极为有害的。图 3-44 表示尖锐缺口对不同拉伸强度水平材料的疲劳强度的影响。从图中可以看出，材料的应力水平越高，缺口对疲劳强度的削弱越大，所以采用高强度钢制造的构件应当特别注意缺口对疲劳强度的削弱作用。

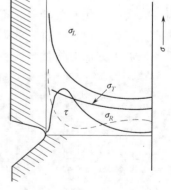

图 3-43　缺口附近的应力分布

因此，设计中应尽量避免应力集中，制造工艺要确保缺口质量，有缺口的构件应避免选用缺口敏感的材料。

c. 残余应力　工程构件的每个制造工序几乎都不同程度地产生残余应力，拉拔、挤压、校直、弯曲、切削、表面滚压、喷丸强化和喷丸清理都因塑性变形而产生残余应力；焊接、气割、热处理及渗碳、氮化等化学热处理也必然在构件表面产生残余应力，热处理时因组织转变发生体积变化和热胀冷缩而产生残余应力，渗碳、氮化时因表面体积的增加而产生残余应力。

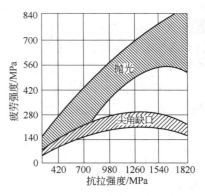

图 3-44　尖锐缺口对疲劳强度的影响

　　残余应力起着预加负荷的作用，它与操作负荷的叠加，或增加构件的实际承载应力，或减小构件的实际承载应力。因此，残余应力是有害或是有益，取决于残余应力的方向，当残余应力与施加应力反向时，残余应力是有益的，反之则是有害的。

　　如果构件表面存在着残余拉应力，对疲劳是极为不利的。但是，如果使构件表面诱发产生残余压应力，则对抗疲劳大有好处，因为残余压应力起着削减表面拉应力数值的作用。如构件经表面氮化处理后使表层诱导产生约 980 MPa 的残余压应力，从而提高了构件的疲劳强度。

　　一些表面热处理工序，如表面淬火、渗碳和氮化；一些机械加工工序，如喷丸、表面滚压、冷拔、挤压和抛光都产生有利的残余压应力。因此，工程上经常采用这些方法来提高构件的疲劳抗力。

　　应当注意的是，一些制造工序会产生有害的表面残余拉应力，如研磨、不正确的热处理、校直和焊接等。当残余拉应力平行于表面时，由于叠加于操作应力上，往往降低疲劳强度，促进疲劳断裂。渗碳零件如果具有太高的心部硬度，太深的表面硬化层深度，或者两者都较大时，将在构件表面形成高的残余拉应力。由焊接而产生的残余拉应力也是很严重的，这种残余拉应力是在焊接结束后从焊接温度冷却下来金属收缩时形成的。不均匀的收缩也可能产生残余拉应力，特别是复杂的结构件更是这样。

　　d. 材料的成分和组织　化学成分对疲劳抗力的影响大致与其对拉伸强度的影响呈正比关系。在各类工程材料中，结构钢的疲劳强度最高。若没有缺口及缺陷影响，结构钢的疲劳强度/拉伸强度≈0.5，即疲劳强度几乎以 50% 的拉伸强度而呈直线上升。在结构钢中，疲劳强度随着含碳量增加而增高，钼、铬、镍等也有类似的效应。碳是影响疲劳强度的重要元素，碳既可间隙固溶强化基体，又可形成弥散碳化物进行弥散强化，提高钢材的形变抗力，阻止循环滑移带的形成和开裂，从而阻止疲劳裂纹的萌生和扩展，以及提高疲劳强度。其他合金元素主要通过提高钢的淬透性和改善钢的强韧性来改善疲劳强度。

　　在低循环疲劳条件下，许多金属的疲劳寿命和晶粒大小无关；而在高循环疲劳条件下，晶粒尺寸减少可增加疲劳寿命，但小晶粒又会增加钢材对缺口的敏感性。

　　质量均匀、无表面或内在连续性缺陷的材料组织抗疲劳性能好。因为这些缺陷在外载荷作用下起着应力升高源的作用，对疲劳强度有不利影响，并成为疲劳裂纹开始的部位。如钢材在冶炼和轧制生产中有气孔、缩孔、偏析、白点、折叠等冶金缺陷，构件在铸造、锻造、焊接及热处理中也会有缩孔、裂纹、过烧及过热等缺陷。这些缺陷往往都是疲劳裂纹的发源地，严重地降低构件的疲劳强度。钢材在轧制和锻造时，因夹杂物沿压延方向分布而形成流线，流线纵向的疲劳强度高，横向的疲劳强度低。

　　非金属夹杂物是钢在冶炼时形成的，它对疲劳强度有明显的影响，从疲劳裂纹沿第二相或夹杂物形成机制来看，非金属夹杂物是萌生疲劳裂纹的发源地之一，也是降低疲劳强度的一个因素。试验表明，减少夹杂物的数量，减小夹杂物的尺寸和改善夹杂物形状（减少尖角）都能有效地提高疲劳强度，所以近代冶金生产中采用真空冶炼和真空浇注，能最大限度地减少和控制夹杂物，对保证材料疲劳强度很有利。此外还可以通过改变夹杂物和基体之间的界面结合性质来改变疲劳强度，如用适当增加硫含量的办法，使塑性好的硫化物包围着塑性极差的氧化物夹杂，以解决原氧化物界面的疲劳开裂问题，也能提高疲劳强度。

e. 工作条件　构件服役的环境条件对疲劳断裂也有很大影响，其中载荷的频率、次载锻炼、间歇运行以及服役环境的温度及介质情况都是主要的。

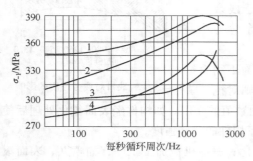

图 3-45　疲劳极限与频率的关系
1—铬钢；2—含 C 0.4% 碳钢；3—含 Ni 3.6%，
含 Cr 12% 钢；4—含 C 0.2% 碳钢

① 载荷频率对疲劳强度的影响是其在一定范围内可以提高疲劳强度。如图 3-45 所示，在 6000~60000次/min（100~1000 Hz）载荷频率之间，钢的疲劳极限 σ_{-1} 是随频率提高而增加的，而在 3000~10000 次/min（约 50~170 Hz）载荷频率之间，其疲劳极限基本没有变化。载荷频率低于 60 次/min（1 Hz）时，疲劳极限有所降低。如有腐蚀参与，则上述影响更大。

载荷频率对疲劳极限的影响，可能和每一周次的塑性应变累积损伤量不同有关。腐蚀的影响和每周的腐蚀量有关。

② 低于疲劳极限的应力称为次载。金属在低于疲劳极限的应力下先运转一定次数之后，则可以提高疲劳极限，这种次载荷强化作用称为次载锻炼。这种现象可能是由于应力应变循环产生的硬化及局部应力集中松弛的结果。

次载锻炼效果的大小和下列因素有关：次载应力水平越接近疲劳极限，其锻炼效果越明显；次载锻炼的循环周次越长，其锻炼效果越好，但达到一定循环周次之后效果就不再提高。

次载锻炼效应可以应用于提高实际构件的疲劳强度，如构件在安装好后，可以先空载或低载运行一段时间，既可对机器起跑合作用，也可提高构件的疲劳强度，延长疲劳寿命。

③ 实际构件在工作时都是非连续（有间歇）运行的，其实际疲劳强度和实验室中连续加载测得的疲劳极限相比，存在明显差别。间歇对疲劳寿命的影响是造成这种差别的主要原因之一。

具有强烈应变时效的 20Cr、45Cr 及 40Cr 钢，在循环加载运行中，若间歇空载一定时间，可以提高疲劳强度和延长疲劳寿命。如图 3-46 所示，45 钢在每间歇 5 min 再加载循环 25000 周次的疲劳曲线和连续加载的曲线相比，向右上方移动了一定距离，表明间歇加载既提高了疲劳强度，也延长了过载疲劳寿命。

试验表明，当加载应力低于并接近疲劳极限时，间歇加载提高疲劳效果比较明显，而间歇过载加载对疲劳寿命不但无益，甚至还会降低疲劳强度。因为在次载时有疲劳强化，间歇可进一步应变时效强化，故能提高疲劳强度；而在过载时因过载损伤积累有疲劳弱化，间歇也不起作用。在次载下间歇有一个最佳间歇时间，其长短和加载应力大小有关，加载应力高，其最佳间歇时间

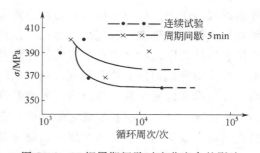

图 3-46　45 钢周期间歇对疲劳寿命的影响

短；加载应力低，其最佳间歇时间长。与此相似，间歇周次也有一个最佳值。只有用合适的间歇时间和最佳的间歇周次进行间歇加载时，才会有效地提高疲劳强度和延长疲劳寿命。这种间歇加载影响疲劳强度的规律，可以指导制订机器运行操作规程和检验规程。

④ 温度对疲劳强度的影响一般是温度降低，疲劳强度升高；温度升高，疲劳强度降低。但对钢来说，在 200～400 ℃ 范围内疲劳极限会出现峰值，如图 3-47 所示，这种现象可能和钢的时效硬化有关。当温度超过峰值所在温度之后，则疲劳强度明显降低，如结构钢在 400 ℃ 以上时，疲

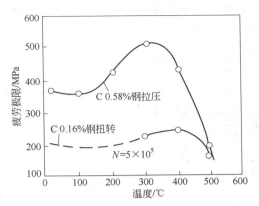

图 3-47　钢的疲劳强度与温度的关系

劳强度急剧下降，耐热钢在 550～650 ℃ 以上时疲劳强度才会明显下降。当温度超过材料再结晶温度之后，材料的失效方式转变为蠕变。一般来说，具有高蠕变强度的材料，其疲劳强度也高。

⑤ 腐蚀环境介质使构件表面产生蚀坑、微裂纹等缺陷，将会加速疲劳源萌生而促进腐蚀疲劳。

3.3　腐蚀失效

腐蚀造成的损失是极其惊人的。据统计，全球工业装备因腐蚀而产生的经济损失大约为7000 亿美元，占全球生产总值的 2%～4%。中国 1995 年统计，腐蚀经济损失高达 1500 亿人民币，约占国民生产总值的 4%。目前中国每年有 30% 的钢铁因腐蚀而报废，其中 10%不能回收。腐蚀是影响金属装备及其构件使用寿命及功能的主要因素之一。在化工、石油化工、轻工、能源、交通等行业中，约 60% 的失效与腐蚀有关。化工与石油化工行业腐蚀失效所占比例更高一些。如近年来（1995～2000 年）国内先后四次对石化企业的压力容器使用情况进行调查，其中对失效原因调查统计认为，在使用中因腐蚀产生严重缺陷及材质劣化，是近年来引起容器报废的主要原因，图 3-48 所示是国内 35 个大中型石化企业在 20 世纪 90 年代末投入使用的压力容器失效原因示意。

腐蚀不仅损耗了地球的资源，而且因腐蚀而造成的生产停顿、产品质量下降，甚至人身事故等损失，更是无法估量。基于对地球资源的保护和经济因素的考虑，全球对腐蚀失效分析、材料腐蚀及控制的研究给予了前所未有的关注。

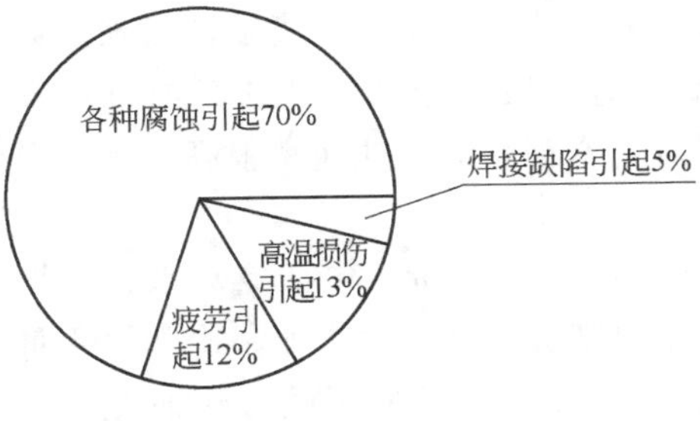

电化学作用是金属构件表面材料与环境介质发生电化学反应引起的材料慢损耗过程。但金属装备及其构件的服役条件及环境条件千差万别，制造构件的金属材料的化学成分、组织结构及表面状态各种各样，加之构件受力状态的不同，腐蚀过程的实施有着各种具体不同的机制及表现形态特征。为了便于分析找出金属构件腐蚀失效的原因，本节首先

图 3-48　压力容器失效原因示意

81

讲述金属构件腐蚀的分类，然后讲述工程上常见的几种腐蚀类型的特征、发生条件、影响因素及预防措施。

3.3.1　腐蚀的类型

　　金属的腐蚀是一个十分复杂的累积损伤过程，按不同的分类原则有不同的腐蚀类型。在腐蚀理论研究领域，首先是按腐蚀历程进行分类，分为化学腐蚀、电化学腐蚀与物理腐蚀。在工程实践中，更多的是按腐蚀环境条件，如工艺环境及周围环境的不同而进行分类，或是按装备构件显示不同的腐蚀形貌进行分类，按腐蚀形貌分类的各种腐蚀类型是学习的重点。

　　（1）按腐蚀历程分类

　　按腐蚀历程分类有助于理解金属材料腐蚀的机理。

　　a. 化学腐蚀　是指金属表面与非电解质直接发生纯化学作用而引起的破坏，在化学腐蚀过程中不产生电流。如钢在高温下最初的氧化是通过化学反应而完成的，金属材料在不含水的有机溶剂中的反应也属于化学腐蚀。

　　b. 电化学腐蚀　是指金属表面与离子导电的电解质因发生电化学作用而产生的破坏，任何一种按电化学机理进行的腐蚀反应至少包含一个阳极反应和一个阴极反应，并以流过金属内部的电子流和介质中的离子流联系在一起。阳极反应是金属离子从金属转移到介质中和放出电子的过程，即阳极氧化过程；相对应的阴极反应便是介质中氧化剂组分吸收来自阳极的电子的还原过程。如金属材料在潮湿的空气、海水及电解质溶液中的腐蚀都属于电化学腐蚀。

　　c. 物理腐蚀　是指金属材料由于单纯的物理作用所引起的材料恶化或损失。如用来盛放熔融锌的钢容器，由于钢铁被液态锌所溶解，钢容器逐渐变薄；近年来引起广泛关注的金属尘化，也是一种物理作用的高温腐蚀，金属尘化一般是指一些金属（如铁、镍、钴及其合金）在高温碳（碳氢、碳氧气体）环境下碎化为由金属碳化物、氧化物、金属和碳等组成的混合物而致金属损失的行为，由于金属尘化通常与金属材料的渗碳有关，而且腐蚀速度较快，所以又称为灾难性渗碳腐蚀。文献报道，很多过程装备都可能发生金属尘化腐蚀，如脱氢装置、各种加热炉、裂解炉、热处理炉、煤气转化气化设备、甚至燃气涡轮发动机等。

　　（2）按腐蚀环境条件分类

　　按腐蚀环境条件分类有助于按金属构件所处的环境条件去认识腐蚀的规律。

　　a. 工业介质的腐蚀　金属装备及其构件有一定的工艺操作环境，如介质的成分与浓度、温度、流速、pH值等，不同的工业介质有不同的腐蚀类型。在化工、石油化工、轻工、冶金等许多工业部门中，都离不开酸、碱、盐。由于酸、碱、盐对金属材料腐蚀性很强，会导致金属装备严重损坏，因此工业生产中很重视酸、碱、盐介质中金属材料的腐蚀特点及规律。尤其是盐酸、硫酸、硝酸、磷酸、乙酸等无机酸对普通钢材的腐蚀速率很高；一定温度和浓度的碱对材料有应力腐蚀倾向。

　　工业生产中大量用水，全球用水量中，工业用水占60%～80%，包括冷却水、锅炉用水及其他工业用水，尤其是工业冷却水是工业用水的主要部分，如电力工业，冷却水用量占总用水量99%。工业水组成不仅随水源不同而异，而且也随水处理的不同方法而变化。工业水对金属装备及其构件的腐蚀是个普遍的现象。虽然其组成是一个弱腐蚀体系，但对防腐不给予足够的重视，仍会造成资源、能源、材料的浪费，而且常常威胁着正常的安全生产和产品质量。因此现代工业生产中对工业水的腐蚀建立监控系统，对工业水实用的防腐措施的研究从来没有停止过。工业介质的腐蚀也自成特点，以引起工业生产的重视。如氢腐蚀、氢氮氨混合气体的腐蚀、H_2S 的腐蚀、氨基甲酸铵的腐蚀、连多硫酸的腐蚀。表 3-4 列出部分工业介质的腐蚀类型、特征及预防措施。

表 3-4　概括列出部分工业介质的腐蚀类型、特征及预防措施

腐 蚀 类 型	腐 蚀 特 征	常 用 预 防 措 施
酸碱盐腐蚀	全面腐蚀，腐蚀速率高	合理选材，防腐技术
工业冷却水腐蚀	局部腐蚀：孔蚀、缝隙腐蚀、垢下腐蚀、冲刷腐蚀	水处理，电化学技术
氢腐蚀	甲烷聚集开裂	选择低碳及含 Cr、Mo 的低合金钢
硫化氢腐蚀	全面腐蚀，氢致开裂，硫化物应力腐蚀开裂	合理选材，降低构件应力

b. 自然环境的腐蚀　金属装备及其构件与自然环境接触，也受到环境中腐蚀性介质的侵蚀，主要腐蚀类型有大气腐蚀、海水腐蚀及土壤腐蚀。

自然环境的腐蚀最普通的类型是大气腐蚀，金属装备及其构件暴露在大气中比暴露在其他腐蚀性介质中的机会更多。据统计，化工厂、石油化工厂的金属材料有 70% 是在大气条件下工作的。在大气中，普遍存在的腐蚀成分是氧、水蒸气、二氧化碳，并因环境位置不同受到二氧化硫、硫化氢、氮化物、盐的污染，增加了腐蚀性。腐蚀性最大的是潮湿的、受严重污染的工业大气，腐蚀性最小的是洁净而干燥的大陆大气。大气腐蚀一般是氧去极化腐蚀的弱腐蚀过程，往往在金属表面生成疏松的氧化物层而损耗金属。如裸钢在大气中的锈层。

海水腐蚀对沿海地区的金属装备及构件是普遍的，因为常用廉价的海水作为工业冷却介质，海上采油装置及输送管道也直接受海水的侵蚀。海水是中性的，但有大量的氧存在，对大多数金属属于氧去极化弱腐蚀过程，但由于海水中存在高量可离解的盐，尤其是氯化物，而海水腐蚀与氯离子有关，使海水对金属材料有较高的腐蚀活性。如对一般钢构件的海水腐蚀会有较高的腐蚀速率，并可能出现点腐蚀和缝隙腐蚀。

土壤是由固体、液体和气体三相物质组成的非均匀体系，内中还含有氧、水分和各种腐蚀性的阴离子，如 NO_3^-、SO_4^{2-}、CO_3^{2-}、Cl^- 等。埋设在地下的金属构件如油管、水管、气管及大型储罐的底部。在土壤作用下发生氧去极化的弱腐蚀及各种不均匀因素引起的局部加速腐蚀，有点腐蚀、缝隙腐蚀、电偶腐蚀及微生物腐蚀等，构件穿孔泄漏时有发生。

（3）按腐蚀形貌分类

金属构件的腐蚀是从表面开始的，腐蚀形貌用肉眼、放大镜或电子显微镜可以进行观察和测定。金属构件表现的腐蚀形貌蕴藏着腐蚀过程、腐蚀影响因素及腐蚀机理的很多有用的信息，因此基于金属材料形貌学的可视化特征对金属构件腐蚀进行分类更有助于构件腐蚀失效分析。

腐蚀按分布的集中度可以分为两大类：全面腐蚀与局部腐蚀。两者是相对而言的。腐蚀分布在整个金属构件表面上（包括均匀的、较均匀的和较不均匀的）称为全面腐蚀；腐蚀从金属构件表面萌生以及腐蚀的扩展都是在很小的区域内选择地进行的称为局部腐蚀。在实际发生的腐蚀失效案例中，局部腐蚀比全面腐蚀要多得多，按实例统计，腐蚀失效事故中，局部腐蚀约占 90% 以上。金属构件常见的局部腐蚀类型包括点腐蚀、缝隙腐蚀、晶间腐蚀、

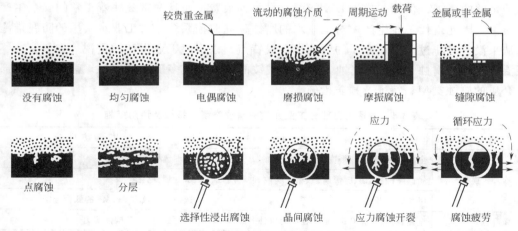

没有腐蚀　　均匀腐蚀　　电偶腐蚀　　磨损腐蚀　　摩振腐蚀　　缝隙腐蚀

点腐蚀　　分层　　选择性浸出腐蚀　　晶间腐蚀　　应力腐蚀开裂　　腐蚀疲劳

图 3-49　各种腐蚀形貌示意

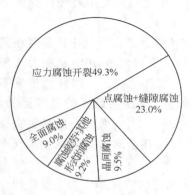

应力腐蚀开裂49.3%

点腐蚀+缝隙腐蚀 23.0%

全面腐蚀 9.0%

腐蚀疲劳+其他 9.2%

晶间腐蚀 9.5%

图 3-50　不锈钢湿态腐蚀失效
实例中各类腐蚀形式的比例

应力腐蚀开裂、腐蚀疲劳、磨损腐蚀等。图 3-49 所示是各种腐蚀形貌示意。图 3-50 所示是不锈钢湿态腐蚀失效实例中各类腐蚀形式的比例，在不锈钢的局部腐蚀失效中，应力腐蚀开裂最为常见，而且事故往往在没有先兆的情况下突然发生，危害甚大。

金属构件的全面腐蚀裸露性强，容易被发现而引起重视，从工程角度来说，容易采取对策；而局部腐蚀较隐蔽，目前对局部腐蚀的预测监控及预防尚比较困难，有关局部腐蚀的内容是学习的重点。

3.3.2　均匀腐蚀

如果金属材质及腐蚀环境都较为均匀，腐蚀均布于构件的整个表面，且以相同的腐蚀速度扩展，则这种全面腐蚀就是均匀腐蚀。均匀腐蚀是一种累积的损伤，其宏观表征是构件厚度逐渐变薄，金属材料逐渐损耗。用电化学过程解释均匀腐蚀历程则视金属构件表面由无数阴、阳极面积非常小的腐蚀原电池组成，微阳极与微阴极处于不断的变动状态，因为整个金属表面在溶液中都处于活化状态，只是各点随时间（或位置）有能量起伏，能量高时（处）为阳极，能量低时（处）为阴极，随电化学历程的推移，金属构件的表面遭受均匀的腐蚀。如果金属构件表面某个位置总是阳极，则此处不断的阳极溶解会产生局部腐蚀。

由于材质及环境不可能绝对均匀，金属构件实际上不可能被绝对均匀地腐蚀，因此工程上把金属构件比较均匀或比较不均匀的腐蚀都算作均匀腐蚀。以平均腐蚀速率表示腐蚀进行的快慢。工程上常以单位时间内腐蚀的深度表示金属的平均腐蚀速率，即金属构件的厚度在单位时间内减薄量。而且工程上常以三级或四级标准评定金属构件用材的合理性，表 3-5 所列为四级标准。

均匀腐蚀的控制及预防方法包括：选择合适的耐均匀腐蚀材料；应用表面保护覆盖层把构件表面与环境隔离；电化学保护方法；改变环境的成分、浓度、pH 值及温度，或添加防腐剂改善环境，在某些情况下也是控制均匀腐蚀的有效及合理的方法。如果构件均匀腐蚀导致的构件表面改性及腐蚀产物生成并不影响装备的正常操作及不使工艺流体受污染，则在构件设计时，预留使用寿命内材料的腐蚀裕量是普遍采用的方法。当腐蚀裕量足够时，则构件能在设计寿命内安全使用。

表 3-5 金属材料耐均匀腐蚀的四级标准

耐蚀性评定	耐蚀性等级	腐蚀深度/mm·y^{-1}	应　　用
优秀	1	<0.05	很关键构件
良好	2	0.05~0.5	关键构件
可用	3	0.5~1.0	非关键构件
不可用(腐蚀严重)	4	>1.0	无

3.3.3 点腐蚀与缝隙腐蚀

在构件表面出现个别孔坑或密集斑点的腐蚀称为点腐蚀，又称孔蚀或小孔腐蚀。点腐蚀是一种由小阳极大阴极腐蚀电池引起的阳极区高度集中的局部腐蚀形式。每一种工程金属材料，对点腐蚀都是敏感的，易钝化的金属在有活性侵蚀离子与氧化剂共存的条件下，更容易发生点腐蚀。如不锈钢、铝和铝合金等在含氯离子的介质中，经常发生点腐蚀，碳钢在表面的氧化皮或锈层有孔隙的情况下，在含氯离子的水中也会发生点腐蚀。缝隙腐蚀是另一种更普遍且与点腐蚀很相似的局部腐蚀。

（1）点腐蚀的特征

① 点腐蚀的蚀孔小，点蚀核形成时一般孔径只有 20~30 μm，难以发现。点蚀核长大到超过 30 μm 后，金属表面才出现宏观可见的蚀孔。蚀孔的深度往往大于孔径，蚀孔通常沿着重力或横向发展。一块平放在介质中的金属，蚀孔多在朝上的表面出现，很少在朝下的表面出现，蚀孔具有向深处自动加速进行的作用。

② 点腐蚀只出现在构件表面的局部地区，有较分散的，有较密集的。若腐蚀孔数量少并极为分散，则金属表面其余地区不产生腐蚀或腐蚀很轻微，有很高的阴阳极面积比，腐蚀孔向深度穿进速度很快，比腐蚀孔数量多且密集的快得多，这是很危险的。密集的点蚀群，腐蚀深度一般不大，且容易发现，危险低。

③ 点腐蚀伴随有轻微或中度的全面腐蚀时，腐蚀产物往往会将点蚀孔遮盖，把表面覆盖物除去后，即暴露出隐藏的点蚀孔。

④ 点腐蚀从起始到暴露经历一个诱导期，但长短不一。把一块 18-8 铬镍不锈钢放在含三氯化铁的硫酸中浸泡，在几天内就可明显看到表面出现腐蚀孔洞，这是点腐蚀的极端情况。一般工程上往往在几个月或更长的时间从介质泄漏才发现点腐蚀穿透金属构件的厚度。

⑤ 在某一给定的金属-介质体系中，存在特定的阳极极化电位门槛值，高于此电位则发生点腐蚀，此电位称为点蚀电位或击穿电位。此电位可提供给定金属材料在特定介质中的点蚀抗力及点蚀敏感性的定量数据。

⑥ 当构件受到应力作用时，点蚀孔往往易成为应力腐蚀开裂或腐蚀疲劳的裂纹源。

（2）点腐蚀的形貌

a．构件表面点腐蚀的形状　在构件金属表面上看见的点腐蚀有开口孔和闭口孔。开口的点蚀孔其孔口没有覆盖物，闭口的点蚀孔其孔口被半渗透性腐蚀产物所覆盖。耐蚀性较差的金属材料如碳钢、低合金钢容易形成开口的点蚀孔，因其生成的腐蚀产物易受介质作用而离开孔口；而不锈钢的钝化膜既不溶于构件所处的介质溶液，也不溶于蚀孔内的溶液，蚀孔往往被腐蚀产物遮盖不容易发现，危害性更大。

b. 点蚀孔的剖面形状　有半球形的、椭圆形的、杯形的、袋形的，有深窄形的或浅宽形的，也有各种复合形状的。美国 ASTM G46—76 中的点腐蚀的各种剖面形状如图 3-51 所示。实际上也常能观察到受点腐蚀的金属构件这几类点腐蚀的形状。如第 5 章失效分析实例 10，某斜拉桥一根钢索坠落，每根钢索是由近两百根直径 5mm 的低合金高强钢线组合，在钢线断口附近可观察到各种形状的点腐蚀，如图 3-52 所示的实物照片。而图 3-53 所示是不锈钢试样在实验室条件试验后点蚀孔剖面形貌。点腐蚀孔的形貌主要受腐蚀物和腐蚀产物在蚀孔及周围介质之间交换时所存在的条件所控制。

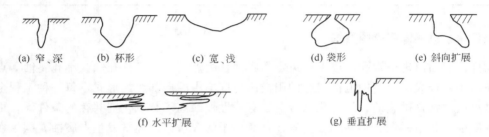

(a) 窄、深　　　(b) 杯形　　　(c) 宽、浅　　　(d) 袋形　　　(e) 斜向扩展

(f) 水平扩展　　　　　　　(g) 垂直扩展

图 3-51　各种点蚀孔剖面形貌

c. 浅点腐蚀与深点腐蚀　如果明显的点腐蚀被界定在相对较大的区域并且不深，称为浅点腐蚀；如果点腐蚀只界定在较小的区域内，而且点蚀孔很深，则称为深点腐蚀。点腐蚀严重程度有时通过术语"点蚀因子"来表示。点蚀因子是点腐蚀最深处的金属穿进深度与构件由重量损失求得的减薄厚度的比值，如图 3-54 所示。

图 3-52　点腐蚀失效钢线的实物照片

（3）点腐蚀的机理及影响因素

a. 点腐蚀的机理　点腐蚀的产生经历了点蚀孔的形成及点蚀孔的扩展两个阶段。

点蚀孔的形成　金属表面的位错露头、杂质相界、不连续缺陷或金属表面钝化膜和保护膜的破损等部位都可以成为点蚀源，在电解质中，这些部位往往呈活性状态，电位比邻近完好部位要负，两者之间形成局部微电池。局部微电池作用的结果，阳极金属溶解形成了点蚀核，阳极溶解产生的电子流向邻近部位促成发生氧的还原反应得到阴极保护。经一段时间的局部微电池作用，点蚀核部位溶出点蚀孔。若介质中含有活性离子如氯离子，能优先吸附于点蚀核部位，或者排挤吸附的 OH^-、O^{2-} 离子，与金属作用形成可水解的化合物，更容易引起金属表面的微区溶解而形成点蚀孔。金属氯化物水解反应表明，其既生成腐蚀产物和氯离子，且氯离子能反复作用而不发生损耗。

阳极反应　$Fe \longrightarrow Fe^{2+} + 2e$，　　$Ni \longrightarrow Ni^{2+} + 2e$，　　$Cr \longrightarrow Cr^{3+} + 3e$

阴极反应　$O_2 + 2H_2O + 4e \longrightarrow 4OH^-$

氯化物的水解反应　$MCl_n + nH_2O \longrightarrow M(OH)_n \downarrow + nH^+ + nCl^-$

点蚀孔的扩展　在点蚀孔内由于阳极溶解下来的金属离子形成的化合物发生水解而生成氯离子，因此蚀孔中的溶液的 pH 值下降，酸性加强。这样又加速了金属的溶解，从而造成

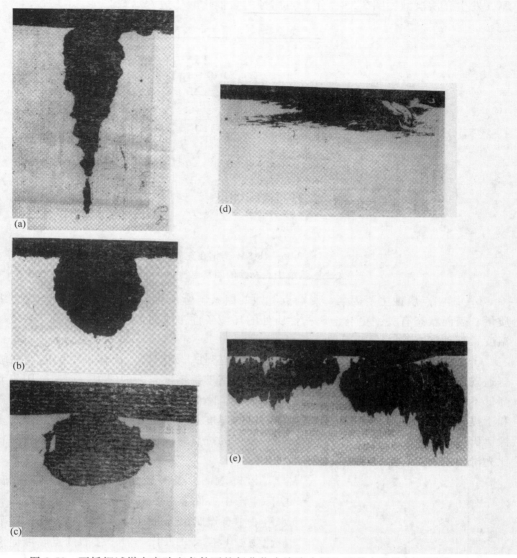

图 3-53 不锈钢试样在实验室条件下的氯化物水溶液中浸泡后的点蚀孔剖面形貌

(a) 0Cr14Mo 3.5%NaCl + 0.1%双氧水 室温 28 h 50×

(b) 0Cr14Mo 10%FeCl$_3$·6H$_2$O 室温 15 h 100×

(c) 0Cr18Ni9Ti 10%FeCl$_3$·6H$_2$O 室温 6 h 100×

(d) 0Cr15Ni7Mo2Al 6.1%NaOCl + 3.5%NaCl 室温 54 h 50×

(e) 1Cr17Mn9Ni4Mo3Cu2N 10%FeCl$_3$·6H$_2$O 室温 47 h 50×

了点蚀孔的扩大与加深。而且腐蚀产物生成后积聚在孔口也使蚀孔内外物质迁移难以进行，孔口的积聚物越来越多，使孔内形成闭塞电池。随着水解反应的继续进行，pH 值不断下降，孔内金属离子浓度上升，为了维持电荷平衡，孔外活性的氯离子不断地穿过腐蚀产物向蚀孔内迁移，导致孔内氯离子进一步富集，这就是点腐蚀扩展的"自催化酸化"过程。点腐蚀以自催化酸化发展下去，使金属构件的蚀孔迅速穿进，以至穿透壁

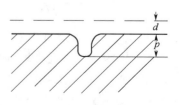

图 3-54 点蚀因子 $= \dfrac{p}{d}$

厚，发生介质泄漏。图 3-55 所示为点腐蚀的自催化酸化过程示意。

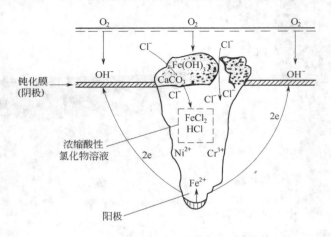

图 3-55　18-8 不锈钢在充气 NaCl
溶液中点腐蚀的闭塞电池示意

b. 影响点腐蚀主要因素　影响点腐蚀的因素与金属构件本身的材料成分、组织、冶金质量、表面状态有关，更与金属构件所处的环境条件密切相关，如介质成分、浓度、pH 值、温度、流动状态等。

① 材料　钝化的金属材料有较高的点蚀敏感性，如铬镍奥氏体不锈钢的点蚀敏感性比普通碳钢高。钼、铬、镍、氮等合金元素能提高不锈钢抗点蚀的能力，而硫、碳等元素则会降低不锈钢的抗点蚀能力。提高钢的冶金质量，降低有害元素及各种偏析、夹杂物等缺陷有利于提高抗点蚀能力。在相当于碳化物析出的温度下进行热处理，则点腐蚀数目增多，对铬镍奥氏体不锈钢进行固溶处理可使之得到最好的抗点腐蚀性能。构件粗糙的金属材料表面要比光滑的表面更容易发生点腐蚀。

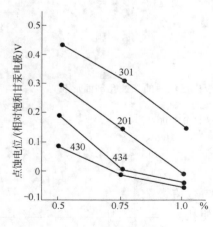

图 3-56　氯化物浓度对几种不锈钢
在 H_2SO_4 溶液中点蚀电位的影响

② 环境　含氯离子的溶液最容易引起点腐蚀，在实际生产中，许多装备都是在含有不同浓度的氯离子的水溶液中有点腐蚀倾向，其中含有氧化性金属阳离子的氯化物如 $FeCl_3$、$HgCl_2$ 等属于强烈的点腐蚀促进剂。工作中，提高溶液中氯化物的浓度，将增加不锈钢的点腐蚀倾向（见图 3-56）。在氯化物的溶液中，加入 SO_4^{2-}、ClO_4^-、NO_3^- 和 OH^-，可起到缓蚀作用，降低不锈钢的点蚀倾向。缓蚀效果按如下次序递减：$OH^- \rightarrow NO_3^- \rightarrow SO_4^{2-} \rightarrow ClO_4^-$。缓蚀的程度取决于它们的浓度和溶液中 Cl^- 的浓度，抑制点蚀的浓度随阴离子而不同，Cl^- 浓度越大，需要量也越大。

在碱性介质中，随着 pH 值升高，对点腐蚀的抗力增强，在酸性介质中，pH 值影响不明显，如图 3-57 所示。升高温度一般要增加点腐蚀的倾向（见图 3-58）。在温度高于 100 ℃ 时，点腐蚀可产生在没有侵蚀性阴离子的情况下，如碳钢在纯水中观察到有点蚀发生，此时水中含氧仅为 10^{-6} 数量级。

在静止介质中要比在流动的介质中更易发生点腐蚀，因此对溶液进行搅拌、循环或通气都有利于减轻点腐蚀。流体流动能把局部浓度高的氢离子、氯离子及有害离子驱除，减轻积聚。对不锈钢，有利于减轻点蚀的流速为 1 m/s 左右，过高的流速会导致磨损腐蚀。

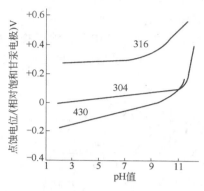

图 3-57　在 3% NaCl 水溶液中 pH 值
对几种常用不锈钢点蚀电位的影响

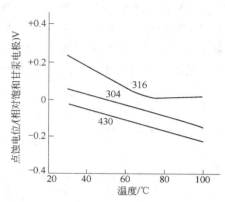

图 3-58　在 3% NaCl 水溶液中，温度对几
种常用不锈钢点蚀电位的影响

（4）预防点腐蚀的措施

为了预防点腐蚀，可从构件材料和改善使用环境两方面采取措施。

a. 材料方面的措施

① 选用耐点蚀性能良好的金属材料。如采用碳含量低于 0.03% 的高铬、含钼、含氮的不锈钢。在常用的奥氏体不锈钢中，其耐点蚀性能顺序为 304＜316＜317。目前普遍认为奥氏体＋铁素体双相钢及高纯铁素体不锈钢有良好的抗点蚀性能，钛和钛合金有很高的抗点蚀性能。

② 对材料进行合理的热处理，对于 Cr-Ni 奥氏体不锈钢或奥氏体＋铁素体双相不锈钢，在固溶处理状态下，可获得最佳的耐点蚀性能。

③ 对金属构件进行钝化处理或在条件允许的情况下作阳极氧化处理，使其表面膜均匀致密。避免任何天然的和外加的保护膜层的破裂。

b. 改善使用环境的措施

① 降低环境的侵蚀性，包括对酸度、温度、氧化剂和卤素离子的控制，其中要特别注意避免卤素离子向局部浓缩，尤其是氯离子。

② 提高溶液的流速或搅拌溶液，使溶液中的氧及氧化剂的浓度均匀化，避免溶液停滞不动，防止有害物质附着在构件表面上。

③ 定期进行清洗，使构件表面保持洁净。

④ 添加缓蚀剂。

⑤ 采取阴极保护的电化学保护方法，如工程上采用铝、锌等作为牺牲阳极，对钢构件施加阴极保护，使钢构件的电位低于临界点蚀电位，可防止点腐蚀。

（5）缝隙腐蚀

金属之间或金属与非金属之间形成很小的缝隙，使缝隙内介质处于静滞状态，从而引起缝内金属加速腐蚀的局部腐蚀形式称为缝隙腐蚀。许多金属构件如法兰连接面、螺母压紧面、锈层、垢层等，在金属表面上形成了缝隙，缝内外难以进行介质交换，缝内氧耗尽而形成氧浓差电池，或促使氯离子等活性离子进入缝隙，使 pH 值降低，在缝隙内产生自催化酸化过程，都会引起缝隙腐蚀。几乎所有的金属在各种介质中都会产生缝隙腐蚀。缝隙腐蚀的结果使构件在缝隙部位的金属表面产生凹坑、溃疡状，严重的部位则腐蚀穿孔。图 3-59 所示是沉积物缝隙与结构缝隙引起缝隙腐蚀的示意。图 3-60 所示是结构缝隙及沉积物缝隙引起构件金属表面缝隙腐蚀的实物照片，图（a）是 0Cr18Ni12Mo2Ti 不锈钢垫片在某石油化工厂实际生产条件下（硫氰酸钠介质）所产生的缝隙腐蚀形貌；图（b）是循环冷却水系统中碳钢换热器管子内壁在沉积物下管壁的腐蚀。冷却水中的泥沙、尘埃、腐蚀产物、水垢、微生物粘泥等在管内流体不畅时，极易在管壁内沉积，沉积物与金属表面有可能形成缝隙。

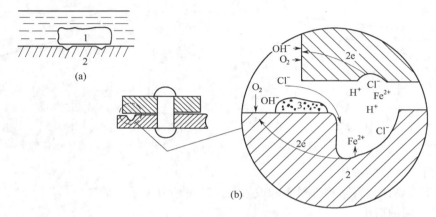

图 3-59　沉积物缝隙与结构缝隙引起的缝隙腐蚀示意
1—沉积物；2—金属构件；3—腐蚀产物

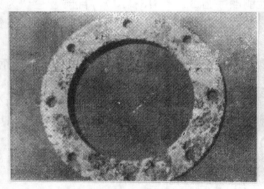 

(a) 不锈钢垫片上的缝隙腐蚀形貌　　　(b) 碳钢传热管内壁因沉积物形成缝隙
引起的腐蚀宏观形貌

图 3-60　结构缝隙与沉积物缝隙引起构件表面缝隙腐蚀的实物照片

　　缝隙腐蚀与点腐蚀比较有很多相似的地方，首先是两者的腐蚀机理是基本相同的，腐蚀的扩展是闭塞电池作用，腐蚀在缝隙内或孔内的自催化酸化过程下加速进行。

　　缝隙腐蚀与点腐蚀不同的是腐蚀产生的条件和过程略有差异。点腐蚀首先要萌生点蚀核，而缝隙腐蚀起源于构件金属表面的狭小缝隙。点腐蚀是通过腐蚀核成长形成点蚀孔，逐渐形成闭塞电池，然后才加速腐蚀的，而缝隙腐蚀由于已具有缝隙，腐蚀刚开始就可很快形成闭塞电池而加速腐蚀。除了缝隙腐蚀比点腐蚀一般更容易发生和扩展外，所形成的腐蚀形态也有所不同，点腐蚀的蚀孔一般窄而深，缝隙腐蚀的蚀坑相对宽而浅。

　　影响点腐蚀的因素及预防点腐蚀的措施一般也适用于缝隙腐蚀。其中在结构设计上避免一切大约 0.025～0.1mm 的缝隙或使缝隙尽可能地保持敞开，在实际操作中保持构件表面洁净是首要的。

3.3.4　晶间腐蚀

晶间腐蚀是指构件金属材料的晶界及其邻近部位优先受到腐蚀，而晶粒本身不被腐蚀或腐蚀很轻微的一种局部腐蚀。不锈钢的晶间腐蚀比普通碳钢及低合金钢普遍。奥氏体不锈钢的晶间腐蚀问题，曾一度成为使用这类钢材的严重障碍，但经过几十年的努力，对晶间腐蚀问题的了解已较深入，并有了控制其扩展的方法，晶间腐蚀失效已经大大减少。

（1）晶间腐蚀的特征

① 腐蚀只沿着金属的晶粒边界及其邻近区域狭窄部位无规则取向扩展。

② 发生晶间腐蚀时，晶界及其邻近区域被腐蚀，而晶粒本身不被腐蚀或腐蚀很轻微，或整个晶粒可能因其晶界被破坏而脱落。

③ 腐蚀使晶粒间的结合力大大削弱，严重时使构件完全丧失力学强度和韧性。如遭受晶间腐蚀的不锈钢，表面看起来还很光亮，敲击时声音沙哑，其实内部晶界已发生相当严重的腐蚀，经不起微小的作用力便成碎粒。

④ 晶间腐蚀敏感性通常与构件成形热加工有关。

⑤ 构件在服役或检修期间都难于发现及检测晶间腐蚀，当构件产生严重的晶间腐蚀时，导致的失效往往是很危险的。

（2）晶间腐蚀的形貌

构件产生晶间腐蚀时，外形尺寸几乎不变，在远离焊缝的母材区，宏观形貌也没有明显的变化。而在焊接接头，往往能观察到焊缝热影响区腐蚀或刀口状腐蚀，如图 3-61 所示。但无论是母材还是焊缝，在构件的表面或截面，从微观上都能观察到晶界被腐蚀的形貌，严重时能看见晶粒脱落的凹坑，晶间腐蚀连接成网状，如图 3-62 所示。

（3）晶间腐蚀的机理及影响因素

a. 晶间腐蚀的机理　晶间腐蚀是由于晶界原子排列较为混乱，缺陷多，晶界较易吸附 S、P、Si 等元素及晶界容易产生碳化物、硫化物、σ 相等析出物。这就导致晶界与晶粒本体化学成分及组织的差异，在适宜的环境介质中可形成腐蚀原电池，晶界为阳极，晶粒为阴极，因而晶界被优先腐蚀溶解。可见晶间腐蚀产生必须有两个基本因素，一是内因，即金属晶粒与晶界的化学成分及组织的差异，导致电化学性质不同，从而使金属具有晶间腐蚀倾向；二是外因，即腐蚀介质能显示晶粒与晶界的电化学性质的不均匀性。以下用晶界元素贫乏理论解释最广泛使用的奥氏体不锈钢最常出现的晶间腐蚀现象及影响因素。

b. 奥氏体不锈钢晶间腐蚀的贫铬论　贫乏论是最早提出又被广泛接受的理论，该理论能满意地解释奥氏体不锈钢和铁素体不锈钢在各自敏化条件下出现的晶间腐蚀问题。以奥氏体不锈钢为例，奥氏体不锈钢晶间腐蚀的原因主要是由于晶界贫铬所引起的，当不锈钢构件在对晶间腐蚀敏感的温度（称敏化温度）范围内停留一定时间时，就会产生晶间腐蚀倾向。因为不锈钢出厂时已经固溶处理，固溶处理就是把钢加热到 1050～1150 ℃后进行淬火，以获得均相固溶体，即过饱和的碳在材料中是均匀分布的。但钢材在制成构件的过程中或在以后的使用中，当其受热或冷却通过 450～850℃时，过饱和的碳便会形成 $(Fe, Cr)_{23}C_6$ 从奥氏体基体中析出而分布在晶界上。高铬量的碳化物的析出消耗了晶界附近大量的碳和铬，而消耗的铬因为扩散速度比碳慢，不能从晶粒中得到补充，结果晶界附近的含铬量低于钝化保

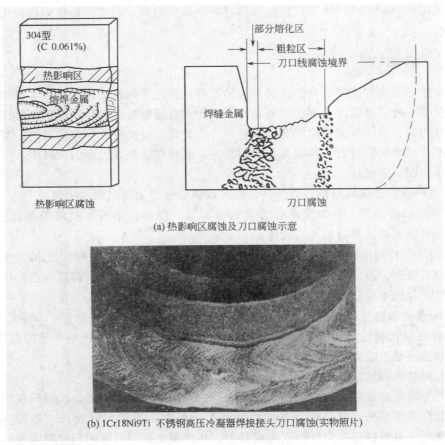

热影响区腐蚀

部分熔化区
粗粒区
刀口线腐蚀境界

304型
(C 0.061%)

热影响区

熔焊金属

焊缝金属

刀口腐蚀

(a) 热影响区腐蚀及刀口腐蚀示意

(b) 1Cr18Ni9Ti 不锈钢高压冷凝器焊接接头刀口腐蚀(实物照片)

图 3-61　晶间腐蚀宏观形貌

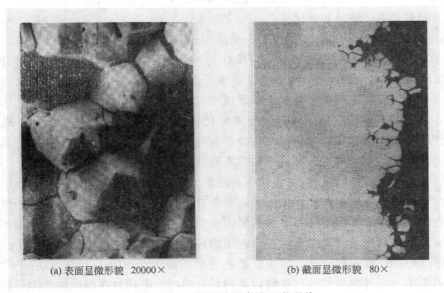

(a) 表面显微形貌　20000×　　　　(b) 截面显微形貌　80×

图 3-62　不锈钢晶间腐蚀显微形貌

护必须的限量（即含 Cr 12％）而形成贫铬区，钝态受到破坏后电位下降，而晶粒本身仍维持较高电位的钝态，在腐蚀介质中晶界与晶粒构成活态-钝态微电池，由于贫铬区的宽度很狭窄，电池具有小阳极-大阴极的面积比，这样就导致晶界区的腐蚀。电子探针可指示晶界及其附近区域碳和铬的分布，如图3-63所示。

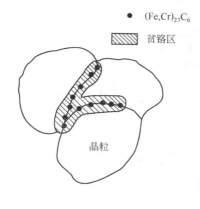

(a) 晶界上铬的析出

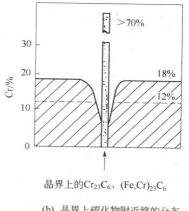

(b) 晶界上碳化物附近铬的分布

图3-63　用贫铬理论解释18-8CrNi奥氏体不锈钢晶间腐蚀示意

c. 奥氏体不锈钢晶间腐蚀的影响因素　只有具有晶间腐蚀倾向的金属材料接触了具有晶间腐蚀能力的介质，才有可能产生晶间腐蚀。以下就从材料及环境介质等方面介绍晶间腐蚀的影响因素。

材料成分影响　奥氏体不锈钢碳含量越高，晶间腐蚀倾向越大，不仅产生晶间腐蚀倾向的加热温度和范围扩大，晶间腐蚀程度也加重；铬、钼含量增高，有利于减弱晶间腐蚀倾向；钛和铌与碳的亲和力大于铬与碳的亲和力，形成稳定的碳化物TiC、NbC，可降低晶间腐蚀倾向。

加热温度和时间的影响　奥氏体不锈钢的晶间区域贫铬受原子扩散的影响，而温度与时间对扩散有很大作用。温度低时，碳原子没有足够的扩散能量，不会析出碳化物；温度很高时，碳化物析出与重新溶入奥氏体是平衡的；只有在450～850℃的敏化温度范围，奥氏体不锈钢才容易发生晶间腐蚀，其中700～750℃温度区最为危险。在某一温度区停留的时间对扩散也有影响，即使经过敏化区的温度，但若停留时间很短，碳来不及扩散至晶界；若停留时间很长，连晶粒的铬也能扩散到晶界，则晶界附近区域也不会贫铬。图3-64示意金属构件在一定的温度区域及一定的保温时间内，金属材料才会有晶间腐蚀倾向。

环境介质的影响　并非处于敏化状态的奥氏体不锈钢在所有的环境介质中都会出现晶间腐蚀。一般能促使晶粒表面钝化，同时又使晶界表面活化的介质，或者可使晶界处的析出相发生严重的阳极溶解腐蚀的介质，均能诱发晶间腐蚀；而那些可使晶粒及晶界都处于钝化状态或活化状态的介质，因为晶粒与晶界两者间的腐蚀速度无太大的差异，不会导致晶间腐蚀发生。表3-6列出工业生产中奥氏体不锈钢产生晶间腐蚀的一些介质条件。

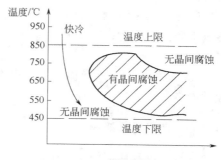

图3-64　晶间腐蚀与温度、时间的关系

表 3-6　奥氏体铬镍不锈钢产生晶间腐蚀的介质条件举例

介 质	温度/℃	介 质	温度/℃
硝酸(1%～60%)+氯化物、氰化物	68～88	亚硫酸盐蒸煮液	—
硝酸(20%)+金属硝酸盐(6%～9%)+硫酸盐(2%)	88	亚硫酸盐+二氧化硫	—
		硫酸+硫酸亚铁	—
硝酸(5%)	101	硫酸+硝酸	—
硝酸铵	—	硫酸+甲醇	—
硝酸钙	—	亚硫酸	—
硝酸+盐酸	—	硫酸铝	—
硝酸+氢氟酸	—	磷酸	—
硝酸银+醋酸	—	磷酸+硝酸+硫酸	—
工业醋酸	—	海水	环境
醋酸+水杨酸	—	油田污水	环境
醋酸+硫酸	—	原油	—
醋酸+醋酸酐	236	氯化铁	—
醋酸丁酯	257	甲酸	—
尿素熔融物(高、中压)	高温	氯氰酸	—
硫酸(98%)	43	氢氰酸	—
硫酸(78%)	—	氢氟酸	—
硫酸(13%)	45	乳酸	—
硫酸(4%)	88	乙二酸	—
硫酸(1%)	65	苯二酸	—
硫酸(0.1%)+硫酸铵(1%)	105	硫酸氢钠	—
硫酸铜	—	硫酸氢钠+硫化钠	—
硫酸铁+氢氟酸	—	次氯酸钠	—

（4）预防晶间腐蚀的措施

① 尽可能降低钢中的碳含量，以减少或避免晶界上析出碳化物。钢中的碳含量降低到 0.02% 以下时，不易产生晶间腐蚀。为此，可采用真空脱碳法和氩氧吹炼法以及双联和炉外精炼等方法实现。在实际应用中可选用各种牌号的超低碳不锈钢，如 00Cr19Ni11、00Cr17Ni14Mo2 及 00Cr19Ni13Mo3 等。

② 采用适当的热处理以避免晶界沉淀相的析出或改变晶界沉淀相的类型。采用固溶处理，冷却时快速通过敏化温度范围，以避免敏感材料在晶界形成连续的网状碳化物，这是解决奥氏体不锈钢晶间腐蚀的有效措施。采用稳定化处理（840～880 ℃）使含钛或铌的奥氏体不锈钢中的 $Cr_{23}C_6$ 分解，而使碳与钛或铌化合，成 TiC 或 NbC 形式析出。对在热处理后焊补的构件，如有可能可再进行固溶处理。

③ 在不锈钢中加入适量的稳定化元素钛或铌，或加入微量的晶界吸附元素硼，控制晶界沉淀和晶界吸附，以减少或避免不锈钢中的碳化物（$Cr_{23}C_6$）在晶界析出，从而降低晶间腐蚀倾向。

④ 选用奥氏体-铁素体（不形成连续网络状）双相不锈钢，这类钢具有良好的抗晶间腐蚀性能。

3.3.5　电偶腐蚀

浸泡在电解质溶液中的金属构件，当其与不同电极电位的其他构件接触（包括能电子导电的非金属），或该金属构件的不同部位存在电位差时，电位较负的金属或部位腐蚀加速，这就是电偶腐蚀。

（1）电偶腐蚀现象

电偶腐蚀现象非常普遍，由定义可知，电偶腐蚀可以因有电位差的异种金属构件接触而产生或因金属材料与可导电的非金属材料接触存在电位差而引起，也可以在同一个构件的不同部位因有电位差而引起；可以因金属材料种类不同或状态不同在同一环境介质中有不同的电位而引起；也可以因同一种类同一状态的金属材料所处环境条件不同而有不同的电位而引起。只要具有不同电位的两个电极（两个构件或两个部位）耦合，就能产生电偶电流而引发电位较负的电极金属材料产生电偶腐蚀，此时电位较正的电极则会受到阴极保护，其腐蚀相对减缓。电位差是电偶腐蚀的原动力，两个电极的电位差要有一定的数值才能在宏观上测试出电偶电流。从以上分析可知，电偶腐蚀应该包括多种类型的电化学腐蚀，最常见的有双金属材料腐蚀、构件工作区域腐蚀及浓差腐蚀等。

a. 双金属材料腐蚀　由不同类型的两种金属材料（包括能电子导电的非金属）耦合产生的腐蚀，可以是两个构件，也可以是一个构件的两个组件。双金属材料的电偶腐蚀又称异种金属腐蚀。在工程装备中，采用不同金属材料的组合是普遍的，且是不可避免的，所以这种电偶腐蚀是很常见的，并往往以双金属材料腐蚀定义电偶腐蚀。这种类型的电偶腐蚀的实例是很多的。图 3-65 所示是某炼油厂醇胺液在 150 ℃工况下，不锈钢换热管与碳钢管板连接处的电偶腐蚀形貌，在与管子连接的管板孔周围被腐蚀成较深的沟槽，这是阴极保护的管子加速了阳极管板的电偶腐蚀。这种双金属的电偶腐蚀现象更常在沿

图 3-65　在含 H_2S 的醇胺液中不锈钢管与碳钢连接的电偶腐蚀

海发电厂用海水冷却的凝汽器中出现，如铜制的换热管与碳钢管板胀接连接出现图 3-65 所示的管板孔被腐蚀现象，另外，换热管与管板都用不透性石墨，壳体用碳钢，在海水走壳程的情况下，也发现了电偶腐蚀，这种情况，只需半年左右，壳体便被腐蚀穿孔，显然是因为碳钢壳体与非金属导体石墨构件组成电偶腐蚀电池，阳极的碳钢壳体被加速了腐蚀。还有常见的焊接结构中，焊缝比母材腐蚀严重，原因是焊接过程的高温熔化和冷却过程引起成分和组织的变化，如果焊条选取或焊接工艺不适当，焊接构件在电解质溶液中，其焊缝电位比母材低，在焊缝与母材使用的电耦合中，焊缝腐蚀将被加速。输水阀门的黄铜阀座加速铸钢阀体腐蚀也是常见的双金属电偶腐蚀。

b. 构件工作区域腐蚀　用一种金属材料制成的构件，在电解质溶液中使用时，常可发现不同区域腐蚀程度的差异，这种工作区域的腐蚀常常发生在构件表面金属材料有局部不完整或非均质的部位，这些部位是电偶腐蚀的阳极，而大部分相对均匀完整的部位是阴极；当金属构件进行冷加工，以致一个部位比另一个部位有高的残余应力，其中高应力区域是阳极，低应力区域是阴极。这种构件工作区域的腐蚀可体现在电偶腐蚀机理引致的各种形貌的局部腐蚀，如构件的点腐蚀、缝隙腐蚀，点蚀孔内及缝隙内就是电偶的阳极，被加速腐蚀，而蚀孔外及缝隙外就是电偶的阴极。

c. 浓差腐蚀　当构件各个部位接触电解质腐蚀性成分含量不同，最容易引起浓差腐蚀。最典型的是氧浓差电偶腐蚀，氧供应充分的部位为阴极，腐蚀得到减缓，氧供应不足的部位

为阳极，加速腐蚀。如石油化工厂的储罐底部直接与土壤接触，底部的中央氧到达困难，而边缘处氧容易到达，金属在土壤中的腐蚀与在电解液中的腐蚀本质是一样的，这样便形成供氧不均匀的宏观电池，所以罐底的中央是阳极，常遭受到电偶腐蚀破坏。埋地的长输管道通过不同结构和不同潮湿程度的土壤时，最容易形成各种浓差引起的电偶腐蚀。

（2）金属电偶腐蚀的倾向性

判断两种金属耦合是否会发生电偶腐蚀通常可用金属的电动序或电偶序，但电动序在工程应用上价值不大。

电动序是纯金属按标准电极电位大小顺序的排列，理论上认为两种金属构成电池时，由电动序可知哪一种金属是阳极，哪一种金属是阴极，两种金属距离越远，产生电偶腐蚀的可能性越大。但工程构件实际上大多不是纯金属，有的还带有表面膜，而且介质也不可能是该金属离子，且活度等于1，并与之建立平衡，因此电动序对判断工程构件电偶腐蚀倾向性作用不大。

电偶序是根据实用金属在具体使用条件下测得的稳定电位的相对大小顺序的排列。鉴于大多数严重的电偶腐蚀事例都是在海水、海洋性气氛或土壤中发生，因此有大量推荐使用的工程金属在海水中、在土壤中的电偶序列表。例如，表3-7是金属在海水中的电偶序，该表是金属材料在25℃、2.5～4 m/s速度范围内流动的海水条件下测量的电位值按大小顺序的排列，除个别情况外，这个序列表广泛应用于其他天然水和无污染大气中。电偶序中只列出金属稳定电位的相对关系，没有列出在该特定环境中每种金属的稳定电位值，主要是由于环境条件的变化、材料加工的影响、测试方法的不同，所测稳定电位数据会在很大的范围内波动，数据重现性差，列出实际数值的意义不大，因此国内外文献所列的电偶序都没有列出金属稳定电位的真实值，而是以统计结果排列其大小。对电偶腐蚀倾向有参考价值。表中两种金属组成偶对时，靠近活性端的金属为阳极，靠近惰性端的金属为阴极；阴阳极两种金属距离较远，二者的开路电位差较大，腐蚀推动力较大，阳极金属腐蚀较严重，反之两者距离

表 3-7　某些金属在海水中的电偶序

阳极（活性）端	红黄铜 C2300
镁	硅青铜 C65100、C65500
锌	镍铜合金，10%
白铁（镀锌铁）	镍铜合金，30%
铝合金	镍 200（钝性）
低碳钢	Inconel 合金 600（钝性）
低合金钢	蒙乃尔合金 400
铸铁	不锈钢 410 型（钝性）
不锈钢 410 型（活性）	不锈钢 430 型（钝性）
不锈钢 430 型（活性）	不锈钢 304 型（钝性）
不锈钢 304 型（活性）（18Cr、9Ni）	不锈钢 316 型（钝性）
不锈钢 316 型（活性）（18Cr、12Ni、2Mo）	Inconel 合金 825
铅	Inconel 合金 625、合金 276
锡	哈氏合金 C（62Ni、17Cr、15Mo）
锰青铜 A-C67500	银
海军青铜 C46400、C46500、C46600、C46700	钛
镍 200（活性）	石墨
Inconel 合金 600（活性）（80Ni、13Cr、7Fe）	锆
哈氏合金 B（60Ni、30Mo、6Fe、1Mn）	钽
弹壳黄铜 C2700	金
海军黄铜 C44300、C44400、C44500	铂
铝青铜 C60800、C61400	阴极（惰性）端

较近，阳极金属腐蚀较轻；非常靠近的两种金属组成偶对，表示两者之间电位相差很小，电偶腐蚀倾向有时小至可以忽略。电偶序只能从热力学上预计发生电偶腐蚀的可能性，因电偶腐蚀的电极过程是非常复杂的，腐蚀的发生和腐蚀速度的大小主要由极化因素决定，要热力学与动力学因素结合才能得出全面性的结论。因此在可能的情况下应当进行试验作出判断，尤其是电偶序的序位逆转，更应作试验研究分析。

（3）电偶腐蚀的影响因素

a. 材料的起始电位差与极化作用　偶对的两种金属材料（或两个部位）的稳定电位的差值越大，电偶腐蚀的倾向性越大，而且当两种金属接触时，此开路电位差随时间的增加会有所变化，因为两种材料在电解质溶液中的极化受很多因素的影响，如电解质的种类、浓度、温度、流速、构件金属材料表面状态变化等，这些多因素的影响，使电偶腐蚀的扩展也受到影响。

b. 阴阳极的面积比　一般情况下，电偶腐蚀的阳极面积减小，阴极面积增大，将导致阳极金属腐蚀加剧，这是因为电偶腐蚀电池工作时，阳极电流总是等于阴极电流，阳极面积越小，则阳极上的电流密度越大，即阳极金属的腐蚀速率越大，所以应避免大阴极小阳极的面积比。

c. 介质电导率　介质电导率对电偶腐蚀的影响规律与对全面腐蚀的影响规律不同。介质电导率增加时，金属全面腐蚀的速度一般增大，而在电偶腐蚀条件下，随着电导率的增加，电偶电流可分散到离偶对接合处较远的阳极表面上，相当于加大了阳极面积，故使阳极腐蚀速度反而减少。例如，海水的电导率比纯净水要高，在海水中电流的有效距离可达几十厘米，阳极电流的分布比较均匀，比较宽，阳极材料腐蚀比较分散，而纯净水的腐蚀电流有效距离只有几厘米，使阳极金属在接合处附近形成深的沟槽。

（4）预防电偶腐蚀的措施

以下措施中的一种或几种结合起来，可以减轻或者避免电偶腐蚀，而且在构件设计时就应考虑。

① 选择电偶序中尽可能靠近的金属组合，在实际工作介质中，两种金属之间的电位差约小于 50 mV，电偶腐蚀的倾向性一般可以忽略，如两种金属耦合是大阳极小阴极，则此电位差尚可放宽至约小于 100 mV，如两种金属耦合是小阳极大阴极，则此电位差应越小越好。

② 尽量避免小阳极大阴极的结构，关键构件或构件面积较小时，如螺栓等，应采用惰性较大的金属，又如焊接结构应选择焊接材料的电位比母材电位稍高的焊缝组合。

③ 如无可避免要产生小阳极大阴极的电偶腐蚀，则小阳极的构件要设计成可更换的，没有介质塞积区的结构。

④ 在两种金属间通过使用涂层，加入非金属垫片等来绝缘或断开回路，同时保证在服役中不会发生金属之间的接触。

⑤ 保护涂层是抗腐蚀最普通的方法，如果只能涂两种金属的一种，则要涂在惰性较大的阴极金属表面上。

⑥ 添加缓蚀剂来减少环境的侵蚀性或控制阴极或阳极反应速率。

⑦ 阴极保护是所推荐的电化学保护方法之一。使用牺牲阳极的阴极保护时，要用一种其活性同时高于偶接构件双金属的第三种金属作为牺牲阳极，如对钢、铜等装备构件常用结构材料可用锌、铝或镁。如在散热器钢管子内表面上施加牺牲性的金属铝层以保护管子，在冷凝器水箱中安装锌阳极以保护钢管子和管板。

3.3.6 氢腐蚀

（1）氢对钢的作用

氢对金属的作用往往表现在使金属产生脆性，因而有时把金属的氢损伤统称为氢脆。其实氢与金属的相互作用可以分为物理作用和化学作用两类，氢溶解于金属中形成固溶体，氢原子在金属的缺陷中形成氢分子，这些是物理作用；氢与金属生成氢化物，氢与金属中的第二相作用生成气体产物，这些是化学作用。与有氢气的环境接触的工业装备及其构件基本上都采用钢材，氢与钢的化学作用主要是氢与钢中碳化物等第二相反应生成甲烷等气体。氢分子和甲烷分子的体积比氢原子大得多，形成后被封闭在钢材的微隙中，逐渐形成高压，高压作用使微隙壁萌生裂源至发展成裂纹，最终钢材的力学性能下降而至构件丧失承载能力。习惯上把氢对钢的物理作用所引起的损伤叫做钢的氢脆，而把氢与钢的化学作用引起的损伤叫做氢腐蚀。钢的氢腐蚀比钢的氢脆破坏性要大。

（2）氢腐蚀的特点

工程上一般把钢在高温（高于200℃，而又不是太高）高压含氢环境中，由于氢原子扩散进入钢中，与钢中的碳结合生成甲烷，使钢出现沿晶裂纹，引起钢的强度和塑性下降的腐蚀现象称为氢腐蚀。氢腐蚀有下列特点。

① 氢与碳生成甲烷的反应是不可逆的。氢原子或离子扩散进入钢中后会在晶界附近以及夹杂物与基体相的交界处的微隙中结合成氢分子，氢原子和氢分子能与微隙壁上的碳或碳化物反应生成甲烷，反应单方向地向生成甲烷的方向进行。

氢原子与游离碳反应　　　　　　$4H + C \longrightarrow CH_4$
氢分子与游离碳反应　　　　　　$2H_2 + C \longrightarrow CH_4$
氢分子与渗碳体反应　　　　$2H_2 + Fe_3C \longrightarrow 3Fe + CH_4$

② 氢腐蚀经历了孕育期和快速腐蚀阶段。当微隙中聚集了许多氢分子和甲烷分子，就会形成高达数千兆帕的局部高压，使微隙壁承受很大的应力而产生微裂纹。从氢原子在钢构件表面吸附至微裂纹的形成，此为氢腐蚀的孕育期，此阶段时间越长，金属耐氢腐蚀的能力越强。孕育期后由于甲烷反应的持续进行，微裂纹逐渐长大、连接、扩展成大裂纹，裂纹的迅速扩展使钢材的力学性能急剧下降，最明显的是断面收缩率的下降，钢材塑性逐渐丧失，而脆性增加，这就是氢腐蚀的快速腐蚀阶段。当钢构件一直置于氢介质中，甲烷反应将耗尽钢材的碳。在氢腐蚀的某一时段，当构件强度不足，则脆裂失效。

③ 氢腐蚀的程度可用构件脱碳层深度或材料断面收缩率损失来衡量。虽然钢的脱碳不一定是氢的存在而引起，但氢腐蚀的主要起因是氢原子与钢材中的渗碳体的碳作用生成甲烷，产生氢腐蚀的构件的脱碳层从表面开始向心部或内部生长，因此测定脱碳层的深度与受氢腐蚀构件厚度的关系，可分析氢腐蚀的严重性。经氢腐蚀后的构件材料制成试样，在低温脱氢后，排除可逆氢的影响，所测量的拉伸断面收缩率损失作为衡量氢腐蚀程度的参数被认为是可靠的。

（3）影响氢腐蚀的因素

a. 温度和压力　提高温度和氢的分压都会加速氢腐蚀。温度升高，氢分子离解为氢原子浓度高，渗入钢中的氢原子就多，氢、碳在钢中的扩散速度快，容易产生氢腐蚀，而氢压力提高，渗入钢中的氢也多，且由于生成甲烷的反应使气体体积缩小，因此提高氢分压有助于生成甲烷的反应，缩短氢腐蚀孕育期，加快了氢腐蚀进程。Nelson总结了壳牌石油公司和其他部门的试验数据和操作经验，提出碳钢和抗氢低合金钢在含氢气氛中，产生氢腐蚀的温度-压力操作极限曲线（见图3-66），经历了50多年的实践考验并多次修改，是比较可靠的，目前仍然是分析温度和压力对常用触氢钢材抗氢能力的最有价值的工具。分析时注意，曲线中所示的任何一种钢的安全使用界限都可能随时间的增长而降低，以曲线作高温高压氢气氛装备构件选材参考，要留有20℃以上温度安全裕度。图中没有列入奥氏体不锈钢，认为奥氏体不锈钢在所有温度和压力下都可满意地使用。

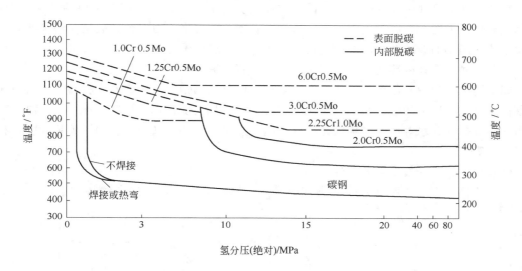

图 3-66　碳钢和低合金耐热钢在含氢的高温环境中发生
氢腐蚀与温度和氢分压的关系——Nelson 曲线

　　b．钢的成分　氢腐蚀的产生主要是氢与钢中碳的作用，因而钢中含碳量越高，越容易产生氢腐蚀，表现为氢腐蚀的孕育期缩短，有试验数据表明含碳0.05%的低碳钢比含碳0.25%的碳钢的氢腐蚀孕育期要长4倍。钢中加入钛、钒、铌、锆、钼、钨、铬等碳化物形成元素能大大提高钢的抗氢腐蚀能力，锰只有轻度的影响，而硅、镍、铜基本上没有影响。钢中各种添加合金元素对抗氢性能的影响，往往转换为钼当量去考虑，如钛、铌、钒的钼当量为10，其抗氢能力为钼的10倍，而铬的钼当量为0.25，则钼的抗氢能力为铬的4倍等。

　　c．热处理与组织　碳化物球化的热处理可以延长氢腐蚀的孕育期，球化组织表面积小、界面能低、对氢的附着力小，球化处理越充分，氢腐蚀的孕育期就越长。淬硬组织会降低钢的抗氢腐蚀性能，碳在马氏体、贝氏体中的过饱和度都较大，稳定性低，具有析出活性碳原子的趋势，这种碳很容易与氢反应。焊接接头出现淬硬组织有同样作用。冷加工变形使钢中产生组织及应力的不均匀性，提高了钢中碳、氢的扩散能力使氢腐蚀加剧。

　　钢的冶金质量对氢腐蚀影响也大，降低钢中的夹杂物及其他缺陷均能降低钢的氢腐蚀倾向。

　　（4）预防氢腐蚀的措施

　　主要从选择合适的钢材和提高钢材质量方面预防氢腐蚀的产生。一般含碳量低及加入碳化物形成元素的低合金钢有较高的抗氢腐蚀性能。如果使用环境恶劣，则18-8奥氏体铬镍不锈钢是常用的性能优越的抗氢腐蚀用钢。钢材洁净、质优则能降低氢腐蚀倾向。

3.3.7 应力腐蚀开裂

应力腐蚀开裂是金属材料在静拉伸应力（包括外加载荷、热应力、冷加工、热加工、焊接等所引起的残余应力，以及裂缝中锈蚀产物的楔入应力等）和特定的腐蚀介质协同作用下，所出现的低于其强度极限的脆性开裂现象。

应力腐蚀开裂与单纯由机械应力造成的破坏不同，它在极低的应力水平下也能产生破坏；它与单纯由腐蚀引起的破坏也不同，腐蚀性极弱的介质也能引起应力腐蚀开裂。因而，它是危害性极大的一种腐蚀破坏形式。从全面腐蚀角度看来应力腐蚀开裂是在耐腐蚀的情况下发生的，细小的裂纹会深深地穿进构件之中，构件表面没有变形预兆，仅呈现模糊不清的腐蚀迹象，而裂纹在内部迅速扩展致突然断裂，容易造成严重的事故。

如果腐蚀过程中有氢产生，或所在冶炼过程中氢进入钢内，使之产生脆性开裂，则这种现象称为氢脆（广义的应力腐蚀开裂包括氢脆）。另外，随介质的主要成分为氯化物、氢氧化物、硝酸盐和含水等而分别称为氯裂（氯脆、氯化物开裂）、碱裂（脆）、硝裂（脆）和氧裂（脆）等。

（1）应力腐蚀开裂发生的条件

金属构件发生应力腐蚀开裂必须同时满足材料、应力、环境三者的特定条件，如图 3-67 所示。

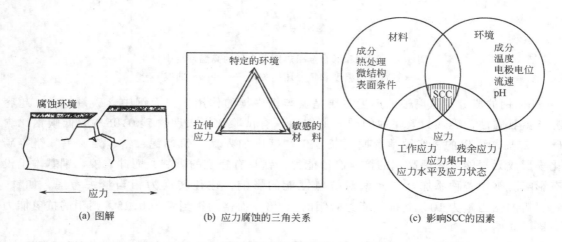

(a) 图解　　　　　　(b) 应力腐蚀的三角关系　　　　(c) 影响SCC的因素

图 3-67　应力腐蚀开裂（SCC）发生的条件

a. 材料　应力腐蚀一般发生在构件材料表面能形成良好的保护膜所处的环境中，保护膜具有耐腐蚀的性能，当保护膜在应力及腐蚀作用下局部遭到破损，材料开裂过程才得以进行。若构件表面材料生成的膜没有足够的保护性，全面腐蚀很严重，就不会产生应力腐蚀开裂。高纯金属对应力腐蚀开裂的敏感性比工程金属要低得多，工业级的低碳钢、高强低合金钢、奥氏体不锈钢、高强铝合金及黄铜等都属于经常会产生应力腐蚀开裂的金属材料，尤其有杂质偏聚的情况。一般来说具有小晶粒的任何一种金属比具有大晶粒的同种金属更抗应力腐蚀开裂。这种关系无论裂纹是沿着晶界扩展还是穿晶扩展都适用，因为晶粒粗大，位错塞积应力增大，有利于穿晶开裂；晶界面积减少，因而同量杂质的合金中，晶界杂质的偏聚浓度增高，有利于沿晶开裂，图 3-68 所示含铜 66 % 的黄铜合金在氨中呈现出明显的这种关系。晶体结构对应力腐蚀开裂也有影响，如铁素体不锈钢（体心立方）暴露于氯化物水溶液时，要比奥氏体不锈钢（面心立方）的应力腐蚀开裂抗力高得多。奥氏体-铁素体双相不锈钢当两相比较分散且分布均匀时，其对应力腐蚀开裂有更高的抗力，因为奥氏体基体中的铁素体会妨碍或阻止应力腐蚀裂纹的扩展。

b. 应力　产生应力腐蚀开裂的应力是静应力，且一般是低于材料屈服强度的拉应力，应力越大发生开裂所需的时间越短。应力的来源有构件的工作载荷、构件在加工成形过程中存留的残余应力（如冷弯、冷拔、冷轧、冷锻、铸造、矫直、剪切、焊接或堆焊、表面研磨及热处理等所造成

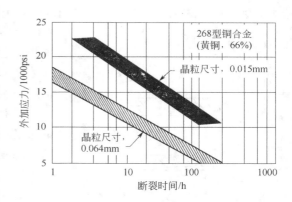

图 3-68　铜合金（黄铜，66%）晶粒大小对各种不同的外加应力条件下在氨气中的断裂时间的影响
（1 psi = 6894.76 Pa）

的残余应力）、因温度梯度所产生的热应力等。据统计，因加工制造过程所产生的残余应力而引起的应力腐蚀开裂占应力腐蚀开裂总案例的80%以上。应力作用方向和金属晶粒方向之间的关系也影响着应力腐蚀开裂，横向应力比纵向应力更有害。构件表面的应力集中更易产生应力腐蚀开裂裂纹源，并加速裂纹的扩展。断裂力学观点认为，所有金属材料都存在微观缺陷，对应力腐蚀开裂敏感的金属-环境组合有一个应力强度门槛值 K_{ISCC}，称为材料抗应力腐蚀开裂的临界应力强度因子。当构件的应力强度因子 K_I 值超过 K_{ISCC} 则容易产生应力腐蚀开裂；低于该值时，不产生应力腐蚀开裂。

c. 环境　对一定的结构材料，应力腐蚀只发生在特定的腐蚀介质中。如黄铜在含氨的气氛中极易发生应力腐蚀，而在氯化物溶液中则无此敏感性；而奥氏体不锈钢在氯化物溶液中容易发生应力腐蚀，而在含氨的气氛中则不发生。表 3-8 列出某些常用金属与介质组合的

表 3-8　易于发生应力腐蚀开裂的某些金属-介质体系

金属	介　质	金属	介　质
碳钢及低合金钢	NaOH 水溶液 液氨(水 <0.2%) 硝酸盐水溶液 HCN 水溶液 碳酸盐和重碳酸盐水溶液 含 H_2S 水溶液 H_2SO_4-HNO_3 混合酸水溶液 CH_3COOH 水溶液 海水 海洋大气 工业大气 湿的 CO-CO_2-空气	奥氏体不锈钢	氯化物水溶液 海水、海洋大气 热 NaCl 高温碱液[NaOH, $Ca(OH)_2$, LiOH] 浓缩锅炉水 高温高压含氧高纯水 亚硫酸和连多硫酸 湿的氯化镁绝缘物 H_2S 水溶液
		铜及铜合金	NH_3 蒸气及 NH_3 水溶液 含 NH_3 大气 含胺溶液 水银 $AgNO_3$
钛及钛合金	发烟硝酸 N_2O_4 干燥的热氯化物盐(290～425 ℃) 高温氯气 甲醇、甲醇蒸气 氟里昂	铝及铝合金	NaCl 水溶液 氯化物水溶液及其他卤素化合物水溶液 海水 H_2O_2 含 SO_2 的大气、含 Cl^- 的大气 水银

应力腐蚀敏感性体系。表中列出的是材料与环境组合的敏感性体系，而在工程实践中引起材料应力腐蚀开裂的往往是体系中一些特定的离子，这些特定离子有可能只是环境介质中存在的杂质或其浓缩聚集。例如，即使在固溶热处理或退火状态，常用的18-8奥氏体不锈钢在仅含有2 mg/L的氯化物的水溶液中于200 ℃下也会开裂；敏化的该种不锈钢在室温下含有100 mg/L，甚至2 mg/L的氯化物的水溶液中也会开裂。

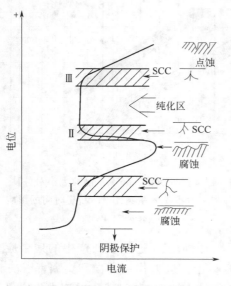

图 3-69　金属应力腐蚀开裂
敏感的电位范围

应力腐蚀开裂往往有一个敏感的电位范围或者高于某一个电位值（临界开裂电位）后发生，如图3-69所示。这些电位范围是钝化膜不稳定的电位区Ⅰ、Ⅱ及Ⅲ。当金属在溶液中的开路电位落在敏感电位范围内时，就会发生应力腐蚀开裂。应力腐蚀开裂的电位范围及临界开裂电位随金属-环境体系而异，如常用的低碳钢在含 NO_3^- 的介质中，其应力腐蚀开裂电位范围约为 500 mV；而在含有 CO_3^{2-} / HCO_3^- 的介质中，则不到 100 mV。碳钢在前者环境中产生应力腐蚀开裂的条件则宽得多。又如18-8不锈钢在130 ℃沸腾的 $MgCl_2$ 溶液中，临界开裂电位约为 -0.145 V（SHE），即当电位高于 -0.145 V 时，才发生应力腐蚀开裂。

环境介质的温度对应力腐蚀也有影响，体系不同，影响程度不同。如碳钢浸在含 NO_3^- 的介质中时，常温下就可以发生应力腐蚀开裂，而当浸在 NaOH 介质中时，不管浓度如何变化，一般要在温度高于 60 ℃ 后才发生应力腐蚀开裂。一般而言，应力腐蚀开裂随温度上升而加速，如图 3-70 所示为温度对 316 型及 347 型不锈钢应力腐蚀开裂诱发时间的影响。

环境因素对应力腐蚀的影响还与很多因素有关，如环境介质的含氧量、多组分的交互影响、介质的 pH 值、流速等等，这些因素对金属应力腐蚀开裂倾向的影响是复杂的，视具体的腐蚀体系往往有不同的规律。如介质含氧时，

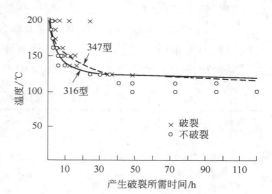

图 3-70　温度对 SCC 诱发时间的影响
（316 型及 347 型不锈钢在
含 875 mg/L NaCl 的水中）

微量（ 10^{-6} 数量级）的氯离子可引起18-8奥氏体不锈钢的应力腐蚀开裂，而介质无氧时，氯离子的浓度就是达 1000 mg/L 也不会开裂。很多试验表明，在高温纯水中，溶液中氧含量越高，则出现开裂所需的 Cl^- 含量越低，而溶液中 Cl^- 含量越高，则出现开裂所需的氧含量越低。常用的碳锰钢处在 CO_3^{2-}-HCO_3^- 中，当介质中含少量的 Na_2CrO_4 时能促进该钢的应力腐蚀开裂，但当 Na_2CrO_4 的含量大于 0.03% ，又减缓了该钢的应力腐蚀倾向。图3-71记载了304不锈钢浸泡在不同氯化物含量的溶液中，pH值及温度对应力腐蚀开裂的影响。

（2）应力腐蚀开裂的机理及过程

a. 应力腐蚀开裂机理　应力腐蚀开裂按机理可分为 氢致开裂型和阳极溶解型两类。

如果应力腐蚀体系中阳极金属溶解所对应的阴极过程是析氢反应，而且原子氢能扩散进入构件金属并控制了裂纹的萌生和扩展，这一类应力腐蚀就称为氢致开裂型的应力腐蚀。氢致开裂是以氢脆理论为基础的，氢进入金属内部，氢致塑性区的扩大，所产生的大量位错，有助于氢的输运和富集，从而促进开裂，即促进氢脆。如高强钢在水溶液中的应力腐蚀就是氢致开裂机理。

如果应力腐蚀体系中阳极金属溶解所对应的阴极过程是吸氧反应，或者虽然阴极是析氢反应，但进入构件金属的氢原子不足以引起氢致开裂，这时应力腐蚀裂纹萌生和扩展是由金属的阳极溶解过程控制，称为阳极溶解型的应力腐蚀。阳极溶解型的应力腐蚀开裂有预先存在活性通道机理和应变诱发活性通道机理。预先存在活性通道机理认为在晶界、相界面等区域，成分、组织与基体有差异，这些区域是易于溶解的活性通道，沿这些通道易产生阳极溶解型的应力腐蚀开裂。而应变诱发活性通道机理认为在应力作用下，金属表面膜局部破裂，从而造成裸露金属的阳极溶解，而同时进行的金属钝化又会把膜修复，修复的膜再次破裂又发生金属阳极溶解，这一过程反复进

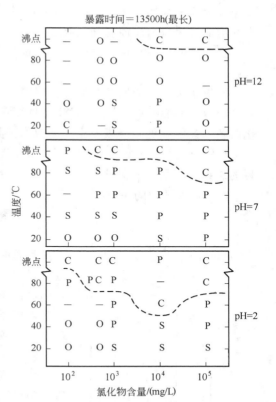

图 3-71　pH 值对 304 不锈钢在 NaCl 溶液中发生开裂所需氯化物含量和温度的影响

C—应力腐蚀开裂；P—点腐蚀；
S—污斑；O—没有影响

行则导致阳极溶解型的应力腐蚀开裂。阳极溶解型的应力腐蚀开裂是以闭塞电池理论为基础的，裂纹尖端闭塞，溶液不能整体流动，内部 pH 值不断降低使溶液酸化，促成裂尖腐蚀增加，阳极加速溶解。如奥氏体不锈钢在热浓的氯化物水溶液中应力腐蚀开裂时，阳极溶解起着主要的控制作用，阴极反应析出的氢若能进入钢中，只起协助作用，促进腐蚀与滑移。

b. 应力腐蚀开裂的过程　金属的应力腐蚀开裂过程包括金属中裂纹的萌生、裂纹的扩展、金属的断裂三个阶段。图 3-72 示出由氧化膜局部破裂或点蚀坑诱发裂纹萌生的应力腐蚀开裂过程。

裂纹的萌生　在介质中能发生应力腐蚀开裂的金属，大多数在介质中能生成保

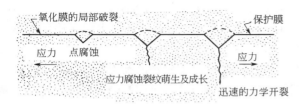

图 3-72　应力腐蚀开裂过程

护膜（由单原子层到可见的厚度）。只有金属表面的保护膜局部破坏后，才能萌生裂纹。膜的局部破坏与金属表面存在的位错露头、晶界、相界等微观缺陷有关。这些微观缺陷可使膜局部产生内应力，当金属受力时，它们还可以引起局部应力集中和应变集中，集中塑变区的滑移台阶能引起表面膜的破裂。膜破后，露出了活化金属表面，形成了小阳极-大阴极的电池，从而使活化金属表面高速溶解，与此同时，金属表面又在不断地形成新膜。由于局部活

化金属表面的高速溶解，金属表面会产生微观缺口，当有外力作用时，其中较大的缺口会再次开裂而成为应力腐蚀的开裂源。

当金属中存在孔蚀、缝隙腐蚀、晶间腐蚀时，往往应力腐蚀裂纹起源于这些局部腐蚀区域。

裂纹扩展　应力腐蚀裂纹的扩展主要有三种方式。

ⅰ．应力集中的裂纹尖端发生塑性变形→滑移台阶露出金属表面→裂尖膜破裂→裂尖活化溶解（裂纹扩展）→表面重新形成保护膜。上述过程的连续重复致使裂纹不断扩展。

ⅱ．裂尖的应力集中诱发塑性变形，这一变形阻止了裂尖生成保护膜，裂尖溶解和新开裂的裂纹侧表面形成保护膜的连续过程构成了裂纹的扩展的过程。

ⅲ．氢致开裂的裂纹扩展过程。

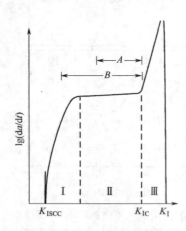

图 3-73　应力腐蚀开裂的
da/dt-K_I关系

A 区—出现宏观分支的 K_I 范围；
B 区—出现微观分支的 K_I 范围

无论裂纹按哪种方式扩展，其扩展过程比裂纹萌生过程所占的时间都少得多。一般认为，裂纹萌生与形成占应力腐蚀过程总时间的 90% 以上。但也不能理解为裂纹扩展是一个瞬断过程，因为裂纹亚临界扩展速率与构件裂纹所处的应力场强度因子有关。随着应力加大或裂纹扩展而使裂纹尖端应力强度因子增加，裂纹扩展速率也相应发生变化。如图 3-73 所示，裂纹扩展快慢有三种情况。

第Ⅰ种情况　如裂尖的 K_I 小于金属的应力腐蚀开裂临界应力强度因子 K_{ISCC}，裂纹是不会扩展的，此时 da/dt 为零或很微小，K_{ISCC} 是评价材料应力腐蚀开裂倾向的指标之一。K_{ISCC} 远小于使材料快速断裂的断裂韧性 K_{IC}。当 $K_I \geqslant K_{ISCC}$，裂纹扩展随 K_I 的增加而加速。da/dt 虽小，但受 K_I 影响很大，是受 K_I 控制的腐蚀过程，即应力参与促进腐蚀。

第Ⅱ种情况　da/dt 决定于环境而受应力强度的影响较小，此时是腐蚀过程决定着裂纹的扩展，只要 K_I 有一定的数值（$K_I > 1.4 K_{ISCC}$），裂纹扩展从微观分支至宏观可见分支，K_I 只是一个必要的参与与保证因素。

第Ⅲ种情况　裂纹长度已接近临界尺寸，da/dt 又明显随 K_I 增加而加速，这是裂纹由亚稳扩展向失稳扩展的过渡。实质是接近过载断裂，腐蚀因素作用较小。

应力腐蚀裂纹在亚稳扩展阶段的速率一般为 $10^{-6} \sim 10^{-3}$ mm/min，比均匀腐蚀要快得多，呈现腐蚀与力学共同作用的特征。

金属的断裂　当裂纹扩展使得裂纹尖端的 K_I 值达到金属材料的断裂韧性 K_{IC} 值以后，裂纹便失稳扩展至构件断裂，这是构件承载能力不足的瞬断，是过载断裂。本阶段金属的断裂呈现金属力学破坏的特征。

（3）应力腐蚀开裂的形貌

a．宏观形貌及断口特征　即使是塑性和韧性非常好的金属材料，构件应力腐蚀断裂的宏观形貌都呈现脆性断裂的特征。断裂区附近看不出明显的塑性变形迹象；构件外表面及裂缝内壁的腐蚀程度通常很轻微或不发生普遍腐蚀；裂纹一般比较深，但宽度较窄，有时裂纹已经穿透构件厚度，但表面只有难以观察到的裂纹痕迹；应力腐蚀裂纹，尤其是阳极溶解型的应力腐蚀裂纹，在主裂纹上常常产生大量分叉，并在大致垂直于影响裂纹产生及成长的应力方向上连续扩展，有强烈的方向性。图 3-74 所示是应力腐蚀开裂裂纹外观形貌，图（a）是实验室用 1Cr18Ni9Ti 管在 30% $MgCl_2$ 水溶液中，100 ℃ 48 h 定载（200 MPa）拉伸后表面出现应力腐蚀开裂裂纹的宏观形貌；图（b）是氨冷凝器的 1Cr18Ni9Ti 冷凝管，使用一年后发生开裂泄漏，管内通氨，管外用江水冷却，管外壁接触的江水中由于季节性海水倒流，使 Cl^- 浓度很高，裂纹外壁宽，内壁窄，还有未贯穿内壁的裂纹。

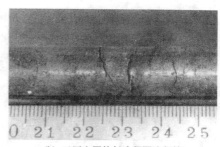

(a) 实验室的试验用管　　　　　　　(b) 工厂实用的氨冷凝器冷凝管

图 3-74　1Cr18Ni9Ti 管应力腐蚀开裂外观形貌

金属应力腐蚀开裂的宏观断口有容易辨认的裂纹起始部位、裂纹稳定扩展区和失稳扩展区。裂纹起始部位往往是构件表面膜层的损伤点、腐蚀坑、冶金缺陷、夹杂物或应力升高源处，颜色比较深；裂纹稳定扩展区往往是粗糙的，断口上有腐蚀产物所带来的颜色变化，有隐约可见的放射性条纹，条纹汇聚处为裂源；失稳扩展区往往没有腐蚀产物覆盖（除非断口在构件断裂失效后受到污染），该区呈现金属材料过载断裂的特征，韧性金属材料为灰色的剪切唇状和撕裂纹，脆性金属材料呈银白色的人字形花纹或闪亮的结晶状。

b. 微观形貌及断口特征　应力腐蚀开裂的微观形貌表现主要是裂纹的微观扩展路径及裂纹形状。裂纹扩展路径有穿晶的、沿晶的或二者混合的，视金属材料与环境体系的不同而异。碳钢及低合金钢、铬不锈钢、铝、钛、镍等多为沿晶的；奥氏体不锈钢则多为穿晶的，但也有很多例外。表 3-9 列出几种常用金属在敏感介质中应力腐蚀开裂的断裂路径的类型。通常，发生平面滑移的材料倾向于穿晶断裂；易发生交错滑移的金属材料更倾向于沿晶断裂。

表 3-9　几种常用金属在敏感介质中发生 SCC 的断裂路径的类型

腐蚀介质	材料					腐蚀介质	材料				
	碳钢及合金钢	铬不锈钢	奥氏体不锈钢	有色金属			碳钢及合金钢	铬不锈钢	奥氏体不锈钢	有色金属	
				Al	Ni	Ti					Al	Ni	Ti
NaCl		I	T	T		I(1)	HCN	T					
氯化物		I	T			I(2)	$FeCl_2$、$FeCl_3$			I		
氟化物		I	T				海岸大气	I(3)	I(3)	T	I	
HCl	I	I				I	工业大气	I(3)	I(3)			
HF					I		水及水蒸气		I		I	
碱	I	I	IT		I		H_2S	IT	I			
硝酸盐	I						$H_2SO_4 + HNO_3$	I				
发烟硝酸						I	H_2SO_4	I			I	
硝酸	I						氟硅酸					I

注：I—沿晶开裂；T—穿晶开裂；(1) 熔融 NaCl；(2) 有机氯；(3) 高强度钢（$\sigma_s = 1372$ MPa）。

金属应力腐蚀开裂的微观形状主要有两种，一种是裂纹既有主干又有分支，貌似没有树叶的树干和枝条；另一种是单支的，少有分叉。前者多见于阳极溶解型的应力腐蚀开裂，尤其是奥氏体不锈钢构件在温度较高的含氯离子的氯化物溶液中的穿晶型的应力腐蚀开裂；后者多见于氢致开裂型的应力腐蚀开裂，高强钢构件在中性水溶液中由于阴极析氢进入钢中及应力作用下最容易出现沿晶型的应力腐蚀开裂。图 3-75 所示是奥氏体不锈钢 SCC 的微观形状，图 (a) 是分支型的穿晶裂纹实例；图 (b) 是单支型的沿晶裂纹实例。

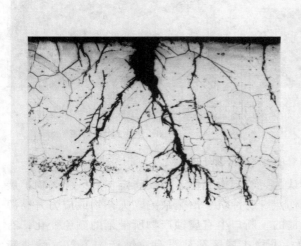 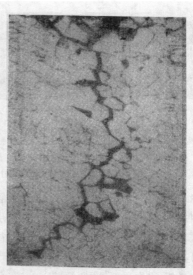

(a) 1Cr18Ni12Mo2Ti不锈钢鼓风机叶片,在潮湿的氯离子环境中实际使用一年后所发生的穿晶型SCC裂纹扩展微观形貌似落叶的枯枝

(b) 1Cr18Ni9Ti不锈钢三角滤棒实际使用后发生的沿晶型SCC裂纹扩展,裂纹几乎单方向扩展,很少分枝

图 3-75　应力腐蚀开裂裂纹微观形貌

金属应力腐蚀开裂的断口微观形貌可呈现各种各样的花样。穿晶型断口的花样形式较多，有河流花样、扇形花样、羽毛状花样、鱼骨花样等，而沿晶型断口最典型的是冰糖状花样。如果断口表面腐蚀产物或表面膜没有清除干净，常常会看见泥块花样。韧性好的金属材料，在断口局部位置能看见韧窝。图 3-76 列出几种金属应力腐蚀开裂的微观花样。断口微观花样只是断口局部区域的形貌，在构件断口的不同部位会有不同的形貌特征，这与断口形成过程各个影响因素随时间变化有关，在根据断口形貌判断断裂原因时要注意。

（4）应力腐蚀开裂的预防措施

由于应力腐蚀开裂与材料、应力及环境三方面的影响因素密切相关，因此也是从这三方面采取预防措施。但由于应力腐蚀现象的复杂性，目前还有很多问题，尤其是规律性的问题尚未掌握，因此所采用的预防措施多是基于成功的实践所取得的经验，还有待完善和深入探讨。

a. 合理选材和提高金属材料的质量　由于应力腐蚀过程取决于敏感金属和特定腐蚀环境的特殊组合，合理地选材就是构件设计首要的工作。应尽量选择在所用介质中尚未发现应力腐蚀开裂现象或不太敏感的材料，K_{ISCC} 较高的材料。通常应选用真空熔炼、真空重熔、真空浇注等工艺生产的金属材料，以保证较高的纯净度，防止过多的非金属夹杂物。通过采用各种强韧化处理新工艺，改变合金相的相组成、相形态及分布。即通过改变金属的成分和组织结构，消除杂质元素的偏析，细化晶粒，提高成分和组织的均匀性，提高材料韧性，进而改善金属的抗应力腐蚀性能。

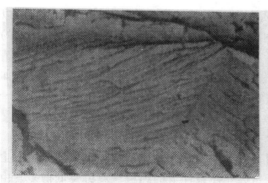

(a) 河流花样　SEM×5000
316不锈钢　氯化物引起的SCC

(b) 扇形花样及腐蚀产物　TEM×5000
1Cr18Ni9Ti 冷却水Cl⁻引起的SCC

(c) 冰糖状花样及沿晶界的二次裂纹
316L 不锈钢　SEM×800

(d) 泥块花样　SEM×1200　(16Mn船板断口)

图 3-76　应力腐蚀开裂断口微观花样

  b. 控制和降低应力　一方面在构件的设计时不仅要使工作应力远远低于材料的屈服强度，而且要远远低于材料应力腐蚀临界断裂应力，考虑到材料的微观裂纹，缺陷的存在，应利用断裂力学方法，根据在腐蚀环境中测定的 K_{ISCC} 和 da/dt 等参数，确定在使用条件下裂纹尖端的载荷应力强度因子以及构件允许的临界裂纹尺寸。要避免应力集中，对必须的缺口要选用较大曲率半径，避免尖角、棱角和结构的厚薄悬殊。应尽量避免缝隙和可能造成腐蚀液残留的死角，防止有害离子的积聚。另一方面要从材料加工、制造工艺和结构组装等方面尽量降低加工应力、热处理应力、装配应力和其他残余应力。尽量不采用点焊和铆接结构。采用退火等手段消除残余应力，采用滚压、喷丸、超声波、振动等方法也能减少残余应力或使材料表层产生压应力，这也是提高材料应力腐蚀抗力行之有效的方法。

  c. 改善环境条件，采取保护措施

  ① 改变介质条件，在可能的情况下，设法消除或减少引起腐蚀开裂的有害化学离子。改变生产过程中介质的温度、浓度、杂质含量和 pH 值。根据实验结果和经验数据，适当调控上述参数，使之处于最不利于应力腐蚀现象发生的水平上。

  ② 采用有机涂层，无机涂层或覆以金属镀层，或用惰性气体覆盖金属表层以及采用擦油、加阻化剂等方法阻止金属与可能产生应力腐蚀开裂的腐蚀介质直接接触。

③ 正确地利用缓蚀剂，改变腐蚀环境的性质。针对实际情况，恰当地选用缓蚀剂可以明显减缓应力腐蚀过程。缓蚀剂可能改变介质的 pH 值，促进阴极或者阳极极化，阻止氢的侵入或有害物质的吸附等。

④ 采用电化学保护的方法，使金属在介质中的电位远离应力腐蚀开裂敏感电位区，如较常用的阴极保护法和阳极保护法等，具体方法的选择应依实际材料和介质情况而定。

3.3.8　腐蚀疲劳

金属材料在交变载荷及腐蚀介质的共同作用下所发生的腐蚀失效现象是腐蚀疲劳。发生腐蚀疲劳的金属构件的应力水平或疲劳寿命较无腐蚀介质条件下的纯机械疲劳要低得多。由于金属构件实际工况很少有真正的静载，也很少有真正的惰性环境，故发生腐蚀疲劳的情况是很多的。3.2 节已经介绍了纯机械疲劳的相关内容，下面仅对腐蚀疲劳的特点及预防措施作简单的介绍。

（1）腐蚀疲劳的特点

① 腐蚀促进疲劳裂纹的萌生与扩展，而载荷交变又加速腐蚀使疲劳裂纹更快扩展。金属构件表面在交变载荷作用下产生疲劳变形的滑移台阶，如受到腐蚀作用成膜，则使滑移不能返回，能加快"挤入"及"挤出"作用，更快形成疲劳源；挤出挤入与腐蚀共同作用，易于萌生出孔洞而成为启裂点，使构件表面加快启裂并不断扩展；裂纹在交变载荷下不断张合，使裂纹内介质容易更新，裂纹内表面新裸露金属更易被腐蚀而加速扩展。

② 腐蚀疲劳对环境介质没有特定的限制。腐蚀疲劳在任何腐蚀介质中都可能发生，即只要介质对金属材料有腐蚀性，不像应力腐蚀开裂那样，需要金属材料与腐蚀介质的特定组合。但交变应力和腐蚀介质必须同时协同作用，才能产生腐蚀疲劳。

③ 腐蚀疲劳不存在疲劳极限。如图 3-27 所示的 σ-N 疲劳曲线，一般工程用钢材的 σ-N 纯机械疲劳曲线是趋近于与横坐标 N 轴平行的渐近线，只要金属构件在疲劳极限以下的应力下作用，理论上应具有无限的疲劳寿命。但在腐蚀条件下，即使构件的交变应力很小，只要循环周次足够大，总是要产生腐蚀疲劳断裂的。大量的腐蚀疲劳曲线随使用周期的增加，其疲劳强度是继续下降的，因此只能采用一定的循环周期来确定疲劳极限，一般规定相对于循环周次 $N_f = 10^7 \sim 10^8$ 下的疲劳极限称为条件疲劳极限。

④ 腐蚀疲劳与交变载荷的特性有密切关系。腐蚀疲劳与交变载荷的频率、应力比及载荷波形有密切的关系，交变载荷频率影响最显著。随着交变载荷频率的降低，腐蚀对疲劳裂纹扩展的影响越来越大。因为频率不太高时，在一个应力循环半周的裂纹张开期有一定的时间，才能给裂纹内的金属与介质之间的相互作用提供足够的时间，因此低周疲劳的失效件往往有腐蚀疲劳的特征。交变载荷的应力比增大，容易产生腐蚀疲劳。三角波、正弦波和正锯齿波形的交变载荷对腐蚀疲劳的影响大于正脉冲波和负脉冲波。

⑤ 腐蚀疲劳断裂的形貌特征。金属材料腐蚀疲劳断裂是一种脆性断裂，没有宏观的塑性变形。腐蚀疲劳裂纹往往是多源的，裂纹扩展分叉不多。断口宏观观察也能看见三区：源区、裂纹扩展区及瞬断区。低倍裂纹扩展区有比纯机械疲劳更明显的疲劳弧线，源区及裂纹扩展区一般均有腐蚀产物覆盖。断口微观观察可见裂纹扩展的疲劳辉纹，并带有腐蚀的特征，如腐蚀点坑、泥状花样。图 3-77 所示为高镍铬合金钢的腐蚀疲劳断口，疲劳辉纹与台阶条纹相垂直，有脆性疲劳断裂特征，图中细小的黑点为腐蚀形成的麻坑。

（2）腐蚀疲劳的预防措施

① 为了抗机械疲劳，一般选择强度较高的金属材料，因为纯机械作用在高强金属中可以阻止裂纹形核，一旦裂纹形成，高强材料比低强材料裂纹扩展要快得多。但腐蚀疲劳中更常见的是腐蚀诱发疲劳源，因此选择强度低的材料反而更安全。选择耐点蚀、耐应力腐蚀开裂的金属材料，其抵抗腐蚀疲劳的强度也较高。

② 降低构件的应力是比较有效的措施。通过改进结构，降低应力；避免尖锐缺口，减少应力集中；采用消除残余应力的热处理及采用喷丸等表面处理，使构件表面层有残余压应力都是可取的。

③ 减少金属材料构件的腐蚀是常用的方法，如用涂镀层覆盖金属构件表面使之与腐蚀介质隔离；在环境介质中添加缓蚀剂及采用电化学保护方法等。

图 3-77　腐蚀疲劳断口 TEM ×24000

3.4　磨损失效

相互接触并作相对运动的物体由于机械、物理和化学作用，造成物体表面材料的位移及分离，使表面形状、尺寸、组织及性能发生变化的过程称为磨损。

磨损是机械构件失效的主要方式之一。一般情况下，构件磨损是一个逐渐发展过程，失效发生之前有所预兆，但也存在某些磨损，失效发生之前特征不明显，有可能引发突发事故。

3.4.1　磨损的类型

磨损的分类方法很多。由于构件磨损是一个复杂过程，每一起磨损都可能存在性质不同、互不相关的机理，涉及到的接触表面、环境介质、相对运动特性、载荷特性等也有所不同，这就造成分类上的交叉现象，至今没有形成统一的分类方法。目前较通用的是按磨损机理来划分，即将磨损分为磨料磨损、粘着磨损、冲蚀磨损、微动磨损、腐蚀磨损和疲劳磨损。

本书将按磨损机理对各类磨损进行分析，这样做的目的是为了便于讨论问题。应当注意的是，实际构件磨损失效，可能有几种磨损机理同时起作用，也有可能是一种磨损发生以后诱发其他形式的磨损。

3.4.2　磨料磨损

（1）磨料磨损的定义和分类

磨料磨损是指硬的磨（颗）粒或硬的凸出物在与摩擦表面相互接触运动过程中，使材料表面损耗的一种现象或过程。硬颗粒或凸出物一般为非金属材料，如石英砂、矿石等，也可能是金属，像落入齿轮间的金属屑等。磨粒或凸出物可以从微米级尺寸的粒子变化到矿石乃至更大的物体。

磨料磨损有几种分类方法。

a. 按力的作用特点分　可以分为划伤式磨损、碾碎式磨损和凿削式磨损。

① 划伤式磨损属低应力磨损。低应力的含义是指磨料与构件表面之间的作用力小于磨

图 3-78　划伤式磨损
示意（固体滑动）

料本身压溃强度。划伤式磨损只在材料表面产生微小的划痕（擦伤），既不使磨料破碎又能使材料不断流失，宏观看构件表面仍比较光亮，高倍放大镜下观察可见微细的磨沟或微坑一类损伤。典型构件如农机具的磨损，洗煤设备的磨损，运输过程的溜槽、料仓、漏斗、料车的磨损等。图 3-78 所示是划伤式磨损的一例。

② 碾碎式磨损属高应力磨损。当磨料与构件表面之间接触压应力大于磨料的压溃强度时，磨粒被压碎，一般金属材料表面被拉伤，韧性材料产生塑性变形或疲劳，脆性材料则发生碎裂或剥落。该类磨损的磨粒在压碎之前，几乎没有滚动和切削的可能，它对被磨表面的主要作用是由接触处的集中压应力造成的。对塑性材料而言就像打硬度一样，磨料使材料表面发生塑性变形，许许多多"压头"对材料表面作用，使之发生不定向流动，最后由于疲劳而破坏。对于脆硬材料，几乎不发生塑性流动，磨损主要是脆性破裂的结果。典型构件是球磨机的磨球与衬板及滚式破碎机中的辊轮等。碾碎式磨损如图 3-79 所示。

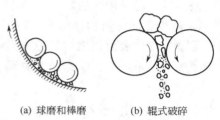

(a) 球磨和棒磨　　　　(b) 辊式破碎

图 3-79　碾碎式磨损示意

③ 凿削式磨损的产生主要是由于磨料中包含大块磨粒，而且具有尖锐棱角，对构件表面进行冲击式的高应力作用，使构件表面撕裂出很大的颗粒或碎块，表面形成较深的犁沟或深坑。这种磨损常在运输或破碎大块磨料时发生。典型实例如颚式破碎机的齿板、辗辊等。凿削式磨损如图 3-80 所示。

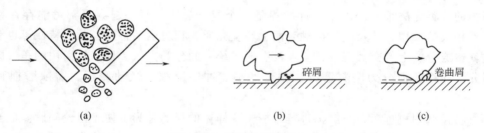

(a)　　　　　　　　　　(b)　　　　　　　　　(c)

图 3-80　凿削式磨损示意

b. 按金属与磨料的相对硬度分类　可以分为硬磨料磨损和软磨料磨损。如果金属的硬度 H_m 与磨料的硬度 H_a 之比小于 0.8，属硬磨料磨损；如果比值大于 0.8，则属软磨料磨损。

c. 按磨损表面数量分类　当外界硬粒移动于两摩擦表面之间，称为三体磨损，如矿石在破碎机定、动齿板之间的磨损；硬粒料沿固体表面相对运动，作用于被磨构件表面称为二体磨损。

d. 按相对运动分类　分为固定磨料磨损和自由磨料磨损。前者如砂纸、砂布、砂轮、锉刀及含有硬质点的轴承合金与材料对磨时发生的磨损，后者像砂子、灰尘等散装硬质材料与金属对磨时的磨损。

（2）磨料磨损的简化模型和机理

a. 磨料磨损的简化模型　磨料磨损一般采用拉宾诺维奇（Rabinowicz）提出的简化模

型，如图 3-81 所示。根据此模型导出磨损量的定量计算公式。模型计算时假设的条件是磨料磨损中的磨粒是形状相同的圆锥体；被磨构件为不产生任何变形的刚体；磨损过程为滑动过程。磨粒在载荷的作用下，压入被磨损表面（见图 3-81），则压入试样表面的投影面积 A 为

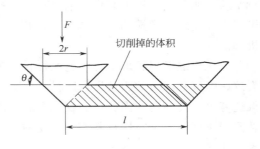

图 3-81　磨料磨损的简化模型

$$A = \pi r^2 \qquad (3-1)$$

磨粒是承受载荷后克服试样的受压屈服强度 σ_s 才压入试样的，所以每个磨粒承受的载荷 F 为

$$F = \sigma_s A = \pi \sigma_s r^2 \qquad (3-2)$$

当磨粒在试样表面滑动了距离 l 后，磨粒从试样表面犁削的体积，即磨损体积 V 为

$$V = \frac{1}{2} 2rr\tan\theta l = r^2 l \tan\theta \qquad (3-3)$$

将式（3-2）代入式（3-3），可得

$$V = \frac{Fl\tan\theta}{\pi \sigma_s} \qquad (3-4)$$

由于受压屈服极限 σ_s 与金属材料的硬度 H 成比例，可以用一个系数表示这个比例，这个系数同时也包括了常数 π 和磨粒几何因数 $\tan\theta$，这样式（3-4）又可表示为

$$V = K \frac{Fl}{H} \qquad (3-5)$$

式中，K 为磨料磨损系数。可见磨粒磨损量与法向力和摩擦距离成正比，与材料硬度成反比，磨损量还与磨粒的形状有关。

b. 磨料磨损的机理　磨料磨损的机理迄今未完全清楚，还有一些争论。主要理论如下。

微观切削磨损机理　磨粒在材料表面的作用力可以分解为法向分力和切向分力。法向分力使磨粒刺入材料表面，切向分力使磨粒沿平行于表面的方向滑动。如果磨粒棱角锐利，又具有合适的角度，那么就可以对表面切削。形成切削屑，表面则留下犁沟。这种切削的宽度和深度都很小，切屑也很小，但在显微镜下观察，切屑仍具有机床切屑的特点，所以称为微观切削。并非所有的磨粒都可以产生切削。实际中有的磨粒无锐利的棱角；有的磨粒棱角的棱边不是对着构件表面运动方向；有的磨粒和被磨表面之间的夹角太小；有的表面材料塑性很高。所以微观切削类型的磨损虽然经常可见，但由于上述原因，在一个磨损面上，切削的分量不多。

多次塑变磨损机理　如果磨粒的棱角不适合切削，只能在被磨金属表面滑行，将金属推向磨粒运动的前方或两侧，产生堆积，这些堆积物没有脱离母体，但使表面产生很大塑性变形。这种不产生切削的犁沟称犁皱。在受随后的磨粒作用时，有可能把堆积物重新压平，也有可能使已变形的沟底材料遭受再次犁皱变形，如此反复塑变，导致材料上产生加工硬化或其他强化作用，终于剥落而成为磨屑。当不同硬度的钢遭受磨料磨损后，表面可以观察到反复塑变和辗压后的层状折痕以及一些台阶、压坑及二次裂纹；亚表层有硬化现象；多次塑变后被磨损的磨屑呈块状或片状。这些现象与多次塑变磨损机理的分析相吻合。

疲劳磨损机理　该观点认为，疲劳磨损机理在一般磨料磨损中起主导作用。磨损之所以发生，是因为材料表层微观组织受磨料施加的反复应力作用所致。但对此也有相反的观点。

有实验表明，疲劳极限与耐磨性之间的关系非常复杂，数学上不是单值函数关系，证明疲劳极限不是耐磨料磨损的基本判据。所以疲劳在磨料磨损中可能起一定作用，但不是惟一的机理。

微观断裂磨损机理　对于脆性材料，在压痕试验中可以观察到材料表面压痕伴有明显的裂纹，裂纹从压痕的四角出发向材料内部伸展，裂纹平面垂直于表面，呈辐射状态，压痕附近还有另一类横向的无出口裂纹，断裂韧性低的材料裂纹较长。根据这一实验现象，微观断裂磨损机理认为，脆性材料在磨料磨损时会使横向裂纹互相交叉或扩散到表面，造成材料剥落。

由以上分析可知，各种机理都可以解释部分磨损特征或者有某些实验支持，但均不能解释所有磨料磨损现象，所以磨料磨损过程可能是这几种机理综合作用的反映，而以某一损害作用为主。

（3）影响磨料磨损的因素

a. 磨料磨损与硬度　从磨料磨损模型方程式（3-5）分析，若磨损系数为常数，则磨损率与加载成正比，与材料硬度成反比，但在一些试验中发现磨损系数并不是常数，而是与磨粒硬度 H_a 和被磨材料的硬度 H_m 的相对大小有关，一般分为三个区。

低磨损区　在 $H_m > 1.25 H_a$ 的范围内，磨损系数 $K \propto H_m^{-6}$。

过渡磨损区　在 $0.8 H_a < H_m < 1.25 H_a$ 的范围内，磨损系数 $K \propto H_m^{-2.5}$。

高磨损区　在 $H_m < 0.8 H_a$ 的范围内，磨损系数 K 基本保持恒定。

由此可见，磨料磨损不仅决定于材料的硬度 H_m，更主要是决定于材料的硬度 H_m 与磨粒硬度 H_a 的比值。当 H_m / H_a 超过一定值后，磨损量会迅速降低。

b. 磨粒尺寸与几何形状　磨粒尺寸存在一个临界值，当磨粒的大小在临界值以下，体积磨损量随磨粒尺寸的增大而按比例增加；当磨粒的大小超过临界尺寸，磨损体积增加的幅度明显降低。

磨粒的几何形状对磨损率也有较大的影响，特别是磨粒为尖锐角时更为明显。

3.4.3　粘着磨损

（1）粘着磨损的定义和分类

粘着磨损也称咬合（胶合）磨损或摩擦磨损。相对运动物体的真实接触面积上发生固相粘着，使材料从一个表面转移到另一表面的现象，称为粘着磨损。

相对运动的接触表面发生粘着以后，如果在运动产生的切应力作用下，于表面接触处发生断裂，则只有极微小的磨损。如果粘合强度很高，切应力不能克服粘合力，则视粘合强度、金属本体强度与切应力三者之间的不同关系，出现不同的破坏现象，据此可以把粘着磨损分为表 3-10 所列的四种类型。

（2）常见的粘着磨损及其特征

粘着磨损普遍存在于生产实际中。机床的导轨常常发生表面刮伤；蜗轮与蜗杆，特别是重型机床和齿轮加工机床的分度蜗轮（磷青铜或铸铁材质）4～5 年间就有几百微米的磨损；主轴和轴瓦 2～3 年也发生明显磨损；汽车零件的缸体和缸套-活塞环、曲轴轴颈-轴瓦、凸轮-挺杆等摩擦副都承受粘着磨损；刀具、模具、钢轨、量具的失效都与粘着磨损有密切关系。宇航环境中由于没有氧气，金属表面不易产生氧化膜，相对运动的裸露金属间很容易产生粘着，防止高真空环境中的粘着磨损是一个很重要的技术问题。

表 3-10　粘着磨损的分类

类型	破　坏　现　象	损　坏　原　因
涂抹	剪切破坏发生在离粘着结合面不远的较软金属层内,软金属涂抹在硬金属表面上	较软金属的剪切强度小于粘着结合强度,也小于外加的切应力
擦伤	软金属表面有细而浅的划痕;剪切发生在较软金属的亚表层内;有时硬金属表面也有划伤	两基体金属的剪切强度都低于粘着结合强度,也低于切应力,转移到硬面上的粘着物质又擦伤软金属表面
撕脱	剪切破坏发生在摩擦副一方或两金属较深处,有较深划痕	与擦伤损坏原因基本相同,粘着结合强度比两基体金属的剪切强度高得多
咬死	摩擦副之间咬死,不能相对运动	粘着结合强度比两基体金属的剪切强度高得多,而且粘着区域大,切应力低于粘着结合强度

在实际工况中,许多摩擦副同时承受着多种磨损作用,如氧化磨损与粘着磨损,磨料磨损与粘着磨损,接触疲劳与粘着磨损,或氧化磨损、粘着磨损与磨料磨损等同时发生是经常的、大量的。表 3-11 列举了与粘着磨损有关的构件的磨损特点,这些构件上常常发生多种磨损作用。

表 3-11　与粘着磨损有关的构件的磨损特点

摩　擦　副	可能出现的磨损机理			
	粘着	氧化	磨料	接触疲劳
切削工具	++	+	++	+
成形加工工具	++	+	+	+
凸轮杆	++	+	+	++
齿轮传动	++	+	+	++
部分滑动轴承	++	+	++	+
滚动轴承	+	+	+	++
摩擦制动机构	+	+	+	+
电触头	+	+		+

注:++表示该种磨损起主要作用;+表示该种磨损起次要作用。

粘着磨损的特征是磨损表面有细的划痕,沿滑动方向可能形成交替的裂口、凹穴。最突出的特征是摩擦副之间有金属转移,表层金相组织和化学成分均有明显变化。磨损产物多为片状或小颗粒。

(3) 粘着磨损的机理和模型

已有实验证明,当两块新鲜纯净的金属接触后再分离,可以检测出金属从一个表面转移到另一表面,这是原子间的键合作用的结果。在空气中,机械零件之间相对运动,在接触载荷较小时,零件表面的一层氧化膜起到防止纯金属新鲜表面的粘着现象。两个名义平滑的表面相接触,实际上只在高的微凸体上发生接触,实际的接触面积远远小于名义接触面积。如果接触载荷较大,实际接触的微凸体间的应力集中,摩擦过程温度很高,可以使润滑油烧干,摩擦也可以使氧化膜破裂,显露出新鲜的金属表面。尽管在 10^{-8} s 的时间间隔,98%以上的新鲜表面就可以吸附氧而生成氧化膜,但是在运动副中,微凸体表面氧化膜的破裂和金属的塑性流动几乎同时发生,纯金属间接触的机会总是存在的,纯金属间的粘着就不可避免。接触微凸体形成粘结后,在随后的滑动中粘结点破坏,又有一些接触微凸体发生粘着,如此粘着、破坏、再粘着、再破坏……的循环过程就构成粘着磨损。

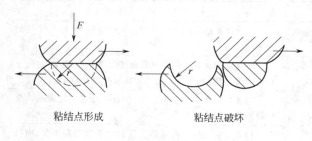

粘结点形成　　　　粘结点破坏

图 3-82　粘着磨损模型

粘着磨损的模型常采用阿查德（Archard）提出的模型。该模型假设摩擦副之间每个微凸体接触点是以 r 为半径的圆，每个接触点的面积为 πr^2，每个接触点所承受的载荷为 $\pi r^2 \sigma_s$，σ_s 为屈服强度。当摩擦副发生滑动距离为 $2r$ 的相对运动时，所有接触的微凸体将受到触及，产生半径为 r 的半球体磨屑，其体积为 $\frac{2}{3}\pi r^2$（参见图 3-82）。于是，单位滑动距离的磨损量为 $\frac{\Delta V}{\Delta l}$ 为

$$\frac{\Delta V}{\Delta l} = \frac{\sum\limits_{i=1}^{n} \frac{2}{3}\pi r^3}{2r} = \frac{\frac{2}{3}n\pi r^3}{2r} = \frac{1}{3}n\pi r^2 \tag{3-6}$$

式中，n 为接触点数。每个接触点所受的载荷为 $f = \sigma_s \pi r^2$，总的载荷应为

$$F = nf = n\sigma_s \pi r^2 \tag{3-7}$$

即

$$\frac{\Delta V}{\Delta l} = \frac{F}{3\sigma_s} \tag{3-8}$$

滑动距离为 l 时的磨损量为

$$V = \frac{Fl}{3\sigma_s} \tag{3-9}$$

考虑到屈服极限与材料的硬度 H 成正比，另外不可能所有的接触点都成为断开的磨屑，只能是某一概率，则式（3-9）可表示为

$$V = K\frac{Fl}{H} \tag{3-10}$$

式中，K 为粘着磨损系数。

式（3-10）和式（3-5）有相似的形式。两式的 K 同是磨损系数，所不同的是在磨料磨损中 K 表示磨粒的几何因数和比例常数的乘积；而在粘着磨损中 K 表示接触微凸体产生磨屑的几率。

式（3-10）表明粘着磨损时有如下规律。

① 滑动磨损量与所加法向载荷大小成正比。

② 滑动磨损量与较软材料的强度或硬度成反比。

③ 滑动磨损量与运动的路程成正比。

后来的实验表明，结论的第①点只适用于有限的载荷范围。有试验表明，当接触压应力不超过钢的硬度的 1/3 时，磨损量与载荷成直线关系，若超过这个范围，直线关系不成立。对于第②点规律，应予以正确理解，不能认为只有提高硬度才能改善粘着磨损，试验表明，渗硫、氧化以及涂软金属等降低表层硬度的处理常常对降低粘着磨损有利，因为这些处理避免了裸金属接触，减轻了粘着现象。

（4）影响粘着磨损的因素

a. 材料特性

① 金属点阵属密排六方结构的材料粘着倾向小，而属面心立方点阵的金属粘着倾向明

显大于其他点阵的金属。

② 从金属结构组织考虑，细晶粒抗粘着倾向优于粗晶粒；多相的金属比单相的金属粘着倾向小；混合物合金比固溶体合金粘着倾向小；抗粘着性能，片状珠光体组织优于粒状珠光体组织，同样硬度下，贝氏体优于马氏体。概括而言，金属组织的连续性和性能的均一性不利于抗粘着磨损。

③ 互溶性大的材料（包括相同金属或相同晶格类型的金属以及有相近的晶格间距、电子密度、电化学性能的金属）所组成的摩擦副粘着倾向大；互溶性小的材料（异种金属或晶格结构不相近的金属）组成的摩擦副粘着倾向小。

④ 硬度的影响比较复杂。理想的抗粘着磨损的材料，表层（Ⅰ）应软些，亚表层（Ⅱ）要硬，下面应有一层平缓过渡区（Ⅲ），如图 3-83 所示。即希望最表层润滑性好，亚表层有良好的支撑作用，高的屈服强度，平缓过渡区可防止层状剥落的发生。

b. 工作环境

压力 相对运动速度一定时，粘着磨损量随法向力增大而增加。当接触压应力超过材料硬度的 1/3 时，粘着磨损量急增，严重时会发生咬死。所以表面接触应力不宜大于材料硬度的 1/3。

滑动摩擦速度 滑动速度增加会引起温度升高，实际接触的微凸点由于摩擦会达到很高的温度。这对磨损有两方面的影响。一方面，温度升高会促进氧化膜的形成，从而使粘着倾向减少；另一方面，温度升高，金属的硬度下降，也可能加速摩擦副之间的原子扩散，这又导致粘着磨损倾向增

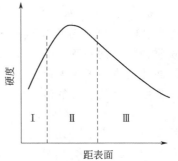

图 3-83 理想的抗粘着磨损的材料表面

加。两者综合作用的结果是，当滑动速度较低时，真实接触点的温度不高，相对运动速度增加导致的轻微温升，有助于氧化而不会削弱表面强度，在一定速度 v_k 前，温度上升有利于抗粘着磨损；而超过 v_k 后，不利于抗粘着磨损的影响占主导，使粘着磨损增加。另外随滑动速度的增加，磨损机制可能发生变化，如由粘着磨损转变为氧化磨损。

3.4.4 冲蚀磨损

（1）冲蚀磨损的定义和分类

冲蚀磨损亦称浸蚀磨损，它是指流体或固体以松散的小颗粒按一定的速度和角度对材料表面进行冲击所造成的磨损。冲蚀磨损的松散颗粒一般小于 1000 μm，冲击速度在 550 m/s 内，超过这个范围出现的破坏通常称外来物损伤，不属冲蚀磨损讨论内容。造成冲蚀的粒子通常都比被冲蚀的材料的硬度大，但流动速度高时，软粒子甚至水滴也会造成冲蚀。冲蚀磨损与腐蚀磨损的区别是前者对材料表面的破坏主要是机械力作用引起的，腐蚀只是第二位的因素；而后者则是在腐蚀介质中摩擦副的磨损，是腐蚀和磨损综合作用的结果。

冲蚀是由多相流动介质冲击材料表面而造成的一类磨损。介质可分为气流和液流两大类。气流或液流携带固体粒子冲击材料表面造成的破坏分别称喷砂式冲蚀和泥浆冲蚀。流动介质中携带的第二相也可以是液滴或气泡，它们有的直接冲击材料表面，有的（如气泡）则在表面上溃灭，从而对材料表面施加机械力。按流动介质及第二相排列组合，可把冲蚀分为四种类型（见表 3-12）。

表 3-12　冲蚀现象的分类及实例

冲蚀类型	介质	第二相	损坏实例
喷砂式冲蚀	气体	固体粒子	烟气轮机、锅炉管道
雨蚀、水滴冲蚀		液滴	高速飞行器、汽轮机叶片
泥浆冲蚀	液体	固体粒子	水轮机叶片、泥浆泵轮
气蚀(空泡腐蚀)		气泡	水轮机叶片、高压阀门密封面

（2）工程中常见的冲蚀现象

工程中的冲蚀破坏现象随处可见。按表 3-12 的分类，下面对各种类型的冲蚀列举若干工程实例。

a. 喷砂式冲蚀　据介绍，空气中的尘埃和砂粒如果入侵到直升机发动机内，可降低其寿命 90%；气流输送物料管路中弯头的冲蚀可能大于直管段的五十倍，即使输送木屑一类软质物料，钢制弯头的寿命也只有 3～4 个月；火力发电厂粉煤锅炉燃烧尾气对换热器管路的冲蚀造成的破坏大致占管路破坏的 1/3，其最低寿命只有 16000 h；石油化工厂烟气发电设备中，烟气携带的破碎催化剂粉粒对回收过热气流能量的涡轮叶片也会造成冲蚀。

b. 雨滴、水滴冲蚀　高速飞行器穿过雨区时，会受到水滴的冲击，如在暴风雨中飞行的飞机迎风面上首先出现漆层剥落，同时材料表面出现破坏痕迹；蒸汽轮机叶片在高温过热蒸汽中运行时，会出现水滴冲蚀，它主要发生在末级叶片上，这时蒸汽中可能含 10%～15% 的水滴；高速转动叶片背面受到水滴的冲击，其速度差不多和叶片运行的线速度相当，经过一段时间后，叶片上会出现小的冲蚀坑；近几十年来受到注意的水滴冲蚀问题是导弹飞行穿过大气层及雨区发生的雨蚀现象，在导弹的鼻锥、防热罩、再入飞行器的迎风面上，只要受到高速的单颗液滴冲击便会立刻出现蚀坑，多个蚀坑交织造成材料流失。

c. 泥浆冲蚀　水轮机叶片在多泥沙河流中受到冲蚀；建筑行业、石油钻探、煤矿开采、冶金矿山选矿场中及火力发电站中使用的泥浆泵、杂质泵的过流部件也受到严重的冲蚀。

d. 气蚀　船用螺旋桨常有气蚀发生，一艘新船的推进螺旋桨有时使用两个月后便出现深达 50～70 mm 的气蚀坑；水泵叶轮、输送液体的管线阀门，甚至柴油机汽缸套外壁与冷却水接触部位过窄的流道处经常可见到气蚀破坏；在原子核电站中，也发现液体金属工作介质对反应堆及控制器换热器部件的气蚀性冲蚀。

（3）冲蚀磨损的模型和机理

a. 喷砂式冲蚀模型　到目前为止尚未建立起完整的材料冲蚀理论。但是已发现塑性材料与脆性材料冲蚀破坏的形式很不相同。当粒子以一定的角度冲蚀材料时，粒子运动轨迹与被冲蚀材料表面（也称作靶面）的夹角称攻角或冲击角。依粒子性质和攻角不同，靶面上出现不同的破坏。

对于塑性材料，Budinski 将单点冲蚀的形貌分成四类，图 3-84 是四种形貌示意。这四种类型是：点坑，类似于硬度压头的对称性菱锥体粒子正面冲击所造成的蚀坑；犁削，类似于犁铧对土地造成的沟，凹坑的长度大于宽度，材料被挤到沟侧面；铲削，在凹坑出口堆积材料而铲痕两侧几乎不出现变形；切片，凹坑浅，由粒子斜掠而造成的痕迹。此外还包括磨粒嵌入凹坑的情况。从磨屑考虑有三种类型：切削屑，棱边锋利的粒子在合适的角度和方向时，对靶面切削，这和磨料磨损的切削作用相似；薄片屑，单次冲击时，靶面受冲点处的材料仅被推到受冲点附近，并未发生材料流失，随后连续不断的冲出，揉搓表面层，形成强烈变形的表面层结构，最后表面加工硬化，造成脆性断裂，形成薄片屑；簇团状屑，冲蚀造成极不平整的表面形貌，表面凸起部分受粒子冲击时，受冲击局部产生高温，凸起部分软化，断裂脱离靶面，形成簇团状屑。

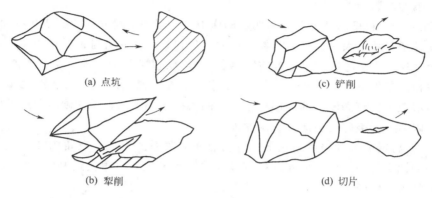

(a) 点坑   (c) 铲削

(b) 犁削   (d) 切片

图 3-84 冲蚀破坏的四种基本类型

脆性材料与塑性材料规律不同。理论上脆性材料不产生塑性变形。当单颗粒冲击脆性靶材时，依冲击粒子形状不同，可以产生两类不同的裂纹，这些裂纹一般萌生于受粒子冲击的部位附近存在缺陷的地方。钝头粒子冲击时，裂纹呈环形，出现在接触圆周稍外侧，反复冲击，这些环形裂纹会与横向裂纹交互，从而产生材料流失；尖角粒子冲击靶面时，会出现垂直于靶面的初生径向裂纹和平行于靶面的横向裂纹，前一种裂纹使靶材强度退化，而后一种裂纹是冲蚀中材料流失的根源。

尚有多种喷砂式冲蚀理论。这些理论都有实验为依据，也能在一定范围内解释试验现象，但各种模型都存在一定的局限性。

b. 泥浆冲蚀机理 泥浆冲蚀比喷砂式冲蚀复杂得多。泥浆冲蚀过程往往伴生材料腐蚀。虽然在两类冲蚀中都存在由固体粒子冲击材料表面造成磨损的单元过程，但材料流失可能以不同的方式进行，这点可以从入射粒子速度对材料冲蚀率及攻角影响上得到证实，喷砂式冲蚀发生材料流失的速度门槛值大约为 10 m/s，而泥浆冲蚀中 10 m/s 流速已能造成明显的冲蚀。对某一铝材分别进行气流喷砂冲蚀和煤油浆冲蚀，用不同的攻角，前者最大冲蚀率的攻角接近 20°，而后者最大冲蚀率的攻角在 90°，而且两者冲蚀率绝对值差三个数量级，显示了两种冲蚀机理存在明显差别。泥浆冲蚀中，除攻角和速度外，固体粒子性质如硬度、形状、粒度、密度、固体粒子用量（固液比）、流体的密度、粘度等对材料冲蚀均有影响，要用一个物理模型或从设想的单元过程做出数量表达来描述泥浆冲蚀还比较困难。

c. 气蚀机理 气蚀是由于材料表面附近的液体有气泡产生及破灭造成的。当构件与高速流体相对运动时，如果流速高，在工作面附近的某局部的区域压力就可能下降到等于或小于流体在该温度下的饱和蒸汽压，这样该局部区域因发生"沸腾"现象而产生气泡。气泡在低压区形成并随流体运动，当气泡周围压力大于气泡内蒸汽压时，气泡内蒸汽就会迅速水凝，降低泡的压力，但流动液体的各向压力不均使气泡变形，最后溃灭。在溃灭瞬间，冷凝液滴及泡周围介质以非常高的速度冲向材料表面，使之形成非常高速的水锤冲击，这种多次水锤冲击作用而造成材料的破坏就是气蚀。流体中腐蚀物质引起的电化学反应会和冲击联合作用，加剧了气蚀造成的破坏。这时的历程大致是：金属表面膜上生成气泡；气泡破灭，其冲击波使金属发生塑性变形，导致膜破裂；裸露金属表面腐蚀，随着再发生钝化成膜；在同一地点生成新气泡；气泡再破灭，膜再次破裂；裸露的金属表面进一步腐蚀，表面再次钝化……这些步骤反复连续进行，金属表面便形成空穴。试验表明，金属表面一旦形成凹点，该点便成为新气泡形成的核心。在整个过程中，水锤冲击所造成的破坏是主要的。

（4）影响冲蚀磨损的因素

a. 冲蚀粒子　粒度对冲蚀磨损有明显的影响，一般粒子尺寸在 $20 \sim 200 \mu m$ 范围内，材料磨损率随粒子尺寸增大而上升。当粒子尺寸增加到某一临界值时，材料的磨损率几乎不变或变化缓慢，这一现象称为"尺寸效应"。粒子的形状也有很大影响，尖角形粒子与圆形粒子比较，在相同条件下，都是 $45°$ 冲击角时，多角形粒子比圆形粒子的磨损大 4 倍，甚至低硬度的多角形粒子比较高硬度的圆形粒子产生的磨损还要大。粒子的硬度和可破碎性对冲蚀率有影响，因为粒子破碎后会产生二次冲蚀。

b. 攻角　材料的冲蚀失重和粒子的攻角有密切关系。当粒子攻角为 $20° \sim 30°$ 时，典型的塑性材料冲蚀率达最大值，而脆性材料最大冲蚀率出现在攻角接近 $90°$ 处。攻角与冲蚀率关系几乎不随入射粒子种类、形状及速度而改变。

c. 速度　粒子的速度存在一个门槛值，低于门槛值，粒子与靶面之间只出现弹性碰撞而观察不到破坏，即不发生冲蚀。速度门槛值与粒子尺寸和材料有关。

d. 冲蚀时间　冲蚀磨损存在一个较长的潜伏期或孕育期，磨粒冲击靶面后先是使表面粗糙，产生加工硬化，此时未发生材料流失，经过一段时间的损伤积累后才逐步产生冲蚀磨损。

e. 环境温度　温度对冲蚀磨损的影响比较复杂，有些材料在冲蚀磨损中随温度升高磨损率上升；但也些材料随温度升高磨损有所减少，这可能是高温时形成的氧化膜提高了材料的抗冲蚀磨损能力，也有可能是温度升高，材料塑性增加，抗冲蚀性能提高。

f. 靶材　靶材对冲蚀磨损的影响更为复杂，它除本身的性质以外，还与磨粒的几何形状、尺寸、硬度、攻角、速度和温度等条件密切相关。就靶材本身性能而言，主要是硬度。第一是金属本身的基本硬度，第二是加工硬化的硬度，而且加工硬度与冲蚀磨损的关系更为突出。此外材料的组织对冲蚀磨损的影响也不可忽视。

3.4.5　微动磨损

（1）微动磨损的定义和分类

两个配合表面之间由一微小振幅的相对振动所引起的表面损伤，包括材料损失、表面形貌变化、表面或亚表层塑性变形或出现裂纹等，称为微动磨损。

微动磨损可以分为两类。第一类是该构件原设计的两物体接触面是静止的，只是由于受到振动或交变应力作用，使两个匹配面之间产生微小的相对滑动，由此造成磨损。第二类是各种运动副在停止运转时，由于环境振动而产生微振造成磨损。这两类磨损损坏方式的差别如下。第一类中垂直负荷往往很大，因而滑动振幅较小，微动以受循环应力引起居多，损坏的主要危险是接触处产生微裂纹，降低构件的疲劳强度，其次才是因材料损失造成配合面松动，而松动又可能加速磨损和疲劳裂纹的扩展。第二类中主要危害是因磨损造成表面粗糙和磨屑聚集使运动阻力增加或振动加大，严重时可咬死。

（2）工程中常见的微动磨损

a. 轴承　滚动轴承有三个部位可能发生微动损伤，轴承和轴承座、轴的紧配合面及滚珠或滚柱和座圈之间。前两者属第一类微动，后者属第二类微动。汽车从生产厂运至用户处，其主轴轴承由于振动，滚珠和座圈发生微动，在座圈上形成压痕，其损坏程度比汽车自身行驶同样的距离要严重得多。安装在战车上的大炮轴承在战车行驶过程中也遇到这个问题。

b. 压配合　机车主轴一般用压配合装入轮毂中，运行过程中，由于负荷作用，轴发生弯曲，和轮毂配合段的两端出现微动（见图 3-85），在接触边缘处会萌生疲劳裂纹。

c. 榫槽配合　航空发动机的涡轮叶片榫头和轮盘配合，叶片相当于一端固定的悬臂梁，由于受强烈气流冲击而处在弯扭复合振动状态，从而使榫槽受到微动磨损，导致配合松动并萌生疲劳裂纹。

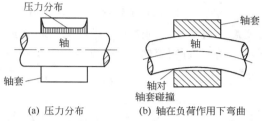

图 3-85　压配合的压力分布和负荷的影响

d. 铆接　飞机上广泛使用铆接。由于机身振动或气流作用，各铆接点均可发生微动损伤。据估计，各种飞机上疲劳裂纹有 90% 起源于微动部位，而其中又以铆接和螺栓联接占多数。

e. 钢丝缆（绳）　由于其本身的柔性必然导致丝对丝或股对股之间的滑动，缆的往复运动造成一复杂的疲劳应力。钢丝缆的微动疲劳特征是第一次断裂常常发生在缆中心附近隐蔽的那些丝上。拆开断裂的钢缆，常可看到各股疲劳断裂和已经磨扁的平面。

f. 核工业中的热交换器和压力管燃料元件　反应堆中的燃料，用耐辐射和耐磨性好的锆合金和镁合金包覆，在冷却液流作用下，各包覆件之间发生微动磨损，最终将包覆层磨穿。

（3）微动磨损过程及模型和机理

微动磨损是一个复杂的过程，包含粘着、氧化、磨粒和疲劳等的综合作用，曾经提出过各种模型，下面所介绍的是其中的一些研究工作。

a. 微动磨损过程　相互接触的两个物体表面，由于接触压力的作用使微凸体产生塑性变形和粘着，在小振幅振动作用下，粘着点可能被剪切并脱落，剪切表面被氧化。由于表面紧密配合，脱落的磨屑不易排出，在两表面间起着磨粒作用，加速微动磨损过程。

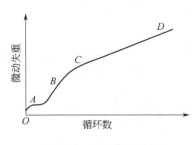

图 3-86　微动磨损失重与循环数的曲线

微动循环次数与磨损失重有一定的关系，如图 3-86 所示。根据曲线的形状，可把微动磨损过程分为四个阶段。

OA 阶段　称粘着磨损阶段。它表示由于微凸体的粘着作用，金属从一表面迁移到另一表面。

AB 阶段　称磨粒磨损阶段。被加工硬化的磨损碎屑磨蚀金属表面，是具较高磨损速率的阶段。

BC 阶段　称加工硬化阶段。被磨表面被加工硬化，磨粒磨损速率下降。

CD 阶段　称稳态磨损阶段。这一阶段产生磨屑的速率基本不变。

b. 微动磨损模型和机理　微动磨损表面常见到大深坑，对此，Feng 按以下模型进行解释。

① 由载荷引起微凸体的粘着作用，在接触表面滑动时，产生少量磨损碎屑，并落入接触的凸峰之间。如图3-87（a）所示。

② 随着磨屑增加，该空间逐步被充满，微动作用因此由普通磨损变成磨料磨损，在磨料的作用下，一个小区域的许多峰合成一个小平台。如图3-87（b）所示。

③ 磨屑随着磨料磨损过程而增加，最后磨屑开始流进邻近的低洼区，并在边缘溢出。如图3-87（c）所示。

④ 磨损过程中，接触区压力再分布，由于中心区粒子密实而不易溢出，中心垂直区压力变高，边缘压力则降低，中心的磨料磨损比边沿较强烈，坑也迅速加深，而且溢出的磨屑逐步充满邻近的低洼区并形成新坑，最终许多相邻的小坑合并成较大的坑。如图3-87（d）所示。

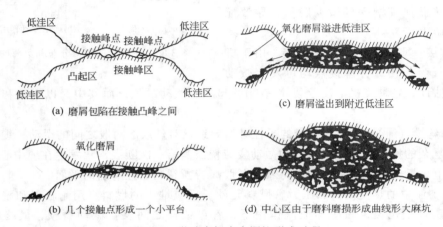

图 3-87　微动磨损中大深坑形成过程

Feng的模型表明，微动磨损进入稳态阶段后磨损的性质变成磨料磨损。这一模型曾得到很多学者承认。但在1973年Suh提出脱层理论后，对稳态阶段材料流失的解释有某些修正。脱层理论的要点如下。

① 两个滑动面之间的表面切应力促使材料表面发生塑性变形，较软表面的凸峰点变形较大，在周期性反复应力作用下，塑性变形逐渐积累，变形区将沿着材料中存在的应力场扩展至表面下一定深度；

② 由于材料塑性变形而产生位错，在距表面一定距离将有位错积累，若这些位错与某些障碍（如夹杂、孪晶、相界）相遇，就聚集成空穴；

③ 在连续滑动的剪切作用下，上述空穴（也可能是原有的孔洞）就成为萌生裂纹的核心，裂纹一旦萌生并和邻近裂纹相连，便形成平行于表面的裂纹，随着过程进展，裂纹在表面下某一深度不断扩展；

④ 当裂纹达到某一临界长度时，将沿着某些薄弱点向表面剪切，使材料脱离母体，形成长方形的薄片。

脱层理论普遍被认为是磨损机理之一，但对该理论在微动磨损中的适用程度或所占比重有争议。也有研究者对脱层的过程提出与Suh不完全一致的解释。此外，另有一些研究者对微动磨损和氧化的关系进行研究。其中，Bill按氧化的情况将微动分四种类型。

① 完全无氧化膜的微动，这时破坏主要是粘着及塑性变形；

② 薄的氧化膜在前半次循环的间隔形成，而在后半次循环中被刮去，这时是氧化和机

械联合作用；

③ 氧化和疲劳相互作用。微动使表面疲劳，疲劳产生的微裂纹利于氧扩散进入，氧化加速裂纹的发展和脱层；

④ 氧化膜足以支持接触负荷而不破裂，由于氧化膜的存在，没有裸金属之间的接触，即没有粘着，以粘着为开始阶段的微动磨损受阻止。

综合这些研究工作，微动磨损可能是按以下机理进行。微动磨损初始阶段材料流失机制主要是粘着和转移，其次是凸峰点的犁削作用，对于较软材料可出现严重塑性变形，由挤压直接撕裂材料，这个阶段摩擦因数及磨损率均较高。当产生的磨屑足以覆盖表面后，粘着减弱，逐步进入稳态阶段。这时，摩擦因数及磨损率均明显降低，磨损量和循环数成线性关系。由于微动的反复切应力作用，造成亚表面裂纹萌生，形成脱层损伤，材料以薄片形式脱离母体。刚脱离母体的材料主要是金属形态。它们在二次微动中变得越来越细并吸收足够的机械能以致具有极大的化学活性，在接触空气瞬间即完成氧化过程，成为氧化物。氧化磨屑既可作为磨料加速表面损伤，又可分开两表面，减少金属间接触，起缓冲垫作用，大部分情况下，后者作用更显著，即磨屑的主要作用是减轻表面损伤。

(4) 微动磨损的特征与判断

a. 微动磨损的表面特征　钢的微动损伤表面粘附着一层红棕色粉末，当将其除去后，观察到许多小麻坑。其形状不同于点蚀，它有两种类型，一种为深度不到 5 μm 的不规则的长方形浅平坑，另一种为较深（可达 50 μm 左右）且形状较规则的圆坑。

微动初期常可看到因形成冷焊点和材料转移产生的不规则突起。表面形貌和微动条件有密切关系。振幅较大时，表面出现和微动方向一致的划痕，痕间常有正在经受二次微动的粒子。振幅很小（小于 2 μm）时，表面不出现任何划痕，反而显得更光滑，但仍可观察到碾压痕迹。低振幅高负荷下，平面对弧面微动时，往往呈现中心无相对位移处完全未触动，边缘则为环状磨痕。当较软材料微动时，由于反复挤压，一般出现严重塑性变形。

在高温条件下微动，某些材料的塑性变形会加重，有的在微动作用下形成釉质氧化膜，这时表面变得极光滑，若这种氧化膜在高负荷下脆裂，则出现砖砌路面的形貌。

微动磨损引起表面硬化，表面可产生硬结斑痕，其厚度可达 100 μm。有时也会出现硬度降低，这是由加工软化或高温引起再结晶等变化造成。

微动区域可发现大量表面裂纹，它们大都垂直于滑动方向，而且常起源于滑动和未滑动的交界处，裂纹有时由磨屑或塑性变形掩盖，须经抛光后方可发现。在垂直于表面的剖面上也可发现大量微裂纹。

b. 磨屑的特征

钢铁微动磨屑的特征　重要标志是红棕色磨屑，其结构是菱形六面体的非磁性 α-Fe_2O_3，此外也有 FeO 和金属铁，但 α-Fe_2O_3 占绝大多数。磨屑整体呈絮状，用溶剂甚至超声波处理均难以分散。在稳态阶段，因疲劳脱层也可产生较大尺寸的片状磨屑，边长约 20 μm，少数可达 50 μm 以上，棱角明显，局部有金属光泽。这种脱层磨屑和初期出现的片状磨屑形状有相似处，但形成过程完全不同。

其他金属微动磨屑的特征　大多数情况下，磨屑为该种金属的最终氧化态，如铁基金属是 Fe_2O_3。铜最初出现的磨屑是未被氧化的铜，随着微动过程的进展，黑色的 CuO 的数量逐步增加。铝和铝合金的磨屑是黑色的，含有少量的金属铝，和较多的氧化铝。镁的黑色磨屑主要是氧化镁（MgO），有少量的氢氧化镁和极少量的金属镁。钛合金的片状磨屑有高度的择优取向，其组成为立方 TiO 及大量金属钛。镍表面的磨屑几乎是黑色的，分析表明含少量的金属镍和较多的氧化镍。不活泼的金属如金和铂的磨屑由纯金属组成。磨屑的大小和成分与振幅有关，振幅较大时，磨屑直径较大，金属的比例也较高。材料的硬度影响磨损量，也影响磨屑的大小和成分，材料越硬，磨屑越细，氧化物的比例也越大。

c. 微动磨损的诊断　　大致可从三个方面分析。

① 是否存在可引起微动的振动源或交变应力。除机械作用外，电磁作用、噪声、冷热循环及流体运动也可导致微动。

② 是否存在破坏的表面形貌。主要检查表面粗糙度的变化、方向一致的划痕、塑性变形或硬结斑、硬度或结构变化、表面或亚表层的微裂纹等。

③ 磨屑是重要的依据。各种材料的磨屑的组成、颜色、形状，参考磨屑特征的介绍。

诊断时对上述三个方面的特征必须同时考虑，综合分析，单凭其中一条不足以判定其为微动磨损。

3.4.6　腐蚀磨损

(1) 腐蚀磨损的定义和分类

两物体表面产生摩擦时，工作环境中的介质如液体、气体或者润滑剂等，与材料表面起化学反应或电化学反应，形成腐蚀产物，这些产物往往粘附不牢，在摩擦过程中剥落下来，其后新的表面又继续与介质发生反应。这种腐蚀和磨损的反复过程称为腐蚀磨损。材料在某种介质环境中工作时，磨损可能是轻微的，但当温度变化或介质变化时，材料的流失可大为加剧。如 18-8 型不锈钢的泵叶轮，用作输送氧化性介质时，寿命一般是两年，若改为输送还原性介质，使用三周便报废。磨损腐蚀的典型构件如汽缸与活塞、船舶外壳、水力发电的水轮机叶片等。

腐蚀磨损可分为化学腐蚀磨损和电化学腐蚀磨损。化学腐蚀磨损又可分为氧化磨损和特殊介质腐蚀磨损。

腐蚀磨损是一种极为复杂的磨损形式，它是材料受腐蚀和磨损综合作用的磨损过程，对环境、温度、介质、滑动速度、载荷大小及润滑条件等极为敏感，稍有变化就可使腐蚀磨损发生很大变化。当腐蚀成为主要原因时，通常都有几种磨损机理存在，各种机理之间还存在着复杂的相互作用。如金属与金属之间的磨损，开始可能是粘着磨损和腐蚀磨损，但因磨损产物又都具有磨粒的特性，会出现磨料磨损或者还有其他磨损。因此在腐蚀磨损过程中，既要考虑腐蚀的作用，也不能忽视磨损的作用，甚至还要考虑到其他磨损存在的综合作用。可能相互作用的结果，使磨损量产生较大的变化。

(2) 腐蚀磨损模型与原理

a. 化学腐蚀磨损　　腐蚀磨损中最常见的是氧化磨损。氧化磨损的实质是金属表面与气体介质发生氧化反应，生成氧化膜。依氧化膜的性质，可分为两种氧化磨损模型。

脆性氧化膜的氧化磨损　　脆性氧化膜与金属基体差别大，在达到一定厚度时，很容易被摩擦表面上的微凸体的机械作用去除，暴露出新的基体表面，又开始新的氧化过程，膜的生长与去除反复进行，膜厚随时间变化的关系如图 3-88 所示。

韧性氧化膜的氧化磨损　　氧化膜是韧性，而且比金属基体还软时，若受摩擦表面微凸体机械作用，可能有部分被去除，在继续磨损过程中，氧化仍然在原有氧化膜的基础上发生，这种磨损较脆性氧化膜的磨损轻，膜厚随时间变化的关系如图 3-89 所示。

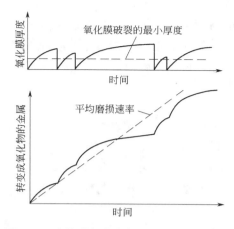

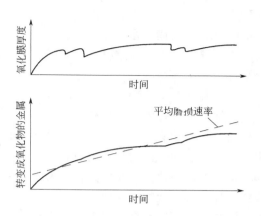

图 3-88　脆性膜氧化磨损时膜厚与时间关系　　　　图 3-89　韧性膜氧化磨损时膜厚与时间关系

　　b. 电化学腐蚀磨损　按腐蚀磨损产物被机械或腐蚀去除的特点也可分为两种磨损。一种是在均匀腐蚀条件的磨损过程中，局部腐蚀产物被磨料或硬质点的机械作用去除，使之裸露金属基底，但随后又在磨损处形成新的腐蚀产物，经过反复作用，此处腐蚀速度比腐蚀产物始终覆盖的其他部分快得多，严重得多。此类磨损称均匀腐蚀条件下的腐蚀磨损。多相材料，尤其是含有碳化物的耐磨材料，由于碳化物与基体之间存在较大的电位差，形成腐蚀电池，产生相间腐蚀，极大地削弱了碳化物与基体结合力，在磨料或硬质点的作用下，碳化物很容易从基体脱落或发生断裂。其模型如图 3-90 所示。

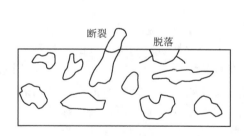

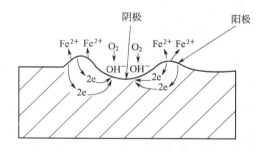

图 3-90　硬相断裂脱落　　　　　　　　　图 3-91　应变差异腐蚀电池模型

　　另一种情况是形成局部腐蚀电池。例如，由于磨料的磨损作用，金属材料表面产生不均匀的塑性变形，塑性变形强烈的部位成为阳极，首先受到腐蚀破坏，或者溶解，或者形成腐蚀产物，在磨料的继续作用下，腐蚀产物很容易被去除形成二次磨损。这一塑性变形就是应变差异腐蚀电池的作用。其模型如图 3-91 所示，它可使腐蚀速度提高两个数量级左右。

　　在具有电活性的磨料与金属材料接触时，会形成磨料与金属材料电偶腐蚀电池，如图 3-92 所示。例如，球磨机在湿磨条件下，每一个磨球表面与大量的矿石接触就会形成众多的电偶腐蚀电池。

　　在各类腐蚀磨损中，首先产生化学反应，然后由于机械磨损作用使化学生成物质脱离表面。在这里腐蚀的作用很明显。如拖拉机履带板一类零件，若在水砂中运动之后在空气

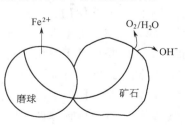

图 3-92　电偶腐蚀电池模型

中停留一段时间，然后又再次进入水砂中，这种干湿交替环境工作将使磨损加快，比完全在水砂中连续运行所造成的磨损更快。用高锰钢制成的拖拉机履带板，在北方旱田耕作，可使用 2000 h，但在南方水田中耕作，其寿命仅 500 h。在低应力细磨料对腐蚀产物的研磨中，新鲜表面裸露出来，通过腐蚀—研磨—再腐蚀……的循环过程，腐蚀加速了磨损，磨损又促进了进一步的腐蚀。

（3）腐蚀磨损的特征

腐蚀磨损过程中，氧化膜断裂和剥落，形成了新的磨料，使腐蚀磨损兼有腐蚀与磨损双重作用。但腐蚀磨损又不同于一般的磨料磨损。腐蚀磨损不产生显微切削和表面变形，它的主要特征是磨损表面有化学反应膜或小麻点，麻点比较光滑，磨屑多是显微细粉末状的氧化物，也有薄的碎片。钢摩擦副相互滑动的氧化磨损，沿滑动方向呈现出匀细的磨痕。磨屑是暗色的片状或丝状物，片状磨屑为红褐色的 Fe_2O_3，而丝状的是灰黑色的 Fe_3O_4。

（4）影响腐蚀磨损的因素

① 腐蚀介质

pH 值 一般来讲，在 pH＜7 时，随酸性增加腐蚀磨损量增加。在 7＜pH＜12 之间，在相对运动速度不太高的情况下，随碱性增加，腐蚀磨损量下降。

温度 在其他条件相同的情况下，腐蚀磨损的速度一般随温度升高而增加。

影响耐磨材料的主要因素是化学成分。对不同介质条件，在铁碳合金中，加入适量的铬、钒、硼等元素可提高材料耐磨性。不同的介质应加入不同的合金元素，才能获得良好效果。

3.4.7 疲劳磨损

（1）疲劳磨损的定义

当两个接触体相对滚动或滑动时，在接触区形成的循环应力超过材料的疲劳强度的情况下，在表面层将引发裂纹并逐步扩展，最后使裂纹以上的材料断裂剥落下来的磨损过程称疲劳磨损。由前面的叙述可知，磨料磨损是由于磨料颗粒与零件表面之间的相互作用而造成的金属流失；粘着磨损是摩擦表面间因直接接触而发生的金属流失。如果有润滑油将两表面隔开，同时又消除磨料颗粒的作用，则上述两类磨损可大为减少，但仍可能发生疲劳磨损。所以疲劳磨损可以作为一种独立的磨损机制，但疲劳磨损又具有相当的普遍性，在其他磨损形式中（如磨料磨损、微动磨损、冲击磨损等）也都不同程度地存在着疲劳过程。只不过是有些情况下它是主导机制，而在另一些情况下它是次要机制，当条件改变时，磨损机制也会发生变化。

（2）疲劳磨损与整体疲劳的区别

疲劳磨损与整体疲劳具有不同的特点。其一，裂纹源与裂纹扩展不同。整体疲劳的裂纹源都是从表面开始的，一般从表面沿与外加应力成 45°的方向扩展，超过两、三个晶粒以后，即转向与应力垂直的方向。而疲劳磨损裂纹除来源于表面外，也产生在亚表面内，裂纹扩展的方向是平行于表面，或与表面成一定角度，一般为 10°～30°，而且只限于在表面层内扩展。其二，疲劳寿命不同。整体疲劳一般有一个明显的疲劳极限，低于这个极限，疲劳寿命可以认为是无限的。而疲劳磨损尚未发现这样的疲劳极限，疲劳磨损的零件寿命波动很大。其三，疲劳磨损除循环应力作用外，还经受复杂的摩擦过程，可能引起表面层一系列物理化学变化以及各种力学性能与物理性能变化等，所以比整体疲劳处于更复杂更恶劣的工作条件中。

（3）疲劳磨损的特征

疲劳磨损最常发生在滚动接触的机器零件表面上，如滚动轴承、齿轮、车轮、轧辊等，其典型特征是零件表面出现深浅不同，大小不一的痘斑状凹坑，或较大面积的表面剥落，简称点蚀及剥落。点蚀裂纹一般都从表面开始，向内倾斜扩展（与表面成10°～30°角），最后二次裂纹折向表面，裂纹以上的材料折断脱落下来即成点蚀，因此单个的点蚀坑的表面形貌常表现为"扇形"。当点蚀充分发展后，这种形貌特征难于辨别。剥落的裂纹一般起源于亚表层内部较深的层次（如可达几百微米）。研究表明，滚动疲劳磨损经历两个阶段，即裂纹的萌生阶段和裂纹扩展至剥落阶段。纯滚动接触时，裂纹发生在亚表层最大切应力处，裂纹发展慢，经历时间比裂纹萌生长，裂纹断口颜色比较光亮。对剥落表面进行扫描电镜形貌观察，可以看到剥落坑两端的韧窝断口及坑底部的疲劳条纹特征。滚动加滑动的疲劳磨损，因存在切应力和压应力，易在表面上产生微裂纹，它的萌生阶段往往大于扩展阶段，断口较暗。对于经过表面强化处理的机器零件，裂纹起源于表面硬化层和芯部的交界处，裂纹的发展一般先平行于表面，待扩展一段后再垂直或倾斜向外发展。

（4）疲劳磨损的基本原理

疲劳磨损表面接触处应力的性质和数值变化趋势可通过理论判定。最大的正应力发生在表面，最大的切应力发生在离表面一定距离处，对于两球体的点接触，此值为 $0.47a$，对于两圆柱体的线接触，此值为 $0.78a$，a 为接触宽度的 $1/2$。滚动接触时在交变应力的影响下，裂纹就容易在这些部位形核，并扩展到表面而产生剥落。若除滚动接触外还有滑动接触，破坏位置就逐渐移向表面。这是因为纯滑动时，最大的切应力发生在表面（应力分布图参见图3-93）。上述分析是针对理想材料而言，实际中，由于构件表面粗糙度、材料不均、夹杂物、微裂纹及硬质点，疲劳破坏的位置会改变，所以有些裂纹从表面开始，而有些从次表面开始。

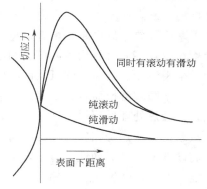

图3-93　切应力和表面
距离下的变化曲线

（5）影响疲劳磨损的因素

疲劳磨损的影响因素很多，主要来自四个方面。

a. 材质　材料纯度越高寿命越长，钢中的非金属夹杂物，特别是脆性的带有棱角的氧化物、硅酸盐以及其他各种复杂成分的点状、球状夹杂物破坏基体的连续性，对疲劳磨损有严重不良影响。此外要控制金属的组织结构。有观点认为增加残余奥氏体会提高耐疲劳磨损，因残余奥氏体可增大接触面积，使接触应力下降，且会发生变形强化和应变诱发马氏体相变，提高表面残余压应力，阻碍疲劳裂纹的萌生扩展。但对残余奥氏体的作用有持相反的观点。增加材料的加工硬化硬度对疲劳磨损有重要影响，硬度越高裂纹越难形成；降低表面粗糙度可有效提高抗疲劳磨损的能力；表层内一定深度的残余压应力可提高对接触疲劳磨损的抗力，表面渗碳、淬火、喷丸、滚压等处理都可使表面产生压应力。

b. 载荷　是影响疲劳磨损寿命的主要原因之一。例如，一般认为球轴承的寿命与载荷的立方成反比，即

$$NP^3 = 常数$$

式中，N 为球轴承的寿命，即循环次数；P 为外加载荷。

c. 润滑油膜厚度 润滑油黏度高且足够厚时，可使表面微凸体不发生接触，从而不容易产生接触疲劳磨损。由于接触表面压力很高，要选择在超高压下黏度高的润滑油。

d. 环境 周围环境，如空气中的水、海水中的盐、润滑油中有腐蚀性的添加剂对材料的疲劳磨损有不利的影响。如润滑油中的水会加速轴承钢的接触疲劳失效，甚至很少量都危害重大。

3.4.8 提高耐磨性的途径

随着科学技术的发展，材料和能源的节约日益变得重要起来。磨损是造成材料损耗的主要原因，因此人们越来越注意怎样才能提高构件的耐磨性问题。从对各类磨损过程分析来看，尽管影响磨损过程的因素比较多，但金属材料的磨损主要是发生在表面的变形和断裂过程，因此，提高承受摩擦作用的构件表面的强度（或硬度）和韧性，可望能提高耐磨性。在此主要介绍提高构件抗粘着磨损与磨粒磨损的耐磨性的途径。

对于粘着磨损而言，改善润滑条件，提高氧化膜与基体金属的结合能力，以增强氧化膜的稳定性，阻止金属之间直接接触，以及降低表面粗糙度等都可以减轻粘着磨损。如果是沿接触面上产生粘着磨损，只需降低摩擦副原子间的结合力，最好是采用表面处理。如渗硫、渗磷及渗氮等。表面处理实际上是在金属表面形成一层化合物层或非金属层，避免摩擦副直接接触，既降低原子间结合力，又减小摩擦因数，可防止粘着。渗硫并不提高硬度，但因降低了摩擦因数，故可防止粘着，特别对高温下和不可能润滑的构件更为有效。如果粘着磨损发生在较软一方材料构件内部，则不但应降低摩擦副的结合力，而且要提高构件本身表层硬度，采用渗碳、渗氮、碳氮共渗及碳氮硼三元共渗等热处理工艺都有一定效果。

对于磨粒磨损而言，如果是低应力磨粒磨损，则应设法提高表面硬度。选用含碳较高的钢，并经热处理后获得马氏体组织，这是提高抗磨粒磨损性能简单而易行的方法。但当构件受重载荷，特别是在较大冲击载荷下工作，则基体组织最好是下贝氏体，因为这种组织既有较高硬度又有良好韧性。对于合金钢，控制和改变碳化物数量、分布、形态对提高抗磨粒磨损能力有决定性影响。如铬钢，若其金相组织中有大量树枝状初生碳化物和少量次生碳化物，其耐磨性很低，碳化物呈连续网状分布也是如此。因此，消除基体中初生碳化物，并使次生碳化物均匀弥散分布，就可以显著提高耐磨性。提高钢中碳化物体积比，一般也能提高耐磨性。钢中含有适量残余奥氏体对提高抗磨粒磨损能力也是有益的。因为残余奥氏体能增加基体韧性，给碳化物以支承，并在受磨损时能部分转变为马氏体使硬度提高。采用渗碳、碳氮共渗等表面热处理也能有效地提高抗磨粒磨损能力。经常注意构件的防尘和清洗能大大减轻磨粒磨损。

复 习 思 考 题

3-1 按材料失效性质考虑金属设备及其构件常见有哪些失效形式？

3-2 弹性变形失效与塑性变形失效有何区别？引起这两种失效的原因是什么？

3-3 金属蠕变的特征是什么？在高温下工作的金属为什么会发生蠕变？

3-4 金属材料常见有哪些断裂类型？各种断裂类型有何特征？

3-5 韧性断裂的宏观断口分为哪三个区域？三个区域有何特点？三个区域所占整个断面面积与什么因素有关？

3-6　韧性断口上的等轴韧窝、切变韧窝、撕裂韧窝各在什么应力下产生？韧窝的大小、深浅和数量与什么因素有关？

3-7　什么叫脆性解理断裂？其断口形态有哪些常见的宏观花样和微观花样？

3-8　金属材料为什么会产生脆性断裂？如何防止脆性断裂？

3-9　设备构件承受什么载荷会引起疲劳断裂？疲劳断裂包括哪三个阶段？

3-10　如何理解疲劳断口上的沙滩条纹（贝壳条纹）与疲劳辉纹？其实质是否相同？

3-11　如何提高构件抗疲劳断裂性能？

3-12　金属设备及其构件常见的腐蚀失效有哪些类型？各种腐蚀失效有何特征？如何判断腐蚀失效的类型？如何防止各种类型的腐蚀失效？

3-13　按磨损机制分，磨损失效有哪几种类型？试归纳各种类型的主要特征。

3-14　试举一磨料磨损的例子。磨料磨损与硬度有什么关系？

3-15　试说明粘着磨损的模型。粘着磨损的模型与磨料磨损的模型有何异同？

3-16　冲蚀磨损可细分为哪几类，试各举一例说明。

4 失效分析的思路、程序和基本技能

失效分析过程实际上是一个求知的过程。世界上任何事物都是可以被认识的，没有不可认识的东西，只存在尚未能够认识的东西，金属构件失效也不例外。实际上金属构件失效总是有一个或长或短的变化发展过程，失效过程实质上是材料的累积损伤过程，即材料发生物理和化学变化的过程。而整个过程的演变是有条件的、有规律的，也就是说有原因的。因此，构件失效的这种客观规律性是整个失效分析的理论基础。只要遵循客观规律性去观察问题、分析问题、认识问题，失效分析的目的是可以达到的。为达到失效分析的目的，就要有指导失效分析全过程的思维路线，要有科学合理的工作程序，并要掌握实际进行失效分析各个程序的基本技能。

4.1 失效分析思路和逻辑方法

失效分析思路是指导失效分析全过程的思维路线。失效分析思路以装备构件失效的规律为理论依据，把通过调查、观察、检测和实验获得的失效信息分别加以考察，然后有机结合起来作为一个统一整体进行综合分析。整个分析过程以获取的客观事实为依据，全面应用逻辑推理的方法，来判断失效事件的失效类型，并推断失效的原因。因此，失效分析思路贯穿在整个失效分析过程中。

4.1.1 失效分析思路的重要性

失效分析思路的重要性主要有以下几点。

① 失效分析与常规研究工作有所不同，往往后果严重、涉及面广，任务时间紧迫，模拟试验难度大，而要求工作效率又特别高，分析结论要正确无误，改进措施要切实可行，失效分析面临着艰巨的任务。此时，只有正确的失效分析思路的指引，才能按部就班，不走弯路，以最小的付出（时间、人力、物力等）来获取科学合理的分析结论。

② 构件的失效往往是多种原因造成的，一果多因常常使失效分析的中间过程纵横交错、头绪万千。一些经实践验证行之有效的失效分析思路总结了失效过程的特点及因果关系，对失效分析的进行很有指导意义。因此，在正确的分析思路指导下，查明失效的原因，既有必要，又可靠、可行。

③ 构件失效分析常常是情况复杂而证据不足，往往要以为数不多的事实和观察结果为基础，做出假设，进行推理，得出必要的推论，再通过补充调查或专门检验以获取新的事实，也就是说要扩大线索找证据。在确定分析方向、明确分析范围（广度和深度），推断失效过程等方面，需要有正确思路的指导，才能事半功倍。

④ 大多数失效分析的关键性试样十分有限，有时限于即时观察，有时只允许一次取样、一次测量或检验，在程序上走错一步，就可能导致整个分析工作无法挽回，难于进行。必须在正确的分析思路指导下，认真严谨地按程序进行每一步的工作。

总之，掌握并运用正确的分析思路，才可能对失效事件有本质的认识，减少失效分析工作中的盲目性、片面性和主观随意性，大大提高工作的效率和质量。因此，失效分析思路不仅是失效分析学科的重要组成部分，而且是失效分析的灵魂。

4.1.2 构件失效过程及其原因的特点

失效分析思路是建立在对构件失效过程和原因的特征的科学认识之上的。

（1）失效过程的几个特点

a. 不可逆性 任何一个构件失效过程都是不可逆过程，因此，某一个构件的具体失效过程是无法完全再现的，任何模拟再现试验都不可能完全代替某一构件的实际失效过程。

b. 有序性 构件失效的任一失效类型，客观上都有一个或长或短、或快或慢的发展过程，一般要经过起始状态→中间状态→完成状态三个阶段。在时间序列上，这是一个有序的过程，不可颠倒，是不可逆过程在时序上的表征。

c. 不稳定性 除了起始状态和完成状态这两个状态比较稳定之外，中间状态往往是不稳定的，可变的，甚至不连续的，不确定的因素较多。

d. 积累性 任何构件失效，对该构件所用的材料而言是一个累积损伤过程，当总的损伤量达到某一临界损伤量时，失效便随之暴露。

任何构件失效都有一个发展过程，而任何失效过程都是有条件的，也就是说有原因的，并且失效过程的发展与失效原因的变化是同步的。

（2）失效原因的几个特点

a. 必要性 不论何种构件失效的累积损伤过程，都不是自发的过程，都是有条件的，即有原因的。不同失效类型所反映的损伤过程的机理不同，过程的原因（条件）也会不同，缺少必要的条件（原因），过程就无法进行。

b. 多样性和相关性 构件失效过程常常是由多个相关环节事件发展演变而成的，瞬时造成的失效后果往往是多环节事件（原因）失败而酿成的。这些环节全部失败，失效就必然发生，反之，这些环节事件中如果有一个环节不失败，失效就不会发生。因此，可以说每一起失效事件发生都是由若干起环节事件（或一系列环节事件，即原因组合）相继失败造成的。而这一系列环节事件，可称为相关环节事件或相关原因。这些环节事件之间也仅仅在这一次所发生的失效事件中才是相关的，而在另一失效事件中它们之间却可能是部分相关的、甚至根本不相关。另一失效事件则由另一系列环节事件全部失败所造成，也就是说由一个新的相关原因组合所决定。

c. 可变性 这主要表现在以下几方面。

① 有的原因可能在失效全过程中发挥作用，但影响力却可能发生变化，有的原因可能只在失效过程某一进程发生作用。

② 有的原因可能在失效全过程中始终存在，但有的原因却可能是随机性的出现或不连续性的存在，这时某一构件失效过程也可能表现出过程的不连续性，甚至可能出现两种或多种失效类型。

③ 原因之间也可能有交互作用。如腐蚀失效，温度升高一般可加速冷凝液对构件的腐蚀，但温度很高时，冷凝液全部挥发后，对构件的腐蚀反而减少。

d. 偶然性 造成构件失效的种种原因中有一部分原因是偶然性的，偶然性的原因具有如下特征。

① 一般出现概率很小。

② 有时不属技术性的，而是管理不善或疏忽大意造成的。

③ 极少数的意外情况，如人为性破坏或恶作剧等。

（3）失效过程和失效原因之间的联系

失效过程和失效原因之间的联系实际上是一种因果联系，这种因果联系的几个特点如下。

a. 普遍性　客观事物的一些最简单、最普遍的关系有：一般和个别的关系，类与类的包含关系，因果关系等等。因果关系（联系）是普遍联系的一种，没有一个现象不是由一定的原因引起的。当然，构件失效也不例外。

b. 必然性　物质世界是一个无限复杂、互相联系与互相依赖的统一整体。一个或一些现象的产生，会引起另一个或另一些现象的产生，前一个或一些现象就是后一个或一些现象的原因，后一个或一些现象就是前一个或一些现象的结果。因此，因果联系是一种必然联系，当原因存在时，结果必然会产生。当造成某构件失效的一系列环节事件（原因组合）全部失败，失效就必然发生。

c. 双重性　因果联系是物质发展的锁链上的一个环节。同一个现象可以既是原因，又是结果。因此一定要把构件失效过程中观察到的现象既看成结果，又看做原因。

d. 时序性　原因与结果在时序上是先后相继的，原因先于结果，结果后于原因。因此在失效分析中，判明复杂的多种多样的因果联系时，这种时序先后排列千万不要出错。但是，在时间上先后相继的两个现象，却未必就有因果关系。

构件失效的起始状态是失效起始原因的结果（有的结果又可能成为后续过程的原因），失效的完成状态是导致失效的所有（整个）过程状态的全部原因（总和）的结果，它既是失效过程终点的结果，又或多或少保留一系列过程中间状态的（甚至起始状态的）某些结果（或原因），所以它是总的结果。

了解并掌握失效过程及其原因的特征，有助于建立正确的失效分析思路。

4.1.3　失效分析思路的方向性及基本原则

4.1.3.1　方向性

由于失效分析思路是指导失效分析全过程的思维路线（思考途径），因此思考方向问题就很重要。在此要明确两个问题：一是不能把失效分析简单地归结为从果求因逆向认识失效本质的过程；二是失效分析思路的方向有多种选择。

（1）失效分析不是简单的从果求因过程

① 构件失效的完成状态呈现失效过程的总的结果。已知原因和结果都具有双重性，而且失效过程是一种累积损伤过程。构件失效的完成状态，不仅呈现终态的结果，而且保留中间状态、甚至起始状态的某些结果（或原因）。如疲劳断口的实物照片［见图3-32 (b)］，不仅观察到失效过程最后的结果，有最终断裂区瞬断撕裂的剪切唇，还能看到中间过程的疲劳裂纹扩展的沙滩条纹，而作为疲劳源的冶金缺陷，也保留在失效构件的断口上。

② 失效分析常常是先判断失效类型，后查找失效原因。失效分析除了要查找失效的原因之外，还有判断失效类型的任务，而判断失效类型，主要不是根据终点最后一个结果，而是依据全过程的整体结果。失效类型是连结失效信息和失效原因的纽带，对整个失效分析工作起很大作用。

③ 失效过程的起始状态应作为分析重点。实际上，失效分析专家分析失效原因时，在思想中并不把失效过程终点的结果列为分析重点，而是一开始就力图把失效过程的起始状态

作为分析重点。例如，调查失效件的原材料保证单、进厂复验单、图纸上和技术条件上的有关规定，大修时该失效件的检修记录，现场履历本记载等；而对失效件本身，比较关注失效源，如断裂源、疲劳源、表面加工状态、检验标记、各种痕迹等等。

（2）失效分析思路方向的多种选择

① 顺藤摸瓜。即以失效过程中间状态的现象为原因，推断过程进一步发展的结果，直至过程的终点结果。

这种做法，虽然不能查出失效起始状态的原因（有时也称之为直接原因），但可揭示过程中间状态直至过程终点之间的一系列因果联系。需知，不是每次失效分析都能查出失效的直接原因，如疲劳破坏的肇事件断口上，疲劳源区若被严重擦伤，就很难找出疲劳失效的直接原因。

② 顺藤找根。即以失效过程中间状态的现象为结果，推断该过程退一步的原因，直至过程起始状态的直接原因。

③ 顺瓜摸藤。即从过程的终点结果出发，不断由过程的结果推断其原因。

④ 顺根摸藤。即从过程起始状态的原因出发，不断由过程的原因推断其结果。

⑤ 顺瓜摸藤＋顺藤找根。

⑥ 顺根摸藤＋顺藤摸瓜。

⑦ 顺藤摸瓜＋顺藤找根。

上述①～⑥都是一种单向的因果联系推断，只有⑦才是双向的因果联系推断。从瓜入手，或从根入手，或从藤入手，没有必要一成不变，思路一定要开阔。

总之，不要把自己的思路固定在某一不变的方向。从某种意义上讲，思路是可以设计的，在大方向不变的前提下，有时还要局部变化分析思路。

4.1.3.2 基本原则

失效分析的思路虽然因失效事件的不同可选择不同的思维路线，采用不同的具体方法手段进行分析工作，但思维过程却要遵守一些基本的原则，并在分析的全过程正确运用，才能保证失效分析工作的顺利和成功。

（1）整体观念原则

一旦有装备构件失效，就要把"装备-环境-人"当作一个系统来考虑。装备中失效构件与邻近非失效构件之间的关系；失效件与周围环境的关系；失效件与操作人员的各种关系要统一考虑。尽可能大胆设想装备的失效件可能发生哪些问题；环境条件可能诱发失效件发生哪些问题；人为因素又可能使失效件发生哪些问题，逐个地列出失效因素，以及由其所导致的与失效有关的结果。然后对照调查、检测、试验的资料和数据，逐个核对排查从整体考虑列出的问题，重要的因素将不会遗漏而问题将得到解决。

（2）立体性原则

即要求分析工作者应从多方位来综合思考问题。如同系统工程提倡的"三维结构方法"，要求人人可从三个方面来考虑问题，即逻辑维、时间维及知识维。具体结合构件的失效分析，其逻辑维即从构件规划、设计、制造、安装直至使用来思考问题；而时间维即按分析程序的先后，调查、观察、检测、试验直至结论；知识维则要全面应用管理学知识、心理学知识及失效分析知识，包括第1章所列举的与失效分析相关的各学科领域的知识。

（3）从现象到本质的原则

许多失效特征只表示有一定的失效现象。如一个断裂构件，在断口上能观察到清晰的海滩花样，又知其承受了交变载荷，一般认为该构件是疲劳断裂。这只是认定构件的失效类型，但还没有找出疲劳断裂的原因，无法提出防止同一失效现象再发生的有效措施。因此还应该继续进行分析工作，弄清楚产生疲劳断裂的原因，才能从根本上解决问题。

（4）动态性原则

构件失效是动态发展的结果，经历了孕育成长发展至失效的动态过程。另一方面，装备或构件对周围环境的条件、状态或位置来说，都处于相对的变化之中，设计参量或操作工艺指标只能是一个分析的参考值。管理人员、操作人员的变动，甚至操作人员的情绪波动，也都应包括在动态性原则当中。

（5）两分法的原则

在失效分析工作中尤其强调对任何事物、事件或相关人证、物证用两分法去看问题。如装备构件的质量，名牌产品、进口产品，质量多数是好的，但确实也有经失效分析确定其失效原因有属设计不当、或属材料问题、或属制造工艺不良或运输安装影响。如某石油化工厂进口的尿素合成塔下封头甲铵液出口管，使用 5 年突然塔底大漏，大量甲铵液外喷，被迫停产。检查原因是接管与封头连接的加强板的实际结构和原设计不符，手工堆焊耐腐蚀材料层厚度不够，在腐蚀穿的地方只有 1 层，达不到原设计 3 层的要求。

（6）以信息异常论为失效分析的总的指导原则

失效是人、机、环境三者异常交互作用的结果，因此过程中必然出现一系列异常的变化、异常的现象、异常的后果、异常的事件、异常的因素，这些异常的信息是系统失控的客观反映。尽可能全面捕捉掌握这些异常信息，尤其是最早出现的异常信息，是失效分析的总的指导原则。

4.1.4 几种失效分析思路简介

由于失效分析思路的重要性、多向性，而每项构件失效事件又各具特点，寻找合适的失效分析思路指导，以最小的付出而完成失效分析任务，是所有失效分析工作者的期盼。很多专家都在相关论著中做出介绍及评说。本节只能简单介绍几种常用的较普遍的失效分析思路。

（1）"撒网"式的失效分析思路

对于失效事件从构件及其装备的系统规划设计、选择材料、制造、安装、使用及管理维修等所有环节进行分析，逐个因素排除。这种分析思路不放过任何一个疑点，看来十分全面、可靠，但在失效分析中，往往由于人力、物力、财力和时间的限制，难以在大系统中对每一个环节每一个因素进行详尽的排查。作为大型复杂系统失效分析的前期工作，初步确定失效原因与其中一、两个环节有密切关系，甚至只与一个方面的原因有关，"撒大网"的思路也时有应用。

认定是某一环节存在问题，则把该环节划定范围，撒网式对每一个因素进行详尽的排查，是失效分析中常用的分析思路。如果是在更换了装备构件不久后发生失效事件，则可在构件的制造、组装、使用的各个影响因素排查。如在确定了不是装备构件本身的问题后，则可在环境工况的范围，或是相关人员的范围的影响因素中进行排查。环境工况指装备内外环境，包括装备的介质、温度、压力、流速、载荷变化等；装备外环境包括周围气氛、天气影响、地势影响等；相关人员的各种因素包括不安全的行为和人的局限性。不安全的行为有，缺乏经验表现的判断错误；训练不够表现的技术不良；主观臆测、违章操作表现的违反指令、规程；心态不佳表现的粗心大意及工作态度不好；缺乏责任心表现的玩忽职守。人的局限性包括人的生理极限、健康标准等，如人的耐疲劳性、耐湿性，人的五官感受程度及可靠性，更有认定思维认识限制等。

（2）按失效类型的分析思路

这是应用最多的一种失效分析思路，首先判断失效类型，进而推断失效原因。第3章的内容为采用这种分析思路提供了理论知识和工程实际经验。如断裂失效，则要以裂纹萌生、稳态扩展、失稳扩展以致断裂为主线，观测裂纹的形态、特征、产生的位置，判断裂纹的类型，寻找裂纹萌生的原因，分析扩展的机理。如在石化装备中，焊接构件出现裂纹或至开裂，在失效分析中首先确定裂纹在焊缝中的位置，焊接裂纹以其在焊接件上的位置而命名，如图4-1所示，很多焊接专著都有介绍这些不同部位名称裂纹产生的原因；然后观察裂纹的形态及各种特征，必要时测试成分、组织及焊接残余应力及硬度数据；最后综合人及环境的影响因素，断裂失效的原因往往可以找到。例如，第5章实例9"消声器轴向断裂"。又如腐蚀失效，腐蚀的特征暴露在构件的表面上，容易进行宏微观的观测，只要确定是哪种类型的腐蚀，则按影响该种腐蚀的各种因素结合构件的使用工况进行分析思考，容易达到失效分析的目的，例如第5章实例3"常减压蒸馏装置常压塔上层塔盘及条阀应力腐蚀开裂"。

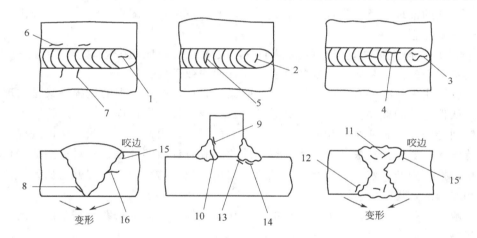

图 4-1 焊接时各种裂纹产生的部位

1—弧坑纵向裂纹；2—弧坑横向裂纹；3—弧坑星形裂纹；4—焊缝纵向裂纹；

5—焊缝横向裂纹；6—热影响区纵向裂纹；7—热影响区横向裂纹；

8—热影响区根部裂纹；9—热影响区显微裂纹；10—焊缝金属根部裂纹；

11—焊缝金属显微裂纹；12—焊趾裂纹；13—踵部裂纹；

14—焊道下裂纹；15—变形裂纹；16—层状撕裂

（3）逻辑推理思路——失效分析的基本思路

任何一个人不管是否学过逻辑学，是否懂得逻辑，只要进行思维，就一定要运用概念，作出判断和进行推理。

进行逻辑推理，就是从已有的知识推出未知的知识，也就是从一个或几个已知的判断，推出另一个新的判断的思维过程。而判断则是断定事物情况的思维形态。只要据以推出新判断的前提是真实的，推理前提和结论之间的关系是符合思维规律要求的，那么，得出的结论或判断一定是可靠的。所以，正确运用逻辑推理，是人们获得新知识的一个重要手段，在失效分析中应充分运用。

通过推理，可以扩大对失效现象的认识，从现有的知识中推出新的知识，从已知推出未知。它不仅能反映出事物现在的内在联系，而且能反映出事物的发展趋势。因此，推理是一种特殊的逻辑思考方式，是分析判断失效事件的逻辑手段，实践告诉人们，排除一百种可能性，不如证实一种必然性。在失效分析中逻辑推理思路的作用和意义如下。

① 推理适合于认识失效事件的反映形式。依据现场调查和专门检验获得的有限数量的事实，形成直观的认识（即直接知识），联想以往经验及运用丰富知识，进行一系列推理，推断失效的部位、失效的时间、失效的类型、失效的过程、失效的影响和危害等一系列因果联系（即间接知识）。根据推导出来的新的判断，扩大线索，进一步做专门检验和补充调查，把失效分析工作步步引向深入。因此推理可扩大对失效事件认识的成果。

② 推理是失效分析中一个重要的理性认识阶段。要想对失效事件有本质和规律性的认识，就必须在感性认识的基础上，对感性材料连贯起来思索，进行去伪存真，由此及彼，由表及里的思考，采用逻辑加工并运用概念（定义）构成判断和进行推理。没有这一认识阶段，认识就不可能深化，也不可能扩大认识领域，更不可能认识事物之间的内在联系及其发展趋势。

③ 推理可在失效分析的各个阶段（全过程）发挥作用。失效分析过程，在一定意义上讲是由一系列的推理链条所组成的，形成一个严密的逻辑思维体系，这是失效分析工作科学性的一个重要标志。

④ 推理是审查证明失效证据的逻辑手段。失效证据是证明失效真实情况的一切事实。它必须具备两个条件：是客观存在的事实；能证明失效事件真实可信。

审查、证明失效事件真实的过程，既是收集、查证、核实证据的过程，又是推理判断的过程。从认识运动的顺序上讲，证明失效事件真实要经过两个过程：一是从特殊到一般，一是从一般到特殊。这是两个互相联系又互相区别的过程，由此构成证明的认识过程。

从特殊到一般是指按失效分析程序逐个地收集和查证核实证据，并对这些证据材料逐个加以分析、推理判断，然后进行综合和抽象，得出结论。这个认识过程就是从具体证据到失效类型和原因的认识过程。

从一般到特殊，就是以对失效事件的本质认识为指导，分别去考查每个证据同失效事件事实之间是否有内在联系。

只有经历两个认识过程，全部审查证明过程才算完成。因此，收集、判断、运用证据的过程也是一个推理的过程。

综上所述，逻辑推理的思路，是以真实的失效信息事实为前提，根据已知的机械失效规律性的（理论的）知识和已知的判断，通过严密的、完整的逻辑思考，推断出机械失效的类型、过程和原因，因此，逻辑推断的思路可以作为指导失效分析全过程的思维路线（思考途径），它最能体现和发挥人们在失效分析中的主观能动性和创造性，所以，逻辑推断思路应是失效分析的基本思路。

（4）FTA（Fault Tree Analysis）系统工程学的分析思路在构件失效分析中的合理性评价

在安全工程中有人把 FTA 称为"事故树分析法"；可靠性工程一般把 FTA 称为"故障树分析法"；FTA 在失效分析中有时又称为"失效树分析法"。FTA 已被公认为当前对复杂安全性、可靠性分析的一种好办法。

FTA 是从结果到原因来描绘事件发生的有向逻辑树，是一种图形演绎分析方法，是事件在一定条件下的逻辑推理方法。它可围绕某些特定的状态作层层深入的分析，表达了系统的内在联系，并指出失效件与系统之间的逻辑关系。定性分析可找出系统的薄弱环节，确定事故原因的各种可能的组合方式，定量分析还可以计算复杂系统的事故概率及其他的可靠性参数，进行可靠性设计和预测。

复杂的装备是由相互作用又相互依赖的若干构件或子系统结合成具有特定功能的有机整体。为此，设计时已从功能的内在联系规定了构件、部件、子系统、系统之间比较明确的因果关系。一旦系统发生故障时（丧失规定功能的状态），就可以利用系统的原理图、结构图、系统图、工作流程图、操作程序图以及结构原理、操作规程、工作原理等一系列由设计（思想）所决定并服务于系统功能的技术资料来建树，从而实现 FTA 所能达到的众多目标。这时所建的故障树，也主要是从功能故障的角度来逐层确定事件及其直接原因。它关心的是故障发生的部位（即系统的薄弱环节），故障发生的概率等等，从而改进设计，进行可靠性设计或预测等。它并不追究故障的微观机理和物理、化学过程。因此，FTA 法在可靠性分析中取得很大进展。

一旦把 FTA 法引入失效分析，情况就不一样。这里要强调指出：失效分析不是失效性分析。失效与可靠相对应，失效性与可靠性相对应，而失效度（概率）与可靠度（概率）相对应。因此，失效分析与可靠分析相对应，而失效性分析与可靠性分析相对应。所以，失效分析不是失效性分析，也不是可靠性分析。可靠性（度）或安全性（度）分析以群体（或系统）为对象，并与时间（寿命）因素密切相关，统计和概率论是其理论基础。而失效分析归根结底是以单个失效构件为对象，重点研究构件丧失规定功能的模式、过程、机理和原因。

通过上述分析不难看出，失效分析与可靠性分析（或失效性分析）在研究对象、目的和方法上都有重大差异，不能混为一谈。在失效分析中一般不宜采用 FTA，也没有必要采用 FTA。实际上构件失效的机理常常归结为材料损伤，而材料损伤的原因大多是隐性的，不通过一定的检验手段和鉴定是难以发现的（如成分不合格、强度超差、冶金缺陷、渗层太薄、阳极化膜不致密等），另外直接原因和间接原因往往也难以区分，至于基本事件的发生概率更不是失效分析本身所能掌握、提供的，所以在失效分析中采用 FTA 一般也行不通。但是在失效分析工作的后期，即综合性分析阶段，FTA 可以作为一种辅助的审查方法加以运用，把整个失效过程用逻辑树图形进行演绎审查，以便发现失效分析中的漏洞。

4.1.5 几种常用的逻辑推理方法

（1）归纳推理

归纳推理是由个别的事物或现象推出该类事物或现象的普遍性规律的推理。即从分析个别事实开始，然后进行综合概括，即从特殊到一般的推理。一般来说，普遍性的判断归根到底是靠归纳推理提供的，掌握个别事物（现象）的量和共性越多，越有代表性，则所得的普遍性结论的可信度越高。但这种结论仍有或然性，不可绝对化。

（2）演绎推理

演绎推理一般来说，是由一般（或普遍）到个别（或特殊），演绎推理的结论所断定的，没有超过前提所断定的范围。从真实的前提出发，利用正确的推理形式，能够必然地得到真实结论，这是演绎推理的根本作用。

如失效已经判断为某一模式，因每一模式的机理和原因已有一套比较系统的理论，则可以据已定的模式演绎出新的判断，把调查分析工作引向深入。

（3）类比推理

观察到两个或两个以上失效事件在许多特征上都相同，便推出它们在其他方面也相同，这就是类比推理。

类比应力求全面、完整。既要从局部类比，又要从整体类比，要进行全过程、全方位类比；应以失效对象、失效现象、失效环境等为类比主要内容，而过去的分析结论仅作参考；类比要注意是否存在差异；类比推理的可靠性取决于两个事件相同特征的数量和质量，相同特征数量越多而质量越相近，可靠性越高。类比推理有或然性，要避免片面性，多提假设，才能有助于调查深入分析。

（4）选择性推理

当失效事件或事件中的某一情况的发生存在着两种以上的可能性可供选择。此时用已知的事实否定其中一个可能性，而肯定另一个可能性。这叫从否定中求肯定，这种推理方法称为选择性推理。有或然性，不可单独使用。

（5）假设性推理

在证据不足、情况复杂的调查分析中，往往要以为数不多的事实和现象为基础，根据已有的知识，提出相应的假设，然后进行推理，得出结论。

在所有的推理过程中要特别注意如下三点。

① 推理的前提必须有客观事实性，不然会推导出错误的结论。

② 推理是逻辑手段，推论只能为分析研究失效情况提供参考，提供线索，提供方向，但不能作为证据。

③ 逻辑思维应当是辨证的，不是绝对准确的，任何情况下都要遵守形式逻辑的推理规则，这对保证人们思维的一贯性，避免思维混乱和自相矛盾是有意义的。

上述五种常用的推理思考方法在整个失效分析过程中的正确、灵活运用和有机组合，就构成了较完整的逻辑推理思路。

4.2 失效分析的程序

装备失效过程中如果明确只有一个构件，或只有一个零部件失效，则失效分析比较容易进行，但在有些情况下，还不知道是哪一个构件最先出现问题，哪一些构件失效是受牵连的，如整个装备失效具有"爆炸性"。因此在进行失效分析时，尤其是情况比较复杂时，除了要有正确的失效分析思路，还应有合理的失效分析程序。由于构件失效的情况多种多样，失效原因往往也错综复杂，很难有一个规范的失效分析程序。一般来说失效分析程序大体上可以分为接受任务、调查现场及收集背景资料、失效件的检测及试验、确定失效原因和提出改进措施。

4.2.1 接受任务明确目的要求

不管任务是上级下达的，还是由有关单位委托，在接受任务时都应明确分析的对象及分析的目的要求，任务提出者及任务接受者共同讨论，求得统一认识，能使失效分析工作顺利进行。

分析的构件是单件还是所有同样名称、型号、功能的构件都要分析；只分析构件还是部件或是构件所存在的装备及系统一并分析；失效构件是否得到妥善保护或是已经检查解剖；这种失效情况过去是否发生过；构件的使用、制造、设计、历史等与自己专业知识的相关性等问题都应明确，做到心中有数。

当对所分析的失效构件有初步了解后应明确分析的目的和要求，才能确定分析的深度和广度。失效分析的目的有尽快恢复装备的功能，使工厂全线正常生产；有仲裁性的失效分析，要分清失效责任的承担者，包括法律和经济责任；有以质量反馈或技术攻关为目的的失效分析，更应做深入细致的工作，针对性的改进措施显得更重要……但不管失效分析是何种目的，失效分析的宗旨都是找出失效的原因，避免同样的失效事件再发生。对于不同目的要求的情况，失效分析的深度和广度将会有很大的差别。失效分析的深度和广度，应以满足目的和进度要求为前提，以最经济的方法取得最有价值的分析结果，不考虑客观要求和经济效益，只追求分析的深度和广度的做法，是不切合实际的，是不可取的。

4.2.2 调查现场及收集背景资料

（1）现场失效信息的收集、保留与记录

失效分析人员应尽早进入现场，将这项工作尽快做好。一方面是因为进入现场的人越多，时间越长，则信息的损失量越大。例如，将某些重要的迹象（如散落物、介质）毁掉，使残骸碎片丢失、污染、移位，将断口碰伤；可能造成其他假象，或增加新的损伤等。另一方面是这项工作完成得快，有利于及早清理现场，恢复生产。

要收集的失效信息一般有两类：一类是已经确认能反映失效事故的过程和起因的现象和物质；一类是估计可能用得着的物质和值得进一步分析的现象。所以，信息的收集、保留和记录工作必然是同分析工作紧密结合的。收集信息时应考虑广泛的可能性，不应先入为主，不能先认定或基本认定是什么失效原因，再去为此收集证据。应以客观事实为依据来论证失效原因和过程。

现场收集的信息，包括物质和记录的文献，应满足如下条件。

① 能全面地、三维地、定量地反映失效后的现场。

② 能反映出各个装备或零部件失效先后顺序的各种迹象。

③ 能反映出失效机理的各种现象。

记录的方法包括摄影、录像、笔记、画草图等。但应注意，这些记录文献上都应有简要的文字，来说明各种记录内容之间的关系，比如注明左、中、右、前和后，比例尺、时间，局部照片所反映的位置在现场总体照片上的部位（反映局部和整体的关系）。以断裂失效为例，如第 5 章实例 22"不锈钢混合机爆炸"原因分析，具体包括下列诸项工作。

① 要做出失效现场的草图，在其中标出坐标的空间尺度。

② 对重大的爆炸失效，要将装备的所有残骸、碎片的散落地点用坐标注在草图上，并收集、清点、编号。做出残骸恢复图。重要的失效件要拼装将形状恢复起来，进行清点和分析。不易找到的飞得最远的碎片往往是最重要的。搜寻碎片要花代价，2003 年 2 月 1 日美国哥伦比亚号航天飞机返回途中爆炸，近 5000 人的专业队伍"拉网式"在 2560 km^2 范围内搜寻飞机残骸（和宇航员），总共找到碎片 1.2 万块。美国政府宣布捡到哥伦比亚号航天飞机碎片不上交，则处以坐监 10 年和 25 万美元罚款，可见其重要性。

③ 记录（拍照）并测量断裂区的塑性变形、断口角度和纹理、颜色、光泽等能反映断裂时的受力情况、变形和断裂发展过程的各种现象，绘出裂纹扩展方向图。

④ 收集与失效有关的物质，如气氛、物料粉尘、飞溅物、反应物，并注意机械划伤、污染吸附等痕迹。

⑤ 采集残骸的重要关键性部位，供实验室分析用。

⑥ 清理现场时将编号的无用残骸尽量有秩序地堆放在避风雨的地方暂存、备用。

（2）调查、访问和背景资料的收集

对复杂的失效事故，要特别注意调查、访问和背景资料的收集。接受重大、复杂的失效分析任务后，要进行多方面的调查和访问。对象包括事故当事人、在场人、目击者及与失效信息有关的其他部门人员，如化工厂仪表室、控制室的值班人员，门卫、电话值班人员，消防值班人员等。可以请他们叙述所见的失效发展过程及他们认为的失效原因。调查内容还包括：出事前的各种操作参数，如压力、温度、流量、流速、浓度、转速、电压、电流等；出事前的异常感觉或迹象，如声音、光照、电参数、振动、气温、仪表指示异常及异气味、烟、火等；有关失效件历史的记忆及文献。

在调查访问中应特别注意保证所得结果可靠真实。听取多方面的意见，尤其是当提供的情况或意见出现矛盾时，更不要轻易否定或肯定，都要记录下来，待分析到后面再逐步区别；绝对不要有诱导性提问；要仔细注意被访问人的心理状态，要解除涉嫌者或责任者的各种顾虑；不勉强被访问者提供情况；能个别访问的应个别访问，必需开调查会时，应在个别访问之后再进行，以避免产生互相迎合而导致错误结论。

访问调查可以获得很有用的线索和知识。但要真正准确地进行分析，还需要有更充足的可靠依据。尤其是涉及诉讼和责任时，更是口说无凭。因此，要充分收集各种有关的科技档案背景资料、工业标准、规程、规范以至来往信函及协议之类的文件档案。仅就理化机制分析构件失效，可以包括如下内容。

① 失效装备的工作原理及运行技术数据和有关的规程、标准。

② 设计的原始依据，如工作压力、温度、介质、应力状态和应力水平、安全系数，预计寿命，设计思想和所采用的公式或规程、标准。

③ 选材的依据，如材料性能数据、焊缝系数等。

④ 实用材料的牌号、性能指标、质量保证书、供应状态、验收记录、供应厂家、出厂时间等。

⑤ 加工、制造、装配的技术文件，包括毛坯制造工艺（各个环节）的文件，如图纸、工艺卡（工艺流程）及实施记录、检验报告实录乃至复查无损检验报告等。

⑥ 运行记录，包括工作压力、温度、介质、时间、开停车情况及开停车次数，异常载荷、反常操作（如超温）及已运行时间等。

⑦ 操作维修资料如操作规程、试车记录、操作记录、检修记录等。

⑧ 涉及到合同、法律责任或经济责任，往往还需查阅来往文件和信函。

以上所述各项并非都必须做，应视分析工作需要而重点进行。有了这些资料，一方面可以免于做一些重复性的实验室工作；另一方面使分析工作更有依据。但应该注意，在档案内发现的问题（如不合标准）并不见得就是失效原因。还必须进一步进行理论或实验的论证，有时可能需要委托技术力量更强的部门做更深入的计算分析、测试、研究。

在对失效的现场和背景资料做了调查研究的基础上，就需要对收集到的失效件进行观察和检测，以便确定失效类型，探讨失效的原因。

（1）观察

失效构件包括能收集到的全部残片在内，要在清洗前进行全面的观察。这包括肉眼观察、低倍率的放大或体视显微镜宏观检查，还有高倍率显微镜的微观观察。

初步观察用肉眼进行，肉眼具有很大的景深，能够快速地检查一个大的面积，而且能够感知立体形状，还能识别颜色、光泽、粗糙度等的变化，取得失效件总体情况的概貌。

低倍率的放大或显微镜宏观检查补充了肉眼分辨率的不足，对失效件本身的特征区及与邻近构件接触部位的宏观形貌做进一步了解，并能与设计图纸进行结构及尺寸的核对。尤其对断裂的断口，腐蚀的局部区做低倍率的宏观观察能为微观机制分析提供选点观察做好准备。如断口宏观观察能判别断裂顺序、裂纹源、扩展方向，则微观观察可在确定的裂纹源区、裂纹扩展区及断裂区分别观察不同的特征，寻找异常的信息，为失效原因及机理提供有力的证据。

（2）检测

观察只能了解失效件的表观特征，对失效件的本质特征变化尚需通过各种检查测试做进一步了解。根据失效分析的目的和要求不同检测不同的项目，一般包括如下内容。

a. 化学成分分析　包括对失效构件金属材料化学成分、环境介质及反应物、生成物、痕迹物等的化学成分的分析。

b. 性能测试　力学性能包括构件金属材料的强度指标、塑性指标和韧性指标 σ_b、σ_s、σ_n、σ_D、δ、ψ、A_{KV}、K_{IC}、δ_c 及硬度等；化学性能包括金属材料在所处环境介质中的电极电位、极化曲线及腐蚀速率等；物理性能如环境介质在所处工艺条件下的反应热、燃烧热等。

c. 无损检测　采用物理的方法，在不改变材料或构件的性能和形状的条件下，迅速而可靠地确定构件表面或内部裂纹和其他缺陷的大小、数量和位置。金属构件表面裂纹及缺陷常用渗透法及电磁法检测；内部缺陷则多用放射性检测，声发射常用于动态－无损检测，如探测裂纹扩展情况。

d. 组织结构分析　包括构件金属材料表面和心部的金相组织及缺陷。常用金相法分析金属的显微组织是否正常，有否存在晶粒粗大、脱碳、过热、偏析等缺陷；夹杂物的类型、大小、数量和分布；晶界上有无析出物，裂纹的数量、分布及其附近组织有无异常，是否存在氧化或腐蚀产物等。

e. 应力测试及计算　在大多数构件失效中要考虑构件存在的应力状态与应力水平，这不仅与构件的承载能力有密切关系，要考虑构件的材料是否有足够的抵抗外力使其强度破坏的能力，而且很多构件的失效类型与应力状态相关。不管哪一种断裂类型，其裂纹扩展能力都是应力的正变函数，应力增加，裂纹扩展速率递增。有多种腐蚀失效是在应力作用下才会产生，如应力腐蚀开裂与腐蚀疲劳都有与应力相关的裂纹启裂门槛值。构件由于承载而存在的薄膜应力，因温度引起的温差应力以及因变形协调产生的边缘应力，都是可以在设计中进行计算并在构件结构设计时加以考虑的。但构件在制造成形存留的残余应力及其在安装使用过程中偶然因素附加的应力是难以估算的，有资料报道调查统计，由于残余应力而影响或导致构件失效的达 50% 以上。因此，构件失效的应力往往需要测试及计算，尤其是构件在制造成形存留的残余应力。内应力的测定方法很多，如电阻应变片法、光弹性覆膜法、脆性涂层法、X 射线法及声学法等，所有这些方法实际上都是通过测定应变，再通过弹性力学定律由应变计算出应力的数值。构件残余应力的测定是在无外加载荷的作用下进行测定，目前多用 X 射线应力测定法。

（3）试验

在失效分析中，为了给失效分析做出更有力的支持，往往对关键的机理解释进行专项试验，或对失效过程的局部或全过程进行模拟试验。如对 Cl⁻ 引起应力腐蚀开裂的失效构件，可以按国家标准的方法进行同材质标准试样的 Cl⁻ 水溶液（按工况的 Cl⁻ 浓度及温度）试验，以该种金属材料对 SCC 的敏感程度做有力的支持。模拟试验就是设计一种试验，使其绝大多数条件同失效件工况相同或相近，但改变其中某些不重要、且模拟价高、时间太长、危险太大的影响因素，看是否发生失效及失效的情况。

4.2.4　确定失效原因并提出改进措施

正确判断失效形式是确定失效原因的基础，但失效形式不等于失效原因。还要结合材料、设计、制造、使用等背景和现场情况对照查找。无论是通过哪一种分析思路和方法得出的失效原因，在条件认可或有必要的情况下，应进行失效再现的验证试验。通过验证性试验，若得到预期结果，则证明所找到的原因是正确的，否则还需要再深入研究。

失效分析的根本目的是防止失效的再发生，因而确定失效原因后，还要根据判明的失效原因，提出改进的措施，并按措施改进后进行试验直至跟踪实际运行。如果运行正常，则失效分析工作结束。否则失效分析要重新进行。

失效分析工作完成后，应有总结报告，其中至少应包括以下内容。

① 失效过程的描述。

② 失效类型的分析和规模的估计。

③ 现场记录和单项试验记录计算的结果。

④ 失效原因。

⑤ 处理意见：报废、降级、维修（修复）等。

⑥ 对安全性维护的建议。

⑦ 最重要是知识和经验的总结等。

4.3　失效件的保护、取样及试样清洗、保存

4.3.1　失效件的保护

失效分析工作在某种程度上与公安侦破工作有相似之处，必须保护好事故现场和损坏实物，因为留下的残骸件是分析失效原因的重要依据，一旦被破坏，会对分析工作带来很多困难。所以如何保护好失效件是非常重要的，尤其是对失效件断口的保护更为重要。失效件断口常常会受到外来因素的干扰，如果不排除这些干扰，将会在分析过程中导致错误的结果。

断口保护主要是防止机械损伤或化学损伤。

对于机械损伤的防止，应当在断裂事故发生后马上把断口保护起来。在搬运时将断口保护好，在有些情况下还需利用衬垫材料，尽量使断口表面不要相互摩擦和碰撞。有时断口上可能沾上一些油污或脏物，千万不可用硬刷子刷断口，并避免用手指直接接触断口。

对于化学损伤的防止，主要是防止来自空气和水或其他化学药品对断口的腐蚀。一般可采用涂层的方法，即在断口上涂一层防腐物质，原则是涂层物质不使断口受腐蚀及易于被完全清洗掉。在断裂失效事故现场，对于大的构件，在断口上可涂一层优质的新油脂；较小的构件断口，除涂油脂保护外，还可采用浸没法，即将断口浸于汽油或无水酒精中，也可把断口放入装有干燥剂的塑料袋里或采用乙酸纤维纸复型技术覆盖断口表面。注意不能使用透明

胶纸或其他黏合剂直接粘贴在断口上，因为许多黏合剂是很难清除且很可能吸附水分而引起对断口的腐蚀。一定要清洗干净才能观察断口特征。

4.3.2 失效件的取样

为了全面地进行失效分析，需要各种试样，如力学性能试样、化学分析试样、断口分析试样、电子探针试样、金相试样、表面分析试样和模拟试验用的试样等。这些试样要从有代表性的部位上截取，要对截取全部试样有计划安排。在截取的部位，用草图或照相记录，标明是哪种试样，以免弄混而导致错误的分析结果。

例如，取断口试样，一般情况下须将整体断口送试验室检验。有时因为断裂件体积大、重量大、无法将整体送实验室，就须从断裂件上截取恰当的断口试样。取样时不能损伤断口，保持断口干燥。一般切割方法有火焰切割、锯割、砂轮片切割、线切割、电火花切割等。对于大件，可在大型车床、铣床上进行切割。注意切割时保持离断口一定距离，以防止由于切割时的热影响而可能引起断口的微观结构及形貌发生变化。切割时可用冷却剂，注意不能使冷却剂腐蚀断口。在很多情况下，失效件不是断口，而是裂纹（两断面没有分离），此时要取断口试样，则要打开裂纹。打开时可使用拉力机拉开，压力机压开，手锤打开（尽量不用此法）等方法。常用三点弯曲将裂纹打开（裂源位置在两个支点一侧，受力在另一侧。）打开时必须十分小心，避免机械对断口的损坏。如果失效件上有多个断口或多个裂纹，则要找出主裂纹的断口。

4.3.3 试样的清洗

清洗的目的是为了除去保护用的涂层和断口上的腐蚀产物及外来沾污物如灰尘等。常用以下几种方法。

① 用干燥压缩空气吹断口，这可以清除粘附在上面的灰尘以及其他外来脏物；用柔软的毛刷轻轻擦断口，有利于把灰尘清除干净。

② 对断口上的油污或有机涂层，可以用汽油、石油醚、苯、丙酮等有机溶剂进行清除，清除干净后用无水酒精清洗后吹干。如浸没法还不能清除油污，可用超声波振动，加热溶液等方法去除油脂，但避免用硬刷子刷断口。

③ 超声波清洗能相当有效地清除断口表面的沉淀物，且不损坏断口。超声波振荡和有机溶剂或弱酸、碱性溶液结合使用，能加速清除顽固的涂层或灰尘沉淀物。对于氧化物和腐蚀产物可在使用超声波的同时，在碳酸钠、氢氧化钠溶液中作阴极电解清洗。

④ 应用乙酸纤维膜复型剥离。通常对于粘在断口上的灰尘和疏松的氧化腐蚀产物可采用这种方法，就是用乙酸纤维膜反复 $2\sim5$ 次覆在断口上，这样可以剥离断口上的脏物。这种方法操作简单，既可去掉断口上的油污，对断口又无损伤，故对一般断口建议用此法清洗。

⑤ 使用化学或电化学方法清洗。这种方法主要用于清洗断口表面的腐蚀产物或氧化层，但可能破坏断口上的一些细节，所以使用时必须十分小心。一般只有在其他方法不能清洗掉的情况下经备用试样试用后才使用。表 4-1 列举了一些常用化学清洗方法。对于电化学清洗可用 500 g NaCl 加 500 g NaOH 加 5000 mL 水溶液，以不锈钢为阳极，断口为阴极，电压 15 V 左右，电流 4 A 左右（即用阴极电解法，在阴极断口上析出的氢气使氧化层和腐蚀产物脱落）。

表 4-1 化学清洗方法

材　料	溶　液	时　间	温　度
铁和钢	① NaOH 20% + 200 g/L 锌粉	5 min	沸腾
	② 含有 0.15%（体积）有机缓蚀剂的 15%（体积）浓磷酸	清除为止	室温
	③ 浓 HCl + 50 g/L $SnCl_2$ + 20 g/L $SbCl_3$	25 min	冷（搅拌）
铝和铝合金	① 70% HNO_3	2～3 min	室温
	② CrO_3 2% + H_3PO_4 5% 溶液	10 min	80～85 ℃
铜和铜合金	① HCl 15%～20%	2～3 min	室温
	② H_2SO_4 5%～10%	2～3 min	室温

4.3.4　试样的保存

各种试验用的试样，供分析鉴定的断口试样和现场收集的碎片等应置于有吸水剂的干燥皿中存放备用，或置于真空器中等。

失效分析工作结束之后，对重要断口、碎片应该有长期保存措施。

4.4　常规测试技术

4.4.1　测试技术选用原则

失效分析选用实验测试技术和方法时，一般遵循如下原则。

① 可信性：通常要选成熟的或标准的实验方法。

② 有效性：要选用有价值的检测技术，这些技术能够提供说明失效原因的信息。

③ 可能性：选用可能实现的检测技术。

④ 经济性：尽可能选用费用低的常规检测技术，要以解决问题为原则，不要骛精求全。

4.4.2　化学成分分析

材料的性能首先决定于其化学成分。在失效分析中，常常需要对失效金属构件的材料成分、表面沉积物、氧化物、腐蚀物、夹杂物、第二相等进行定性或定量的化学分析，以便为失效分析结论提出依据。

化学成分分析按其任务可分为定性分析和定量分析，按其原理和所使用的仪器设备又可分为化学分析和仪器分析。化学分析是以化学反应为基础的分析方法。仪器分析则是以被测物的物理或物理化学性质为基础的分析方法，由于分析时常需要用到比较复杂的分析仪器，故称仪器分析法。

（1）化学分析法

化学分析法多采用各种溶液及各种液态化学试剂，故又称湿式化学分析。常用的化学分析法有重量分析法、滴定分析法、比色法和电导法。

a. 重量分析法　通常是使被测组分与试样中的其他组分分离后，转变为一种纯粹的、化学组成固定的化合物，称其重量，从而计算被测组分含量的一种分析方法。这种方法的分析速度较慢，现已较少采用，但其准确度高，目前在某些测定中仍用作标准方法。

b. 滴定分析法　用一种已知准确浓度的试剂溶液（即标准溶液），滴加到被测组分的溶液中去，使之发生反应，根据反应恰好完全时所消耗标准溶液的体积计算出被测组分的含量。此法又称容量法。滴定法操作简单快速，测定结果准确、有较大的使用价值。

c. 比色法 许多物质的溶液是有颜色的，这些有色溶液颜色的深浅和溶液的浓度直接有关。因此可借比较溶液颜色的深浅来测定溶液中该种有色物质的浓度。比色法还可分为目视比色分析法、光电比色分析法和分光光度分析法。后两种方法由于采用了仪器，因而属于仪器分析法。

d. 电导法 利用溶液的导电能力来进行定量分析的一种方法。

（2）光谱分析

光谱化学分析是根据物质的光谱测定物质组分的仪器分析方法，通常简称光谱分析。其优点是分析速度快，可同时分析多个元素，即使含量在 0.01% 以下的微量元素也可以分析，整个分析过程比化学分析方法简单得多，因此光谱分析已得到广泛应用，这里主要介绍发射光谱分析、原子吸收光谱分析和 X 射线荧光光谱分析。

a. 发射光谱分析（AES） 是利用试样中原子或离子发射的特征线光谱（原子发射光谱）或某些分子、基因发射的特征带光谱（分子发射光谱）的波长或强度，来检测元素的存在及其含量的一种成分分析方法。根据读谱设备和方法的不同，可分为摄谱法光谱分析和光电直读法光谱分析。

摄谱法光谱分析 基本原理是试样受到光源发生器（直流电弧或火花）的作用，其组成元素的原子转变成气态原子时，其中有一些原子的外层电子被激发到高能态成为激发态原子。当它们从高能级跃迁回到低能级时，发射出不同波长的光谱线。各种元素的原子结构不同，谱线的强度也不同。发射的光经过分光仪器的作用，可得到根据波长长短排列的原子或离子被激发的线状光谱（或分子被激发的带状光谱）。然后由摄谱仪用感光板将谱线拍摄下来，感光板经过显影、定影等暗室处理即成为谱片。再用测微光度计测量谱片上谱线黑度（黑度表示这种光的化学反应程度）。根据谱线落在谱片上的不同位置，可以确定谱线出自何种元素，而根据该谱线的黑度，可确定产生该谱线的元素含量多少。

摄谱法光谱分析可定量测定钢中除碳、硫以外的多种合金元素；分析迅速（约需 30 s），可同时进行多元素分析；当试样为固体钢样时，试样的预先处理简单，只需表面研磨即可；试样用量少（一般为 1~100 mg）。该法是一种优异的微量分析法。

光电直读法光谱分析 主要原理与摄谱法基本相同，但却有其突出的优点和许多不同之处。光电直读法光谱分析仪器取消了摄谱仪上使用的感光板，而代之以光电接受元件，因而省去了摄谱法分析时对感光板的暗室处理，以及在测微光度计上进行的谱线黑度测量这两个工序。该仪器采用光电接收元件，将光信号转变为电信号，并经过放大及记录装置的作用，仪器随即自动绘出指示分析线（含何种元素）及强度比的度数（元素含量），大大加快了分析速度。

光电直读光谱分析由于分析速度快，最适宜炉前快速分析，一台仪器能承担原来由数台摄谱仪所承担的分析任务。在做定量分析时，也是依靠标准试样做出工作曲线，以便对未知试样进行分析。

采用真空光电直读光谱分析仪器，在分析合金元素的同时，还能对碳、磷、硫三个元素一起进行分析。

b. 原子吸收光谱分析（AAS） 基本原理是在待测元素特定和独有的波长下，通过测量试样所产生的原子蒸气对辐射的吸收值来测定试样中元素浓度的方法。

原子吸收光谱分析的操作过程比较简单，准确称量少量试样，并经化学处理后稀释到一定体积，通过喷雾器及燃烧器使欲测元素在火焰中呈原子蒸气状态，由指示仪表测出对一定强度的辐射光的吸收值。其基本分析方法是标准曲线法，即预先配制不同浓度的标准溶液，分别测量吸收值，做出吸收值-浓度标准曲线。在同样条件下测量分析试液的吸收值，由标准曲线上查出相应的浓度，即可换算分析试样中该元素含量的百分数。

原子吸收光谱分析的优点是测定的元素很广，几乎全部金属元素和某些亚金属元素均可测定；分析灵敏度高，一般都在 $0.01\sim1$ μg/mL 之内；元素间干扰少，一般都不必进行化学分离；准确度一般在 2% 左右；试液准备好后，分析一个元素在 1 min 内完成；设备简单，成本较低。其缺点是分析一个元素要换一支元素灯；多数非金属元素不能直接测定。

c. X 射线荧光光谱分析（XFS）　用 X 射线照射物质时，除发生散射现象和吸收现象外，还能产生次级 X 射线，即荧光 X 射线。荧光 X 射线的波长只取决于物质中原子的种类，根据荧光 X 射线的波长可以确定物质的元素组成，根据该波长的荧光 X 射线的强度可进行定量分析。这种方法称为 X 射线荧光光谱分析。其分析仪器分为荧光光谱仪（波长色散型）与荧光能谱仪（能量色散型）两种类型。荧光照射分光晶体产生色散的原理与规律（遵从布拉格方程）及其扫描检测与信号处理等过程均与 X 射线衍射仪类似。

X 射线荧光光谱分析的优点是操作方便，准确度高，分析速度快，既可作常量分析，又可测定纯物质中某些痕量杂质元素。最新式的 X 射线荧光光谱仪可测定原子序数在 9 以上的所有元素。包括常见的铝、硅、硫、镁、氮等轻元素。目前，这样光谱仪已成为炉前分析的主要仪器。

三种光谱分析方法的应用及特点列于表 4-2。

表 4-2　光谱分析方法的应用及特点

分析方法 （缩写）	样　品	基本分析项目与应用	应 用 特 点
原子发射 光谱分析 （AES）	固体与液体样品，分析时被蒸发，转变为气态原子	元素定性分析、半定量分析与定量分析（可测所有金属和谱线处于真空紫外区的 C、S、P 等非金属共七八十种元素，对于无机物分析，是最好的定性、半定量分析方法）	灵敏度高，准确度较高；样品用量少（只需几毫克到几十毫克）；可对样品作全元素分析，分析速度快（光电直读光谱仪只需 $1\sim2$ min 可测 20 多种元素）
原子吸收 光谱分析 （AAS）	液体（固体样品配制溶液），分析时为原子蒸气	元素定量分析（可测几乎所有金属和 B、Si、Se、Te 等半金属元素约 70 种）	灵敏度很高（特别适用于元素微量和超微量分析），准确度较高；不能作定性分析，不便于作单元素测定；仪器设备简单，操作方便，分析速度快
X 射线荧光 光谱分析 （XFS）	固体	元素定性分析、半定量分析、定量分析（适用于原子序数 5 以上的元素）	无损检测（样品不受形状大小限制且过程中不被破坏）XFS 仪实现过程自动化与分析程序化；灵敏度不够高，只能分析含量在 10^{-4} 数量级以上的元素

（3）微区化学成分分析

金属材料中合金元素和杂质元素的浓度及其分布，第二相或夹杂物的测定是金属构件由于材料质量问题引起失效要进行研究的重要内容。通常的化学分析方法只能给出被分析试样的平均成分，无法提供在微观尺度上元素分布不均匀的数据。电子探针 X 射线分析仪，俄歇电子能谱仪和离子探针显微分析仪是目前较为理想的微区化学分析仪器。其中俄歇电子能谱仪和离子探针显微分析仪主要用于表面成分分析。表 4-3 为三种分析仪的分析技术比较。

表 4-3　表面微区成分分析技术比较

分 析 性 能	电 子 探 针	俄歇谱仪	离 子 探 针
空间分辨率/μm	0.5～1	0.1	1～2
分析深度/μm	0.5～2	<0.003	<0.005
采样体积质量/g	10^{-12}	10^{-16}	10^{-13}
可检测质量极限/g	10^{-16}	10^{-18}	10^{-16}
可检测浓度极限/(mg/L)	50～10000	10～1000	0.01～100
可分析元素	$z \geqslant 4$ （$z \leqslant 11$ 时灵敏度差）	$z \geqslant 3$	全部
定量精度	±1%～5%	30%	尚未建立
真空度要求/Pa	$\leqslant 10^{-3}$	$\leqslant 10^{-8}$	$\leqslant 10^{-6}$
对试样损伤情况	对非导体损伤大，一般情况下无损伤	损伤小	损伤严重
定点分析时间/s	100	1000	0.05

电子探针 X 射线显微分析

a. 仪器　电子探针 X 射线显微分析仪（简称电子探针，缩写为 EPA 或 EPMA）的主要功能是进行微区成分分析，其原理是用细聚焦电子束入射试样表面，激发出样品元素的特征 X 射线，分析特征 X 射线的波长（或特征能量）即可知道样品中所含元素的种类（定性分析），分析 X 射线的强度，则可知道样品中对应元素含量的多少（定量分析）。

电子探针的信号检测系统是 X 射线谱仪。用来测定 X 射线特征波长的谱仪叫做波长分散谱仪（WDS）或波谱仪。用来测定 X 射线特征能量的谱仪叫做能量分散谱仪（EDS）或能谱仪。

电子探针和扫描电子显微镜在电子光学系统方面的结构大体相似。除专门的电子探针仪外，有相当一部分电子探针仪是作为附件安装在扫描电镜上，组合成一个仪器，兼有扫描放大成像和微区成分分析两方面的功能。

波谱仪的优点是波长分辨率高，对于一些波长很接近的谱线也能分开。随着电子计算机技术的发展，出现了波谱仪-微机的联机操作。如日本电子公司的 Super733-X 型电子探针和日立公司的 X-650 扫描电镜等。联机之后，可对过程进行自动控制，如驱动分光晶体自动寻峰，多道分光谱仪同时测量，样品台位置的自动调整及在聚焦圆上的自动聚焦，定性分析和定量计算等，使测量速度和精度大大提高。波谱仪的缺点是要求试样表面十分平整，且 X 射线信号利用率低。

和波谱仪相比，能谱仪具有下列优点：

① 能谱仪可在同一时间内对分析点内所有元素 X 射线光子的能量进行测定和计数，在几分钟内可得到定性分析结果，而波谱仪只能逐个测量每种元素的特征波长；

② 能谱仪探测 X 射线的效率高；因为 Si（Li）探头可以安放在比较接近样品的位置；能谱仪的灵敏度比波谱仪高一个数量级；

③ 能谱仪的结构比波谱仪简单，没有机械传动部分，因此稳定性和重复性都很好；

④ 能谱仪不必聚焦，因此对样品表面没有特殊要求，适合于粗糙表面的分析工作，因扫描电镜在大多数情况下观察的试样是凹凸不平的，一般来说，扫描电镜与能谱仪结合还是一种较好的组合。

和波谱仪相比，能谱仪又有下列不足之处：

① 能谱仪的分辨率比波谱仪低，因为能谱仪给出的波峰比较宽，容易重叠，特别是在低能部分，这往往需要有经验的操作者在计算机的帮助下进行剥离谱线；

② 能谱仪中因 Si（Li）检测器的铍窗口限制了超轻元素 X 射线的测量，因此它只能分析原子序数大于 11 的元素，而波谱仪可测定原子序数在 4～92 之间的所有元素；

③ 定量分析精度不及波谱仪；

④ 锂漂移硅探头必须保持在液氮中。

b．试样制备　电子探针对试样有一定要求，按其形状可分为块状、粉状及薄膜等。块状试样最大限度尺寸是由仪器的试样室及试样座的大小决定的，圆柱形试样以 $\phi6$ mm～$\phi10$ mm 为好，方形试样以 5～10 mm 为好。试样的表面须研磨抛光，并进行充分的清洗，以免残留研磨剂而影响分析结果的可靠性。对试样进行电子探针分析时，试样必须接地，因此试样应具有良好的导电性。对于非导体试样，放置真空室中喷碳或其他金属，使表面能导电，喷膜的厚度约为 20～40 nm。

对粉末试样，若只需了解其总的成分时，可用压缩成形或烧结等办法把粉末压在一起，用和块状试样相同的方法进行分析。如若了解粉末成分时，可在金属片上涂敷导电涂料，然后把粉末试样粘在上面，或将试样进行研磨和喷镀。

对于薄膜试样，可用像电子显微镜萃取复型一样萃取复型试样。

c．分析方法　电子探针有三种分析方法，即点分析、线分析和面分析。

① 点分析用于测定样品上某个指定点（成分未知的第二相、夹杂物或基体）的化学成分。方法是关闭扫描线圈，使电子束固定在所要分析的某一点上，连续和缓慢地改变谱仪长度（即改变晶体的衍射角 θ）就可能接收到此点内的不同元素的 X 射线，根据记录仪上出现衍射峰的波长，即可确定被分析点的化学成分，这就是电子探针波谱仪的分析方法。同样，也可以采用能谱仪进行分析。如果用标样做比较则可以进行定量分析。目前较先进的谱仪都采用先进的计算机定量分析计算的操作，可以很方便地进行定量分析。

图 4-2 所示是某合金钢的基体组织的定点分析结果，横轴表示测试过程中根据波谱仪长度变化标定的衍射角 θ，从而确定每个衍射峰所对应的元素及其线系，纵轴表示对应每个波长的 X 射线强度。如果分析点还含有超轻元素（如 C、N、O 等）或重元素（如 Zr、Nb、Mo 等）时，由于其特征 X 射线的波长超出了 LiF 的检测范围，此时应进一步采用面间距不同的其他分光晶体进行检测，即可对样品进行定点全谱分析。

② 线分析用于测定某种元素沿给定直线的分布情况，如构件从表面到心部成分变化。该方法是将 X 射线谱仪（波谱仪或能谱仪）设置在测量某一指定波长的位置，使电子束沿样品上某条给定直线从左到右移动，同时用记录仪或显像管记录该元素在这条直线上的 X 射线强度变化的曲线，也就是该元素的浓度曲线。如第 5 章实例 10 "斜拉桥钢

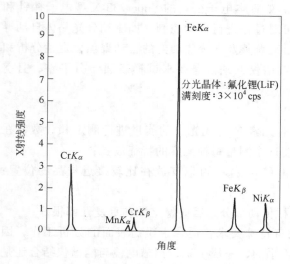

图 4-2　奥氏体相中元素谱线

索断裂",组成每根钢索的近 200 根钢线在使用中受腐蚀,用线分析检查氯离子穿进金属加速腐蚀的作用。选钢线虽有腐蚀但腐蚀不严重的部位进行电子显微分析。图 4-3 为该段钢线表面镀锌层及钝化膜的截面形貌,钢线最表面仍有约 5 μm 的 CrNi 钝化膜(图中右侧的白色膜);往左有约 40 μm 的镀锌层;再往左则是钢基体。图 4-3 (a) 上的谱线是锌的线扫描谱线;图 4-3 (b) 上的谱线是氯的线扫描谱线,可见氯离子已进入镀锌层。氯离子进入锌层或钢铁基体,在有水存在(潮湿状态)下,阳极溶解产生的金属离子发生水解,氯离子能反复作用而不发生损耗,并有氢离子的积聚。该实例的线分析在判断活性氯离子的加速腐蚀作用时起了很大的作用。

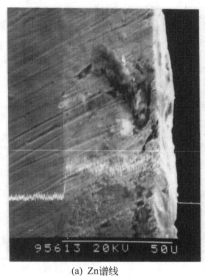 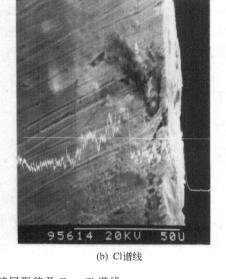

(a) Zn谱线   (b) Cl谱线

图 4-3 钢线表面较完整镀锌层形貌及 Zn、Cl 谱线

③ 面分析把 X 射线谱仪固定在某一波长的地方,利用仪器中的扫描装置使电子束在样品表面上扫描,同时,显像管的电子束同扫描电路的调制作同步扫描。显像管亮度由样品给出的信息(如 X 射线强度,二次电子强度)调制,这样可以得出样品的形貌像和某一元素的成分分布像,两者对比可以清楚地看到样品中各个部位的成分变化。

俄歇电子能谱分析 固体的表面(包括外表面和晶界、相界等内表面)状态对材料性能有重要影响。例如,金属材料的氧化和腐蚀,材料的脆性和断裂行为,半导体的外延生长等,都与表面几个原子层范围内的化学成分及结构有密切关系。目前与金属的表面结构与成分分析有关的技术主要有:俄歇电子能谱分析(Auger Electron Spectrometry,简称 AES);离子探针(Ion Microanalysis,简称 IMA);场离子显微镜和原子探针(Field Ion Microscopy and Atom Probe,简称 FIM);低能电子衍射(Low Energy Electron Diffraction,简称 LEED)。这里只简单介绍俄歇电子能谱分析。

俄歇电子能谱仪是通过能量分析器及检测系统来检测俄歇电子的能量和强度,获得有关表层化学成分的定性和半定量的信息以及电子态等。它能分析试样表面 3 nm 以内的深度,分析原子序数为 3 以上的所有元素,对轻元素特别灵敏。测定元素的浓度极限范围为 0.01at% ~ 0.1at%,能方便地对试样作点、线、面上元素分布的鉴定并能给出元素分布的图像,这种分析方法与电子探针相似,不再赘述。

俄歇电子能谱分析可应用于合金元素和微量元素在合金表面、晶界、相界上的吸附、扩散、偏析；渗层元素的分布；热处理的表面成分偏析；材料腐蚀研究；压力加工之后的表面分析；磨削氧化膜的表面分析等。

4.4.3 力学性能测试

金属的力学性能是指金属在外力作用下或外力与环境因素联合作用下所表现的行为。这种行为又称力学行为，宏观上一般表现为金属的变形和断裂。如果金属材料对变形和断裂的抗力与服役条件不相适应，就会使构件失效。常见的失效形式有过量弹性变形、过量塑性变形、断裂、磨损等。常见力学性能指标包括强度、塑性、韧性、硬度、耐磨性和缺口敏感性等。这些性能指标可通过拉伸试验、冲击试验、硬度试验、磨损试验、疲劳试验、断裂试验等方法求得。力学性能测试方法一般已经标准化，可按国家推荐的标准方法执行。表4-4列出部分常用国家标准推荐的金属力学性能测试方法。

表4-4 金属力学性能测试标准

标 准 号	标准名称	标 准 号	标准名称
GB/T 228—1987	金属拉伸试验法	GB/T 3075—1982	金属轴向疲劳试验方法
GB/T 229—1994	金属夏比缺口冲击试验方法	GB/T 4161—1984	金属材料平面应变断裂韧度 K_{IC} 试验方法
GB/T 230—1991	金属洛氏硬度试验方法	GB/T 4338—1995	金属材料 高温拉伸试验
GB/T 231—1984	金属布氏硬度试验方法	GB/T 4340—1999	金属维氏硬度试验
GB/T 1172—1999	黑色金属硬度及强度换算值	GB/T 4341—2001	金属肖氏硬度试验方法
GB/T 2038—1991	金属材料延性断裂韧度 J_{IC} 试验方法	GB/T 4342—1991	金属显微维氏硬度试验方法
GB/T 2039—1997	金属拉伸蠕变及持久试验方法	GB/T 10623—1989	金属力学性能试验术语
GB/T 2358—1994	金属材料裂纹尖端张开位移试验方法	GB/T 13239—1991	金属低温拉伸试验方法
GB/T 2975—1998	钢及钢产品 力学性能试验取样位置及试样制备		

4.4.4 金相检验

金相检验是借助光学显微镜或电子显微镜，观察与识别金属材料的组成相、组织组成物及微观缺陷的数量、大小、形态及分布，从而判断和评定金属材料质量的一种检验方法。金相检验包括试样制备、组织显示、显微镜观察和拍照等四个步骤。首先从构件上截取试样（或在构件选定部位现场定位），试样表面一般比较粗糙并有其他物质覆盖物，要进行清理、研磨、抛光，得到一个光亮的、表面组织未发生任何变化的镜面，这就是金相试样；而光亮的镜面在显微镜下只能看到光亮一片，必须用适当的方法显示组织；不同组织的形貌、大小和分布等特征则可在显微镜下进行观察和分析；最后进行金相拍照，记录下有用的数据资料。

（1）金相试样的制备

金相检验是在经过仔细研磨、抛光，并通常经过侵蚀后的金相试样上进行的。金相试样的制备是金相检验中一个极其重要的工序，包括取样和镶样、研磨（粗磨、细磨）、抛光和金相组织显示（侵蚀）等。

a. 取样和镶样　取样的部位应根据研究和检验的目的，按有关国家标准和行业标准的规定在材料的相应部位上截取，以使所取的试样具有代表性。例如，若研究钢锭中硫的分布，就必须解剖钢锭，在钢锭头、中、尾部从表层到中心取样，一般取 9 个试样。又如，检验钢材表面的脱碳情况，必须取带有表面层的钢材试样。研究零件的失效原因时，应在失效的部位取样，同时在完好的部位取样，以便比较分析。

金相试样的检验面根据检验项目的要求来决定。通常检验脱碳层深度、横向组织分布、网状碳化物、碳素工具钢和弹簧钢中的石墨，可在钢材加工方向的横截面上取样；而带状组织、带状碳化物、碳化物液析、碳化物不均匀度、非金属夹杂物的类型、形状、材料的变形程度、晶粒拉长的程度则在钢材加工方向的纵截面上取样。

试样从钢材或零件上切取时，应保证不使被检验面组织因切取操作而产生任何变化。为了达到这一目的，应尽可能采用机械切割，如锯、车、刨等方法。过硬的材料，可考虑采用水冷砂轮切片机或电火花等切取，但必须采取冷却措施，尽量减少因切割时温度升高对组织的影响。

试样的尺寸以手持磨制方便为宜。试样截面尺寸在 10～25 mm 范围内，过大则磨样时间长，过小则磨制时不易保持平稳。试样高度以 15 mm 为宜。

对于一些形状特殊或尺寸过小的金相试样，如线材、薄片、碎片等，需用镶嵌的方法将它们镶嵌成较大的便于握持的磨片。常用的镶嵌方法有塑料镶嵌法和机械夹持法。

b. 试样的研磨和抛光　金相试样一般通过粗磨、细磨和抛光三个工序。

① 粗磨是将取好的试样在砂轮机上（或用粗纱纸）进行第一道磨制。这一道工序的目的是为了将试样修整成平面，并磨成合适的外形。要观察边缘的试样要保持好的边缘；不观察边缘的试样应将棱角、尖角、飞边等全部磨掉，以免在下道工序进行时将砂纸或抛光布撕破，或试样飞出造成伤害事故。磨制时用力要均匀且不宜过大，并随时浸入水中冷却，以避免受热引起组织变化。

② 细磨是在各号金相砂纸上依其粗细顺序进行磨光。金相砂纸的砂粒有人造刚玉（氧化铝）、金刚砂（碳化硅）等，有干砂纸和水砂纸之分。手工磨光时将砂纸平铺在玻璃板或不锈钢板上，一手将砂纸按住，一手将试样磨面轻轻压在砂纸上，向前推进磨光。回程时，提起试样，使其不与砂纸接触，以保证磨面平整而不产生弧度。更换下一号砂纸时，须将试样研磨方向调转 90°，即与上一道磨痕方向垂直，直到将上一道砂纸的磨痕磨掉为止。目前多采用预磨机（将水砂纸贴在旋转的圆盘上或金刚砂蜡盘）进行机械研磨。一般金相试样细磨至 03$^\#$、04$^\#$（干砂纸）或 400$^\#$、600$^\#$（水砂纸）即可。较软的有色金属可磨至更细。

③ 抛光的目的是消除试样磨面上经细磨后所留下的微细磨痕，以获得光亮的镜面。金相抛光可分为机械抛光、化学抛光和电解抛光三种。

机械抛光　在专门的抛光机上进行。抛光机主要由电动机和抛光盘（$\phi200$ mm ～ $\phi300$ mm）组成，抛光盘转速为 300～500 r/min。抛光盘上铺以细帆布、呢绒、丝绸等。抛光时在抛光盘上注入磨料。磨料的种类很多，有 Al_2O_3、MgO 或 Cr_2O_3 等细粉末（粒度约为 0.3～1 μm），将其制成抛光液或抛光膏使用。氧化铝粉末从早期到现在一直是广泛使用的抛光磨料，从粗抛（10～15 μm）到最后细抛（小于等于 1 μm）都有比较满意的效果。近来金相抛光中普遍采用人造金刚石磨料，较粗的氧化铝粉由金刚石研磨膏所代替。金刚石研磨膏粗抛和氧化铝粉最后细抛，可使抛光速度快、抛光表面质量好。抛光前要将细磨后的试样用水冲洗干净，以避免将不同粗细的砂粒带进抛光盘，影响试样制备。抛光时，手握试样务求平稳，施力均匀，压力不宜过大，并从边缘到中心不断地作径向往复移动，待试样表面磨痕全部消失且呈光亮的镜面时，抛光方可结束。非金属夹杂物试样抛光时，应将试样在抛光盘上不断地转动，这样可以随时改变磨面的抛光方向，防止非金属夹杂物磨拖产生拖尾，拖尾的产生是单向抛光的结果。

化学抛光　依靠化学溶液对试样表面的电化学溶解，而获得抛光表面。化学抛光操作简单，将试样磨面浸在抛光液中，或用棉花浸沾抛光液后，在试样磨面上来回擦拭。化学抛光兼有抛光和浸蚀作用，可直接显露金相组织，供显微镜观察。普通钢铁材料可采用以下抛光液配方：草酸 6 g、过氧化氢（双氧水）100 mL、蒸馏水 100 mL、氟氢酸 40 滴。温度对化学抛光影响很大，提高温度可加速化学抛光的速度，但抛光速度太快也不易控制，抛光速度太慢，生产效率低。所以，某种化学抛光剂对某一种钢材都有一定的最佳温度，温度控制得当，能提高化学抛光的效果。钢中含碳量对抛光时间亦有影响，含碳量越高，所需时间越短，含碳量越低，所需抛光时间越长，这是由于随碳含量的增加，钢中碳化物相应增加，单位面积内的微电池也越多，反应速度越快。

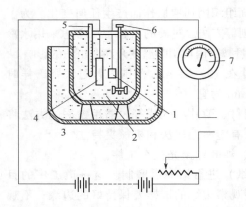

图 4-4　电解抛光装置
1—试样；2—电解液；3—冷却水；4—阴极；
5—温度计；6—搅拌器；7—电流计

电解抛光　利用阳极腐蚀法使试样表面变得平滑光亮。电解抛光装置如图 4-4 所示。将试样浸入电解液中作为阳极，用铅板或不锈钢板作为阴极，试样与阴极之间保持一定的距离（20～30 mm），接通直流电源。当电流密度足够大时，试样磨面即由于电化学作用而发生选择性溶解，从而获得光滑平整的表面。电解抛光用电解液种类很多，试验中使用较多、抛光效果较好的是高氯酸电解液，其配方是（体积浓度）高氯酸 10 %、乙醇 20 %、正丁醇 70 %。电解抛光的速度快，表面光洁且不产生塑性变形，从而能更确切地显示真实的显微组织，但工艺规程不易掌握。

（2）金相组织显示

经一般抛光的试样，若直接置于显微镜下观察，只能看到一片亮光（具有特殊颜色的非金属夹杂物和石墨除外），其显微组织并未显露，因此需要进行金相组织显示（浸蚀）。金相组织显示，就是将金属的晶界、相界或组织显示出来，以便于在显微镜下观察。显示组织的方法可分为化学和物理两大类。化学浸蚀法是最常用的方法，它是利用化学浸蚀剂，通过化学或电化学作用显示金属的组织。物理法比较重要的有热染、高温挥发、阴极真空电子发射及磁场法等。下面仅介绍化学浸蚀法。

纯金属和单相合金的浸蚀是一个化学溶解过程。由于晶界上原子排列的规律性差，具有较高的自由能，所以晶界处较易浸蚀而呈凹陷。若浸蚀较浅，由于垂直光线在晶界处的散射作用，在显微镜下可显示出纯金属或固溶体的多边形二维晶粒。若浸蚀较深，则在显微镜下可显示出明暗不一的晶粒，这是由于各晶粒位向不同，溶解速度各异，浸蚀后的显微平面和原磨面的角度不同，在垂直光线照射下，反射光线方向各异，显示出明暗不一。

二相合金和多相合金的浸蚀主要是一个电化学腐蚀过程。各组成相的电极电位不同，在浸蚀剂（即电解液）中，形成许多微电池，产生微电池效应。电位较负的一相成为阳极，被迅速溶入电解液中逐渐凹陷下去，而电位较正的另一相成为阴极保持原光滑平面，在显微镜下就可清楚地显示出各种不同的相。

浸蚀的步骤是：将已抛光的试样，用水冲去抛光粉或电解液，用酒精洗去残余的水，然后用滴管滴上 1～2 滴浸蚀剂，使其在试样磨面停留一定时间，浸蚀时间的长短与钢的组织状态、浸蚀剂的种类有关，然后用水冲洗干净，再用酒精洗去残余的水，将试样置于热风机下吹干，即可用于显微分析。经浸蚀后的试样表面不能用手摸或与其他物体碰擦，并应保存于干燥器皿内，以防生锈和污染。

钢铁材料的化学浸蚀剂见表 4-5。最常用的是 1%～5% 硝酸酒精溶液和 4% 苦味酸酒精溶液。

表 4-5　常用浸蚀剂

试剂名称	成　分	适用范围	注意事项
硝酸酒精溶液	硝酸 HNO_3　1～5 mL 酒精　100 mL	碳钢及低合金钢的组织显示	硝酸含量按材料选择,浸蚀数秒钟
苦味酸酒精溶液	苦味酸　2～10 g 酒精 100 mL	对钢铁材料的细密组织显示较清晰	浸蚀时间自数秒钟至数分钟
苦味酸盐酸酒精溶液	苦味酸　1～5 g 盐酸 HCl　5 mL 酒精　100 mL	显示淬火及淬火回火后钢的晶粒和组织	浸蚀时间较上例为快些,约数秒钟至 1 min
苛性钠苦味酸水溶液	苛性钠　25 g 苦味酸　2 g 水 H_2O　100 mL	钢中的渗碳体染成暗黑色	加热煮沸浸蚀 5～30 min
氯化铁盐酸水溶液	氯化铁 $FeCl_3$　5 g 盐酸　50 mL 水　100 mL	显示不锈钢、奥氏体高镍钢、铜及铜合金组织,显示奥氏体不锈钢的软化组织	浸蚀至显现组织
王水甘油溶液	硝酸　10 mL 盐酸　20～30 mL 甘油　30 mL	显示奥氏体镍铬合金等组织	先将盐酸与甘油充分混合,然后加入硝酸,试样浸蚀前先行用热水预热
高锰酸钾苛性钠	高锰酸钾　4 g 苛性钠　4 g	显示高合金钢中碳化物、σ相等	煮沸使用浸蚀 1～10 min
氨水双氧水溶液	氨水(饱和)　50 mL H_2O_2(3%)水溶液　50 mL	显示铜及铜合金组织	新鲜配用　用棉花蘸擦
氯化铜氨水溶液	氯化铜　8 g 氨水(饱和)　100 mL	显示铜及铜合金组织	浸蚀 30～60 s
硝酸铁水溶液	硝酸铁 $Fe(NO_3)_3$　10 g 水　100 mL	显示铜合金组织	用棉花揩拭
混合酸	氢氟酸(浓)　1 mL 盐酸　1.5 mL 硝酸　2.5 mL 水　95 mL	显示硬铝组织	浸蚀 10～20 s 或棉花蘸擦
氢氟酸水溶液	氢氟酸 HF(浓)　0.5 mL 水　99.5 mL	显示一般铝合金组织	用棉花揩拭
苛性钠水溶液	苛性钠　1 g 水　90 mL	显示铝及铝合金组织	浸蚀数秒钟

（3）金相观察

a. 低倍检验　用肉眼或放大镜检验金属表面或断口的宏观缺陷的方法叫做低倍检验。它是检验原材料和产品质量的重要手段，因为化学分析、力学性能试验和显微金相检验，固然是评定钢材质量的重要依据，但是，由于金属材料的不均匀性，这些数据仅能部分地反映金属材料的性能。而通过宏观检验可揭示其全貌，能显示金属组织的不均匀性和各种缺陷的形态、分布。因此宏观检验与其他检验方法相配合，才能全面评定金属材料的质量。

低倍检验方法很多，可按有关标准的规定进行检验，如酸浸蚀低倍检验，断口检验等。在相应的标准和技术条件中，有的规定采用单一检验方法，也有的同时采用两种或多种方法进行检验，互为补充，使检验结论更加全面。例如，在GB226—91《钢的低倍组织及缺陷酸蚀试验法》中，规定了热酸浸蚀、冷酸浸蚀和电解浸蚀三种方法。三者所得结果基本一致，故在实际生产中常常任选一种方法进行检验，但在仲裁时规定以热酸浸蚀为准。

低倍检验一般包括以下内容。

① 金属结晶组织。

② 金属凝固时形成的气孔、缩孔、疏松等缺陷。

③ 某些元素的宏观偏析，如钢中的硫、磷偏析等。

④ 压力加工形成的流线、纤维组织。

⑤ 热处理件的淬硬层、渗碳层和脱碳层等。

⑥ 各种焊接缺陷以及夹杂物、白点、发纹、断口等。

b. 显微组织检验　金属材料试样经研磨、抛光、浸蚀后在光学显微镜下检查，可看到各种形态的显微组织。就相组织的多少来说，有单相、双相及多相组织。对单相组织，要观察晶粒界，晶粒形状、大小以及晶粒内出现的亚结构；对双相及多相组织，要观察相的相对量、形状、大小及分布等。

在观察构件金属材料显微组织时，一定要事先做好准备工作。首先要清楚金属材料的成分及构件的工艺成形条件；尽可能找到相关的金属或合金相图，作为判断组织时的参考。在显微镜实际观察时，先用低倍观察组织的全貌，再用高倍对某相或某些细节进行仔细的观察。还可根据需要，选用特殊的方法如暗场、偏振光、干涉、显微硬度等，或用特殊的组织显示方法，做进一步观察研究。先做相鉴定，然后做定量测量。对于光学金相还不能确定的合金相，可用衍射方法和电子探针做进一步分析。

这里仅就碳钢的退火组织、魏氏组织、马氏体组织及脱溶的显微组织为例作简要说明。

碳钢退火后的组织　含碳量小于2.11%的铁碳合金的组织见表4-6，其退火组织分为亚共析、共析和过共析。

表4-6　碳钢的组织

图片编号	合金成分及状态	浸 蚀 剂	放大倍数
图4-5	工业纯铁,退火	4%硝酸酒精	160
图4-6	工业纯铁高温退火得到的亚晶粒组织	2g苦味酸＋2%硝酸酒精	150
图4-7	08钢,退火	4%硝酸酒精	200
图4-8	20钢,退火	4%硝酸酒精	250
图4-9	35钢,退火	4%硝酸酒精	250
图4-10	60钢,退火	4%硝酸酒精	200
图4-11	共析钢,退火	4%硝酸酒精	250
图4-12	1.2%碳钢,退火	4%硝酸酒精	400

续表

图片编号	合金成分及状态	浸 蚀 剂	放大倍数
图 4-13	1.2%碳钢,退火	碱性苦味酸染色	250
图 4-14	1.2%碳钢,球化退火	4%硝酸酒精	400
图 4-16	铁素体魏氏组织,过热空冷	4%硝酸酒精	200
图 4-17	渗碳体魏氏组织,铸造	4%硝酸酒精	200
图 4-18	低碳钢板条马氏体,淬火	2%硝酸酒精	320
图 4-19	高碳钢片状马氏体,淬火	2%硝酸酒精	400

图 4-5、图 4-6 所示为纯铁的退火组织。

图 4-5　工业纯铁退火组织　160×

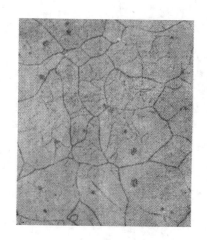

图 4-6　工业纯铁高温退火
的亚晶组织　150×

图 4-7～图 4-10 所示分别是含碳量 0.08%、0.2%、0.35% 和 0.6% 亚共析钢的退火组织。白亮者为铁素体,黑色为珠光体。从这一组亚共析钢的组织可以看到,随着含碳量的提高,珠光体的相对含量增加。当含碳量达 0.6% 以上,铁素体沿着原奥氏体晶粒呈网状分布。

图 4-7　08 钢退火组织　200×

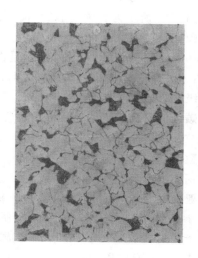

图 4-8　20 钢退火组织　250×

153

图 4-9　35 钢退火组织　250×

图 4-10　60 钢退火组织　200×

图 4-11　共析钢退火组织　250×

图 4-12　1.2％碳钢退火组织　400×

图 4-11 所示是共析钢的退火组织，全部为片状组织。高倍观察时片层很清楚。

图 4-12 所示为含碳量 1.2％的过共析钢退火组织，珠光体加二次渗碳体。二次渗碳体沿原奥氏体晶粒网状分布，呈亮白色。用碱性苦味酸溶液热染色浸蚀，可使网状渗碳体变成黑色，如图 4-13 所示。图 4-14 所示是这种钢球化退火后得到的组织，渗碳体呈球状。凡是含碳量在 0.7％以上的钢材，出厂之前，都必须以球化退火组织交货。组织的好坏，按国家标准评级。

碳钢的魏氏组织　亚共析钢在锻造、焊接、铸造和热处理时，由于高温形成粗大的奥氏体晶粒，在空冷时，先共析铁素体，除一部分沿奥氏体晶粒界析出外，还有一部分从晶界伸向晶粒内部或在晶粒内部独自析出。这种组织形态称为铁素体魏氏组织。同样，在过共析的高碳钢中，也会出现渗碳体魏氏组织。

亚共析钢粗大的奥氏体晶粒，铁素体析出的形态，或过共析钢粗大的奥氏体晶粒，二次渗碳体析出的形态如图 4-15 所示。当奥氏体晶粒是 ASTM 0～1 级时，含碳量大约小于 0.2％者，过冷到 M 区则形成块状铁素体；含碳量大约在 0.2％～0.5％之间，过冷到 W 区则形成魏氏组织铁素体；含碳量在 0.5％～0.75％间，过冷到 GBA 区，则沿奥氏体晶界形成网状铁素体。对于过共析钢来说，当含碳量在 0.9％～1.2％间，过冷到 GBA 区则形成网状渗碳体；成分在 1.2% 以上，过冷到 W 区则形成渗碳体魏氏组织。

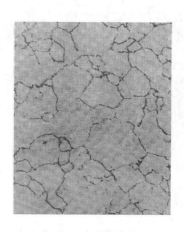

图 4-13　1.2% 碳钢退火组织　250×

图 4-14　1.2% 碳钢球化退火组织　400×

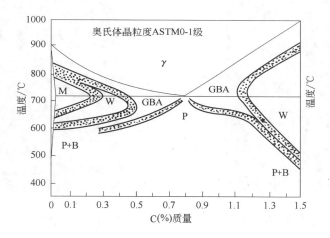

图 4-15　铁碳合金中铁素体、渗碳体的金相
形貌与化学成分转变温度的关系

M—块状铁素体；W—魏氏组织；GBA—晶界网状

图 4-16 所示是低碳钢过热形成的铁素体魏氏组织。图 4-17 所示是 1.4% C 钢铸态的渗碳体魏氏组织。用正常的正火工艺处理，可以消除魏氏组织及其粗大晶粒。

碳钢的马氏体组织　奥氏体过冷到 M_s 温度以下形成马氏体组织，碳钢的马氏体主要有板条和片状两种形态。板条马氏体是低碳马氏体，板条的宽度多数为 $0.2\ \mu m$，很难在光学显微镜下分辨出来。光学显微镜下看到的是板条马氏体束和束群。奥氏体晶粒变化对板条尺寸的影响不敏感，而板条束则随奥氏体晶粒增大而增大。图 4-18 所示是板条马氏体的显微组织。片状马氏体是高碳马氏体，呈透镜片状，往往有残余奥氏体共存。精细结构具有孪晶，片状尺寸随着奥氏体晶粒增大而明显地变大。图 4-19 所示是片状马氏体的显微组织，组织中有残余奥氏体。

脱溶分解的组织　从过饱和固溶体中析出第二相（沉淀相）或形成亚稳过渡相和偏聚区

图 4-16　铁素体魏氏组织　200×

图 4-17　渗碳体魏氏组织　200×

图 4-18　低碳钢板条马氏体　320×

图 4-19　高碳钢片状马氏体　400×

的过程称为脱溶或沉淀。凡具有固溶度变化的合金都会发生沉淀，它可以发生在冷却过程，也可以发生在淬火后再加热的过程，后者在热处理生产中称为时效。时效是改变合金性能的重要手段之一。时效过程形成的偏聚区或亚稳过渡相，一般是细小的超显微的，主要靠电子显微镜和衍射方法来观察研究。用光学显微镜研究时效的显微组织，仍然是一个重要的手段。

　　光学显微镜观察到的几种可能脱溶过程的组织变化如图 4-20 所示。图（a）为固溶处理后的组织，图（a）→图（b）→图（c）和图（a）→图（d）→图（c）表示连续脱溶的组织变化；其中（d）显示晶界出现无沉淀区，图（a）→图（e）→图（f）表示不连续脱溶的组织变化；图（a）→图（g）→图（h）表示既有不连续脱溶又有连续脱溶的组织变化。

　　c. 夹杂物的金相鉴定　主要是判别夹杂物的类型；测定夹杂物的大小、数量、形态及分布。

　　夹杂物的形态与分布　很多夹杂物具有特定的外形，这种特定的外形和分布方式与夹杂物的类型、来源有关。夹杂物若形成时间早，并以固态形式出现在钢液中，一般多具有一定

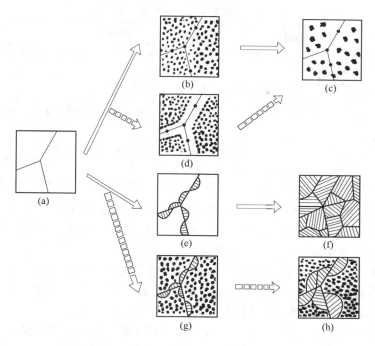

图 4-20　合金脱溶时显微组织变化示意

的几何形状（如磨面上 TiN 夹杂呈方形、三角形），夹杂物若以液态的第二相存在于钢液中，由于表面张力的作用多呈球状（如一些硅酸盐及玻璃）；若夹杂物析出较晚，则多沿晶界分布。按夹杂物与晶界浸润情况不同，夹杂物或呈颗粒形（如 FeO），或呈薄膜状（如 FeS）；经形变后的材料中，脆性夹杂物（如 Al_2O_3）多呈点链状分布，而塑性夹杂物（如一些硫化物及含 SiO_2 低于 60 % 的硅酸盐）则沿变形方向呈条带状。

　　此外，金属材料中往往是多种夹杂物共存，它们在冷凝过程中相互影响，形成几种夹杂物的固溶体或机械混合物。如 FeS 与 MnS 组成固溶体，FeO 与 $2FeO \cdot SiO_2$ 组成球状共晶夹杂。

　　金相法鉴定夹杂物　主要有明视场观察，暗视场观察、偏振光显微观察等。

　　① 明视场观察是经磨平、抛光而未浸蚀的试样首先在金相显微镜明视场下以低倍（100～150×）观察夹杂物的数量、大小、形态、分布、抛光性及可塑性，从而对夹杂物基本情况及类型有初步的了解，并选择有代表性的视场或夹杂在中倍、高倍下观察其反光能力、形态及组织。

　　② 暗视场观察可确定夹杂物本来的颜色、透明度及在明场下难以发现的细小夹杂物。

　　③ 偏振光显微观察是进一步观察透明度及颜色，并能观察夹杂物是否具有光学各向异性效应，对夹杂物进一步正确辨认。

　　④ 其他鉴别方法是将各种夹杂物通过不同的腐蚀剂作鉴别。硫化物可用弱酸腐蚀，硅酸盐一般要用强酸腐蚀，有些夹杂物只受某一种腐蚀剂腐蚀，有些夹杂物不受常用腐蚀剂腐蚀。

　　为鉴别夹杂物还可用显微硬度计、X 射线衍射探针等方法。

　　表 4-7 列出金相法鉴定夹杂物的观察项目；表 4-8 列出在暗场及偏振光下鉴定夹杂物的程序；表 4-9 列出几种常见夹杂物的性质及金相特征，供鉴定时参考。

表 4-7　金相法鉴定夹杂物的观察项目

观察项目	观察内容
低倍明视场(100×)	夹杂物的位置;夹杂物的形状、大小及分布;夹杂物的变形;夹杂物的色彩;夹杂物的抛光性
高倍明视场(～400×)	夹杂物的组织;夹杂物的反光能力;夹杂物的色彩
高倍暗视场	夹杂物的透明程度(透明、半透明、不透明);透明夹杂物本身的色彩;透明及半透明夹杂物的组织
偏振光观察	各向异性效应(强弱程度或各向同性);夹杂物的色彩;黑十字现象
显微硬度测量	测定显微硬度并估计其脆性

d. 脱碳层深度测定　钢材在加工及使用的热过程中,由于周围气氛(如氧、水蒸气和二氧化碳)对其表面所产生的化学作用,以及其表面碳的扩散作用,使其表层碳含量降低的现象称为脱碳。脱碳是钢材的一种表面缺陷。

脱碳层分为全脱碳层和部分脱碳层两种,两者深度之和为总脱碳层,即从材料表面到碳含量等于基体碳含量的那一点的距离。基体是指钢材及构件未脱碳部位。根据分析的要求,有的测量总脱碳层,有的测量全脱碳层,但大多是测量总脱碳层。

测定脱碳层深度的方法纳入 GB/T 224—87《钢的脱碳层深度测定法》的有金相法、硬度法、碳含量测定法三种,各有其独具的用途和局限性。碳含量测定法(剥层化学分析法)能得到很高的测量精度,但费时且成本高,通常只用于研究工作。硬度法是测量截面上显微硬度的变化,从试样边缘到硬度达到平稳值或技术条件规定的硬度值为止的深度为脱碳层深度。此法结果比较可靠,是常用的检验手段。金相法设备简单,方法简便,也是常规脱碳检验中的重要手段,但测量误差较大,数值常偏低,为保证测量精度,操作者应在每个试样上至少进行五次以上的测量,取它们的平均值作为脱碳层深度。下面主要介绍金相检验法。

应指出的是,金相法只适用于具有退火组织(或铁素体-珠光体)的钢材。对于那些经淬火、回火、轧制或锻制的构件,由于不是平衡组织,使用金相法测量,可能不够准确,甚至不能采用。

使用金相法时,脱碳层判定的根据如下。

① 全脱碳层指组织状态完全(或近似于完全)是铁素体层金属。全脱碳层容易测量,一般从表面量至出现珠光体组织为止。

② 部分脱碳层指全脱碳层以后到钢的含碳量未减少处的深度。例如,亚共析钢是指在全脱碳层以后到铁素体相对量不再变化为止,过共析钢是指在全脱碳层之后至碳化物相对量不再变化为止。

③ 总脱碳层从表面量至与原组织有明显差别处为止。

脱碳层深度的测定方法在国家标准 GB/T 224—87《钢的脱碳层深度测定法》中已有规定。下面就金相法测定脱碳层深度提出几点注意事项。

① 试样的抛光面应为横截面,并必须垂直于钢材表面。因为只有这样才能比较充分地观察并找到脱碳层最严重的部位而加以测定;同时不至于使测得的脱碳层厚度较实际偏高。

② 取样时要注意到容易发生脱碳的部位。检验时应沿试样脱碳的边缘逐一观察,应尽可能地做到观察可能发生脱碳的全周边。

158

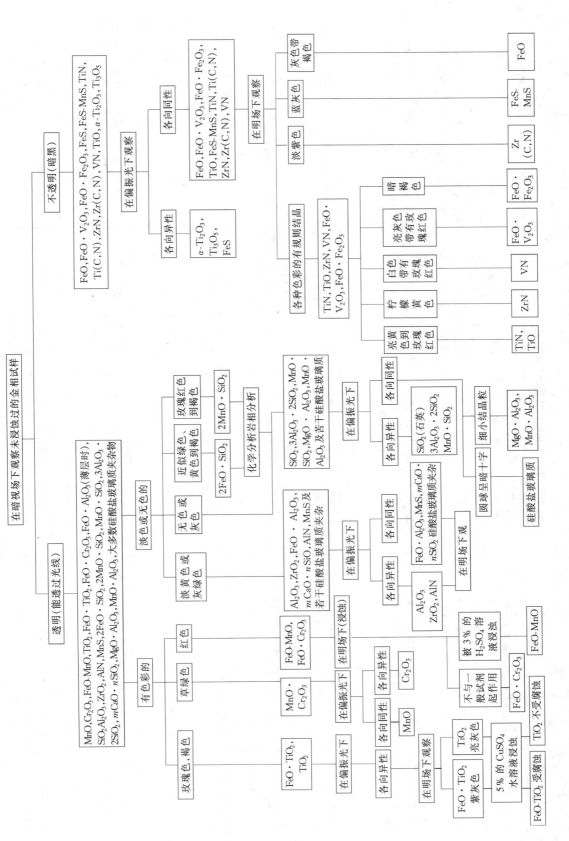

表 4-8　在暗场及偏振光下鉴定夹杂物的程序

159

表 4-9　钢中夹杂物的性质及金相特征

名　称	晶系及存在状态	钢中分布情况	抛光性	塑性	硬度(HV)	熔点/℃	光学特性 明视场	光学特性 暗视场	光学特性 偏振光	化学性质	其他
氧化亚铁(方铁矿)FeO	立方晶系，大多数为球形，变形后呈椭圆	无规律，偶尔沿晶界分布，常呈共晶结构	良好	稍可变形	约430	1370	灰色，在边缘呈浅褐色	完全不透明(一般比基体更黑)有亮边	各向同性	受3%H_2SO_4、$SnCl_2$饱和酒精溶液、10%HCl、酸性$KMnO_4$沸腾溶液、5%$CuSO_4$等溶液浸蚀	与MnO形成一系列连续的固溶体：$FeO \cdot MnO$
氧化亚锰(方锰矿)MnO	立方晶系，呈不规则形状，有时为树枝状	成群分布，变形后沿变方向略伸长	良好	稍可变形	约280	1850	暗灰色，在薄层中可见紫色觉内部反光	在薄层中透明，本身呈绿宝石色彩	各向同性，在薄层中呈绿色	在$SnCl_2$饱和溶液和酒精溶液、20%HCl、20%HF酒精溶液、20%NaOH溶液中和长时间在酸性$KMnO_4$溶液中受浸蚀	与FeO形成一系列连续固溶体
氧化铝(刚玉)α-Al_2O_3	六角晶系，呈不规则状细小颗粒，有时呈规则则六角形或粗大颗粒	成群或孤立分布，变形后呈链状	不好，易磨掉	不变形	特高，约2000~3500	2030	紫灰色	透明，亮黄色	透明，各向异性，但实际异性效应微弱，特别是细小颗粒时	不与常用试剂起作用	电子探针分析时常发红色荧光
磁铁矿 Fe_3O_4 ($FeO \cdot Fe_2O_3$)	立方晶系，不规则形状			稍可变形	约500	1538	暗褐色，碎块，带有多孔的表面	不透明，有亮边	各向同性，不透明	受5%HCl溶液浸蚀	
铁尖晶石 $FeAl_2O_4$ ($FeO \cdot Al_2O_3$)	立方晶系，呈规则形状			不变形	1150~1250	1780	暗灰色	稍透明并带黄绿色	各向同性		
锰尖晶石 $MnAl_2O_4$ ($MnO \cdot Al_2O_3$)	立方晶系				1000	1560	暗灰色	半透明棕红色	各向同性		电子探针分析时发荧光
锰铬尖晶石 (Mn,Fe)O·Cr_2O_3	立方晶系，复杂结构的不规则形状(在规则形状夹杂的周围或基底上)	成群分布，变形后呈链串状	良好	不变形	约1300		紫灰色	不透明，薄层透明稍带绿色或透光亮的橙红色	各向同性	受3%H_2SO_4、$SnCl_2$饱和酒精溶液、10%HCl、酸性$KMnO_4$沸腾溶液浸蚀	$MnO \cdot Cr_2O_3$电子荧光色为浅红色
铁硅酸盐(铁橄榄石)2FeO·SiO_2	斜方晶系，呈球状，带有SiO_2和FeO析出物	无规律	良好	易变形	350~700	1205	暗灰色	透明，色彩由暗红黄绿色到暗红色或透亮红色，且有亮环	各向异性，透明	受HF浸蚀	和锰硅酸盐成连续固溶体

续表

名称	晶系及存在状态	钢中分布情况	抛光性	塑性	硬度(HV)	熔点/℃	光学特性			化学性质	其他
							明视场	暗视场	偏振光		
锰硅酸盐(锰橄榄石)$2MnO·SiO_2$	斜方晶系,主要呈球状	无规律	良好	易变形	600~750	1300	暗灰色	透明,色彩由玫瑰红色到褐色	各向异性	受HF侵蚀	和铁硅酸盐形成连续固溶体
铝硅酸盐(莫来石)$3Al_2O_3·2SiO_2$	斜方晶系,常呈三角形和针状	无规律	良好	不变形	1500		深灰色	透明,无色	各向异性,透明无色	不与常用试剂起作用	电子荧光为蓝白色
硫化铁 FeS	六角晶系,呈球状(水滴状)或共晶状	无规律,在晶粒内部和沿晶界呈网状分布	良好	易变形,沿变形方向伸长	约240	1170~1185	亮黄色	不透明	各向异性深黄色或浅黄色无色	受3%H_2SO_4,10%HCl,酸性$KMnO_4$,碱性苦味酸钠等溶液浸蚀	仅在钢中含Mn少时形成,和MnS形成一系列固溶体,在固溶体中能含13%Ni
硫化锰 MnS	立方晶系	无规律,在晶内或沿晶界分布,变形后呈圆形或椭圆形或条状	良好	可变形	180~210	1620	蓝灰色	弱透明,可观察到绿色的内部反光	各向同性,透明,黄绿色	在10%铬酸水溶液中蚀掉	常与FeS形成一系列固溶体,电子荧光为绿色
铁锰硫化物(固溶体)FeS-MnS	主要呈球状或条带状	无规律,在晶粒内或沿晶界分布	良好	易变形,沿变形方向伸长	200~240		随MnS含量的减少,色彩由灰色变为亮黄色	不透明	各向同性	受3%H_2SO_4,10%HCl,20%HF,10%铬酸溶液浸蚀	几乎存在于所有牌号的碳素钢和低合金钢中。电子荧光为蓝色
氮化钛 TiN	立方晶系,呈规则的几何形状如方形,三角形等	成群或孤立分布	不好,易磨掉	不变形	特高,约3000	约3000	金黄色	不透明,沿周界有亮线	各向同性,透明	不与常用试剂起作用	易与碳形成碳氮化物
氮化铝 AlN	六角晶系,呈六角形,长方形,三角形等	晶内或沿晶粒边界分布	不好	不变形	900~1000	2150~2200	紫灰色,中心有亮心或亮带	透明,亮黄色到五彩色	强各向异性,尤其亮心或亮带处	不与常用试剂起作用,受碱性苦味酸钠溶液浸蚀	经常含有少量氧,随氧含量不同,暗场中颜色及透明度有变化。电子荧光为蓝色

③ 标准方法中规定，对每一试样，在最深均匀脱碳区的一个显微镜视场内，随机进行最少五次测量，取平均值作为总脱碳层深度。

④ 试样的腐蚀，可以较检验一般金相组织时深一些。

⑤ 测定脱碳层，一般是在100倍金相显微镜下进行的，必要时也可选用其他倍数。但须注意的是，目镜测微尺的刻度必须用物镜测微计（尺）校正。脱碳层深度单位以毫米计算。

e. 晶粒度检验　晶粒度是晶粒大小的量度，通常使用长度、面积或体积来表示不同方法评定或测定晶粒的大小。而使用晶粒度级别指数表示的晶粒度与测量方法及使用单位无关。晶粒度是金属材料的重要显微组织参量，在一般情况下，晶粒越细，则金属材料的强度、塑性和韧性越好，工程上使晶粒细化，是提高金属材料常中温性能的重要途径之一。而晶粒度对高温用钢如热强性的影响有不同的作用，目前尚未有满意的解释。钢的晶粒度检验分为本质晶粒度和实际晶粒度两种。本质晶粒度是当钢加热超过临界点以上某一规定温度（930℃）时所具有的奥氏体晶粒度。奥氏体是钢在高温时的一种组织，冷却到室温后，奥氏体会转变为其他组织产物，转变产物的组织及性能与原奥氏体的晶粒度有直接关系，本质晶粒度是钢材质量的控制指标。实际晶粒度是表示钢材或构件在供货状态，或经不同热处理后所具有的实际晶粒的大小。

中国黑色金属冶金行业标准 YB/T 5148—93《金属平均晶粒度测定方法》是目前推荐适用于测定金属材料晶粒度的标准。该标准测定晶粒度的方法有比较法、面积法和截点法。比较法是通过与标准评级图对比来评定晶粒度的，该标准备有四个系列的标准评级图，如材料的组织形貌与标准评级图中任一系列的图形相似，则可使用比较法。任何情况下都可以使用面积法和截点法。如有争议，截点法是仲裁方法。YB/T 5148—93 对测定金属材料晶粒度试样的制备、晶粒的显示方法、晶粒度的测定及数值表示都有明确的规定，晶粒度检验时推荐按该标准规定执行。

f. 现场金相检查　大工件金相检查仪是供现场使用的仪器。金相组织检查是分析失效原因的重要手段。传统的方法需要切取样品，并在实验室磨制成金相试片，然后在金相显微镜下观察。但是，要从某些特大型的构件上切取试样有很大的困难，而有些构件需进行金相检查，但不允许将其破坏。为了解决这些问题，出现了大工件金相检查仪。

大工件金相检查仪，实际上是一个小型金相实验室。在一个手提箱中备有从磨样、抛光、电解腐蚀、金相观察用的全部工具和器材：

手提式金相显微镜；机械磨光机；电解抛光机；由蓄电池供电的交直流电源；必要的器材包括机械磨光用的砂轮和毡轮、电解抛光和浸蚀用的玻璃纤维纸、电解液、丙酮等。

图 4-21 所示是大工件金相检查仪在构件表面进行金相检查工作过程。

金相试样直接在构件上面制备，而无需破坏构件切取试片。在准备做金相检查的部位先用机械磨光机进行粗磨和抛光。机械磨光机是一只装有小砂轮的手持砂轮机［见图 4-21 (a)］，砂轮的粒度分粗、中、细三级。制样时，先用砂轮由粗到细将欲做金相观察的部位磨光，再换上毡轮加抛光膏进行抛光。与制备一般的金相样品相同，在每次由粗到细更换磨料时，要将试样表面仔细清洗，以免脱落的砂粒划伤样品。每次打磨的方向应与前次垂直，并需将前道磨痕磨平。

在机械磨光后进行电解抛光，其原理如图 4-21（b）所示。不同的金属需使用不同的电解液和不同的规范。组织的显示可使用电解浸蚀，也可用化学浸蚀。

经过金相制样的构件表面，使用手提式金相显微镜观察［见图 4-21（c）］。为此，利用显微镜底座上的磁性吸盘将其固定在构件表面，并使物镜对准待观察表面。物镜和目镜的不同组合，可获得不同的放大倍数。常用的放大倍数为 100 倍和 400 倍。可以用照相附件将所观察的组织拍照。制样的面积为 5 mm×15 mm。打磨和抛光的总深度约为 0.015 mm 金属材料。对于多数大型构件，磨制金相样品时所造成的上述表皮损伤是完全允许的。

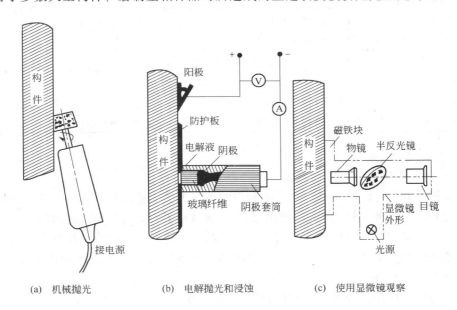

(a) 机械抛光　　　　　(b) 电解抛光和浸蚀　　　　　(c) 使用显微镜观察

图 4-21　大工件金相检查仪工作过程示意

经过金相制样的构件表面，除在现场观察外，还可以进行复型和萃取，以便在实验室做进一步观察和分析。复型和萃取的方法如图 4-22 所示。取一小块 AC 纸，将其一面蘸上少许丙酮，表面即变软，然后将软面贴在欲复型的表面上，经 20～30 min 定形，随后将 AC 纸小心揭下，则复型的形貌即为原构件的组织形貌。萃取下的质点可以是材料表面组织中的夹杂或析出相。这些萃取复型可以长期保存，也可以利用电子显微镜进行深入的观察，并分析质点的成分和结构。

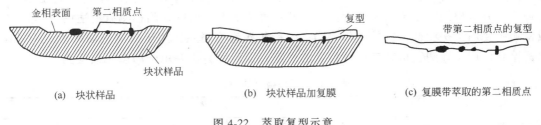

(a)　块状样品　　　　　(b)　块状样品加复膜　　　　　(c)　复膜带萃取的第二相质点

图 4-22　萃取复型示意

g. 金相检验的相关标准　见表 4-10。

表 4-10　金相检验的相关标准

标　准　号	标　准　名　称
GB/T 224—1987	钢的脱碳层深度测定法
GB/T 226—1991	钢的低倍组织及缺陷酸蚀检验法
GB/T 1979—2001	结构钢低倍组织缺陷评级图

标 准 号	标 准 名 称
GB/T 10561—1989	钢中非金属夹杂物显微评定方法
GB/T 13298—1991	金属显微组织检验方法
GB/T 13299—1991	钢的显微组织评定方法
GB/T 13302—1991	钢中石墨碳显微评定方法
GB/T 13305—1991	奥氏体不锈钢中 α-相面积含量金相测定法
GB/T 14979—1994	钢的共晶碳化物不均匀度评定法
GB/T 15749—1995	定量金相手工测定方法
YB/T 5148—1993	金属平均晶粒度测定法(代替国标 GB/T 5148—1993 执行)

4.4.5　无损检测

无损检测是利用声、光、热、电、磁和射线等与被检物质的相互作用，在不破坏不损伤被检验物（材料、零件、结构件等）的前提下，掌握和了解其内部及近表面缺陷状况的现代检测技术。无损检测不但可以探明金属材料有无缺陷，而且还可给出材质的定量评价，其中包括对缺陷的定量（形状、大小、位置、取向等）测量和对有缺陷材料的质量评价。同时，也可测量材料的力学性能和某些物化性能。

在失效分析中应用无损检测技术的目的如下。

① 检查失效件的同批服役件、库存件，防止同类事故的发生，若能查出第二件、第三件，则更有利于失效性质及失效原因的分析判断。

② 某些容器、管道、壳体、甚至一些复杂形状的系统装置出现裂纹或泄漏时，常常需要借助于无损检测技术来确定其确切部位，以便取样分析或采取相应的补救措施。

③ 在脆性破坏中，利用无损检测技术来检测监视临界裂纹长度，防止发生脆断。

无损检测方法很多，最常用的有射线检测、超声检测、磁粉检测、渗透检测、涡流检测和声发射检测等六种常规方法。这六种方法已列入国际标准（见表 4-11），可参照执行。每种无损检测方法均有其优点和局限性，这些方法对金属材料缺陷的检出率都不会是 100%，各种检测方法检测结果不会完全相同，因此各种方法对不同的缺陷检测有所适用。超声和射线检测主要用于探测被检物的内部缺陷；磁粉和涡流检测主要用于探测表面和近表面缺陷；渗透检测仅用于探测被检物表面开口处的缺陷；而声发射主要用于动态无损检测。

表 4-11　无损检测的相关标准

标 准 号	标 准 名 称
GB/T 2970—1991	中厚钢板超声波检验方法
GB/T 5616—1985	常规无损探伤应用导则
GB/T 5777—1996	无缝钢管超声波探伤检验方法
GB/T 7735—1995	钢管涡流探伤检验方法
GB/T 8651—1988	金属板材超声波探伤方法
GB/T 8652—1988	变形高强度钢超声波检验方法
GB/T 11343—1989	接触式超声斜射探伤方法

标　准　号	标　准　名　称
GB/T 11345—1989	钢焊缝手工超声波探伤方法和探伤结果分级
GB/T 12604.1—1990	无损检测术语　超声检测
GB/T 12604.2—1990	无损检测术语　射线检测
GB/T 12604.3—1990	无损检测术语　渗透检测
GB/T 12604.4—1990	无损检测术语　声发射检测
GB/T 12604.5—1990	无损检测术语　磁粉检测
GB/T 12604.6—1990	无损检测术语　涡流检测
GB/T 12605—1990	钢管环缝熔化焊对接接头射线透照工艺和质量分级
GB/T 12606—1999	钢管漏磁探伤方法
GB/T 18256—2000	焊接钢管(埋弧焊除外)用于确认水压密封性的超声波检测方法

4.4.5.1　超声检测

（1）超声检测原理和分类

超声波是一种超出人的听觉范围的高频率弹性波。人耳能听到的声音频率为 16 Hz～20 kHz，而超声检测装置所发出和接收的频率要比 20 kHz 高得多，一般为 0.5～25 MHz，常用频率范围为 0.5～10 MHz。在此频率范围内的超声波具有直线性和束射性，像一束光一样向着一定方向传播，即具有强烈的方向性。若向被检材料发射超声波，在传播的途中遇到障碍（缺陷或其他异质界面），其方向和强度就会受到影响，于是超声波发生反射、折射、散射或吸收等，根据这种影响的大小就可确定缺陷部位的尺寸、物理性质、方向性、分布方式及分布位置等。

超声检测按原理可分为三类：根据缺陷的回波和底面的回波来进行判断的脉冲反射法；根据缺陷的阴影来判断缺陷情况的穿透法；根据被检件产生驻波来判断缺陷情况的共振法。目前用得最多的方法是脉冲反射法，在被测材料表面涂有机油、甘油或水玻璃等耦合剂，使探头（由水晶石、钛酸钡等构成，一般是收发共用）与其接触，在探头上加上脉冲电压，则超声波脉冲由探头向被测材料上发射。

（2）脉冲反射超声波检测方法简介

脉冲反射法原理和波形如图 4-23 所示，一般只需采用一个既发射又接收的探头进行检测。当工件完好时，荧光屏上只有始脉冲和底波显示。当工件中有小于声束截面的小缺陷时，在始波和底波之间有缺陷波显示，缺陷波在时基轴上的位置可以确定缺陷在工件中的位置，缺陷波的高度取决于缺陷对超声束的反射面积，当有缺陷波出现时，底波高度下降；当

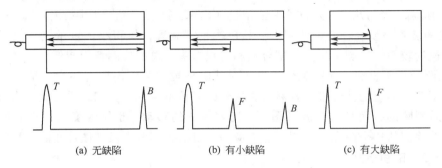

(a) 无缺陷	(b) 有小缺陷	(c) 有大缺陷

图 4-23　脉冲反射法探伤的原理和波形

工件中有大于声束截面的大缺陷时，全部声能被缺陷所反射，荧光屏上只有始波和缺陷波，底波消失。脉冲反射法的优点是检测灵敏度高，缺陷可以定位，操作灵活方便，适用范围广。其缺点是存在盲区，对近表面缺陷的检测能力差，当缺陷反射面与声束轴线不垂直时容易漏检，且要走往复声程，对高衰减材料的检测困难更多。此法是当前国内外应用最广泛的超声检测方法。

脉冲反射法按探伤波形又可分为垂直探伤法（纵波）、斜角探伤法（横波）、表面波探伤法和板波探伤法等。用得最多的是垂直探伤法。图4-24所示为垂直法的原理，纵波从表面垂直的方向射入。从底面和缺陷反射的波，即探头接收的反射波，经增幅和检波后，在阴极射线管上显示出来，根据缺陷反射波的位置和振幅，就能知道缺陷与材料表面的距离和缺陷的大小。

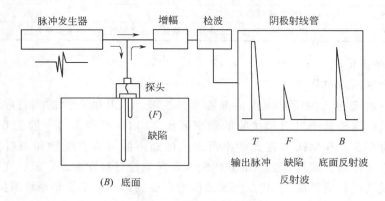

图4-24 超声波垂直探伤法原理

（3）超声检测的应用及特点

a. 超声检测的应用范围　超声检测应用范围很广，不但应用于原材料板、管材的探伤，也应用于加工产品锻件、铸件、焊接件的探伤，主要检测被检件的内部和表面的各种潜在缺陷。在超声检测时，要注意选择探头的扫描方法，要使声波尽量能垂直地射向缺陷面。根据被检件加工情况，一般可以估计出缺陷方向和大致部位。

b. 超声检测的特点　主要有以下几点。

① 对面状缺陷敏感。超声检测对于平面状缺陷，不管其厚度怎么薄，只要超声是垂直地射向它，就可以取得很高的缺陷回波。但对于球形缺陷，如缺陷不是相当大，或者不是较密集的话，就不能得到足够的缺陷回波。因此，超声对钢板的分层及焊缝中的裂纹、未焊透等缺陷的检出率较高，而对于单个气孔则检出率较低。

② 检测距离大。在超声检测中，如果被检件金属组织晶粒细的话，超声波可以传到相当远的距离，因此对直径为几米的大型锻件也能进行内部检测，这是别的无损检测方法不能比拟的。

③ 检测装置小型、轻便、费用低。超声携带型装置，体积小，重量轻，便于携带到现场，检测速度较快，检测中只消耗耦合剂和磨损探头，总的检测费用较低。

④ 检测结果不直观，无客观性记录，对缺陷种类的判断需要有高度熟练的技术。超声检测是根据荧光屏上的波形进行判断的，缺陷的显示不直观，检测结果是检测人员通过波形进行分析后判断的，而且这些波形图像，随着探头的移动，也跟着变化，不能作为永久记录。超声波检测的这个缺点，限制了它的应用。目前各国都在发展图像化超声检测。

4.4.5.2　磁粉检测

磁粉检测是利用被检材料的铁磁性能以检验其表层中的微小缺陷（如裂纹、夹杂物、折叠等）的一种无损检测方法。这种方法主要用来检验铁磁性材料（铁、镍、钴及其合金）的表面或近表面的裂纹及其缺陷。采用磁粉检测法检测磁性材料的表面缺陷，比采用超声波或射线检测的灵敏度高，而且操作方便、结果可靠、价格便宜。因此其应用广泛。

（1）磁粉检测原理

进行磁粉检测时，首先要将被检件磁化。通常无缺陷的构件，其磁性分布是均匀的，任何部位的磁导率都相同，因此各个部位的磁通量也很均匀，磁力线通过的方向不会发生变化。如果材料的均匀度受到某些缺陷（如裂纹、孔洞、非磁性夹杂物或其他不均匀组织）的破坏，也即材料中某处的磁导率较低时，通过该处的磁力线就会受到歪曲而偏离原来方向，力求绕过这种磁导率很低的缺陷，这样就会形成局部"漏磁磁场"，而这些漏磁部位便产生弱小极（见图4-25）。此时，如果将磁粉喷撒在构件表面上，则有缺陷的漏磁处就会吸收磁粉，且磁粉的堆集与缺陷的大小和形状近似。一般来说，表面缺陷引起的磁漏较强，容易显示出来，而表面下的缺陷所引起的磁漏则较弱，其痕迹也较模糊。为了使磁粉图便于观察，可以采用与被检构件表面有较大反衬颜色的磁粉，常用的磁粉有黑色、棕色和白色。为了提高检测灵敏度，还可以采用荧光磁粉，在紫外线照射下使之更容易观察到工件中缺陷的存在。

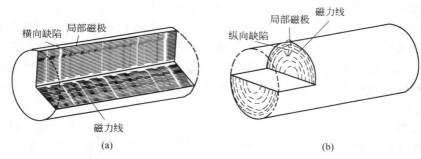

图 4-25　磁力线受到缺陷的歪曲而漏到空气中的示意
（a）横向缺陷对纵向磁力线的影响；（b）纵向缺陷对周向磁力线的影响

（2）磁粉检测方法简介

a. 构件磁化方法　磁粉检测首先应将构件磁化。构件磁化时，应使磁场方向尽可能与缺陷的方向垂直。常用的磁化方法有两种。一种是周向磁化，即对构件直接通电，建立一个环绕构件并与构件轴垂直的闭合磁场（见图4-26）；另一种是纵向磁化，即将电流通过环绕构件的线圈，使构件沿轴向磁化（见图4-27）。

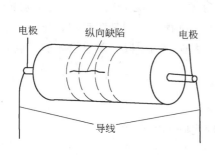

图 4-26　使电流直接通过构件的周向磁化

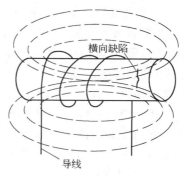

图 4-27　用线圈使构件纵向磁化

b. 磁粉、磁悬浮液　磁粉是粒度约为200目的磁性粉末，它具有高磁导率和低矫顽力。

常用的有黑色、棕色和表面涂有银白色或荧光物质的磁粉，一般为铁的磁性氧化物 γ-Fe_2O_3 和 Fe_3O_4 粉末，可根据构件表面颜色的不同来选择使用。检验表面光滑的构件时多半使用黑色磁粉；检验锻件、铸件等表面粗糙而呈暗黑色的构件时，使用红色磁粉比较明显地显示缺陷等。

用煤油或含防蚀剂的油酸钠水溶液当作悬浮液，磁悬浮液是将适量的磁粉均匀地混拌在悬浮液中配制而成的。检验重要构件时每一升煤油中要加入磁粉约 10 g，检验时间需要长些，工作应细致一些。检验其他材料时，可以增加到每一升煤油加磁粉 30 g。检验前应使用电动搅拌器将检验液搅动，使之保持均匀。

c. 检测方法　按照磁化和喷射磁粉的时间关系，可分为连续法和不连续法。连续法是在喷射磁粉的同时使构件通电磁化。采用此法时，需待构件上所喷射的磁悬浮液的流动基本停止后再切断磁化电流，这种方法的特点是充磁时间长，磁化效果好，特别适用于剩磁比较小的构件材料，检验灵敏度比较高。不连续法又叫剩磁法，它是先将电流通过构件或磁化线圈使构件磁化，然后停止通电，喷射磁粉，进行检验。此法适用于剩磁较大的构件，如高碳钢或经热处理的结构钢构件，特别是批量小件。通常，材料的剩磁总是小于其磁化磁场，因此，剩磁法的检测灵敏度比连续法低。

按照检测所用的磁粉的干湿不同，则可分为干法与湿法两种。干法检测时，用橡胶球喷射器或其他装置如低压压缩空气机、喷枪等将干磁粉喷射到构件表面上。湿法是使用磁悬浮液，首先将磁悬浮液放在搅拌箱中搅拌，使悬浮液中的磁粉均匀分布，然后经油泵和喷嘴喷射到构件表面上，现代工厂中应用的磁粉检测机大多使用湿法。磁悬浮液具有良好的流动性，因此能同时显示构件整个表面上的微小缺陷。湿法操作简便、灵敏度高，应用广泛。

（3）退磁方法

构件经过磁粉检测，往往保留剩余磁性而妨碍其使用，因此必须退磁，以去掉剩余磁性。但对某些在检测后要进行热处理的构件，当热处理加热温度超过其居里点（A_2）时即自然失去磁性，所以不必单独退磁。

退磁的方法是使反复改变方向而强度逐渐减小的电流通过构件，或是将检测过的构件缓慢地穿过有交流电通过的线圈中心。退磁的起始电流强度必须稍大于检测时使用的磁化电流强度，否则，就难于将剩磁完全退掉。

（4）结果评定

检测完毕后，应记录磁痕的形状、大小和部位，必要时还可以用宏观照相或采用复印的方法把磁痕记录下来。然后根据缺陷磁痕的特征鉴别缺陷的种类。

（5）磁粉检测的适用范围和特点

磁粉检测具有操作简便，检测迅速，灵敏度高的优点，广泛应用于各个工业领域。在铸、锻件的制造过程，焊接件的加工过程，机械零件的加工过程，特别是在锅炉、压力容器、管道等的定期维修过程中，磁粉检测都是最重要的常用的无损检测手段。磁粉检测的特点如下。

① 操作简便、直观、灵敏度高。

② 适用于磁性材料的表面和近表面的缺陷检测。

③ 不适用于非磁性材料和构件内部缺陷的检测。

④ 能检测出缺陷的位置和表面长度，但不能确定缺陷的深度。

4.4.5.3　射线检测

应用 X 射线或 γ 射线透照或透视的方法来检验材料或构件的内部宏观缺陷，统称为射线检测。采用这种方法检验金属构件中的内部缺陷，主要是利用射线通过构件后，不同的缺陷对射线强度将有不同程度的减弱，根据减弱的情况，可以判断缺陷的部位、形状、大小和严重性等。

（1）射线检测原理

射线检测是利用射线通过物质被不同程度的吸收这一原理来检验金属构件中的缺陷的。检测过程可以用图 4-28 所示来简要地加以说明：图中 1 为射线源，2 为被检测构件，3 为构件内缺陷（气孔），4 为照相底片，5 为透照到底片上的射线强度感光并冲洗后底片的黑度。显然，被检测构件中缺陷的类型、形状、大小和部位等，可以从底片上的影像加以判别。

（2）射线检测方法

射线检测方法根据测定和记录射线强度方法的不同，通常有照相法、荧光显示法、电视观察法、电离法和发光晶体记录法等。

照相法用得广泛。一般把被检件置放在离射线源装置 50 cm～1 m 的位置处，把胶片盒紧贴在构件背后，让射线照射适当的时间（几分钟到几十分钟）进行曝光。把曝光后的胶片在暗室中显影、定影、水洗和干燥。将干燥的底片放在观片灯的显示屏上观察，根据底片的黑度和图像来判断缺陷的种类、大小和数量，再按国家推荐标准对缺陷进行评定和分级。

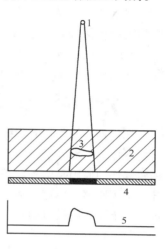

（3）射线检测的适用范围和特点

射线检测法是适用于检查内部缺陷的无损检测方法。它在锅炉压力容器、船体、管道和其他结构的焊缝和铸件方面应用得十分广泛。

图 4-28　射线透照检测示意

射线检测法能检测厚度小于 500 mm 的钢铁件。对厚的被检件，可以使用高能射线和 γ 射线检查，对于薄的被检件可以使用软 X 射线。

对于气孔、夹渣、缩孔等体积性缺陷，在 X 射线透照方向有较明显的厚度差，即使很小的缺陷也较容易检查出来。而对于如裂纹那样的面状缺陷，只有与裂纹方向平行的 X 射线照射时，才能够检查出来，而同裂纹面几乎垂直的射线照射时，就很难查出，这是因为在照射方向几乎没有厚度差的缘故，因此有时要改变照射方向来进行照相。射线检测不能检查复杂形状的构件。

4.4.6　残余应力测试

在失效分析中，经常要对失效构件的残余应力进行测定。残余应力是指在无外加载荷作用下，存在于构件内部或在较大尺寸的宏观范围内均匀分布并保持平衡的一种内应力。金属构件经受各种冷热加工（如切削、磨削、装配、冷拔、热处理等）之后，其内部或多或少都存在残余应力。而残余应力的存在对材料的疲劳、耐腐蚀、尺寸稳定性都有影响，甚至在服役过程中引起变形。据统计，约有 50% 的失效构件受残余应力影响或直接由残余应力而导致失效。宏观内应力的测定方法很多，如电阻应变片法、光弹性覆膜法、脆性涂料法、X 射线法及声学法等，所有这些方法实际上都是测定其应变，再通过弹性力学定律由应变计算出应力的数值。目前实际上得到广泛应用的还是 X 射线应力测定法。

X 射线应力测定法的原理是依据布拉格定律：$2d\sin\theta = n\lambda$。当 X 射线射入金属点阵后，会发生衍射现象，其衍射角 θ 同晶面间距 d 有一定关系。当应力引起晶格间距 d 发生变化时，θ 随之发生变化。X 射线仪即是通过测量衍射角 θ 的变化进而求出应力的大小。X 射线应力测试的依据是 GB/T 7704—1987《X 射线应力测定方法》。

X 射线应力测定法有以下优点。

① 不损坏构件。

② 所测定的仅仅是弹性应变，而不含塑性应变。因为构件发生塑性变形时，其晶面间距并不改变。

③ X 射线照射被测构件的截面可小到 1 mm 直径，因而它能够研究特定小区的局部应力和突变的应力梯度。而其他测定法所测定的大都是较大区域的应力平均值。

用 X 射线应力测定仪不仅可测定构件表面某一部位的宏观残余应力，而且可用剥层方法测定沿层深分布的应力。

X 射线应力测定的主要缺点是对复杂形状的构件（造成 X 射线入射、反射困难，如较深的内孔壁等）测定准确度不高或不能测试。

4.4.7 物化性能测试

在构件失效中，有因燃烧、爆炸等巨大能量作用而引起的。如第 5 章实例 22 "不锈钢混合机爆炸" 原因分析，是混合的物料因静电点燃瞬间释放能量引起的；又如第 1 章介绍的液氯钢瓶爆炸的原因是两种物料混合反应的反应热使温度上升，引致物料体积膨胀，钢瓶承压上升，由钢瓶器壁减薄至强度不足而产生的。在分析失效原因时，要对燃烧热、反应温度、反应过程热量变化等进行测定。在此只介绍常用的两种物化性能测试：燃烧热及差热分析。

（1）燃烧热

在标准压力及指定温度下，1 mol 物质完全燃烧时的热效应，称为该物质的燃烧热 Q_p。完全燃烧是指 C 变为 CO_2，H 变为 H_2O，S 变为 SO_2，N 变为 N_2 以及 Cl 变为 HCl 等。在等容条件下进行化学反应时，由于系统对环境不做体积功，其反应热 Q_v 等于内能的变化值；若化学反应在等压的条件下进行，则反应热 Q_p 与 Q_v 二值仅差体积功，即 $Q_p = Q_v + p\Delta V$，若系统中是理想气体，可写为

$$Q_p = Q_v + (\Delta n)RT$$

式中，Δn 为生成物中气体的物质的量与反应物中气体的物质的量之差，R 为摩尔气体常数，T 为热力学温度。通常测定燃烧热就是用氧弹式量热计（见图 4-29、图 4-30），测定 Q_v，通过上式计算出等压反应热 Q_p。若待测物质为 1 mol，则 Q_p 即为该物质的燃烧热。

（2）差热分析

许多物质在一定温度下发生化学变化或物理变化时，经常伴随吸热和放热。因而把某一待测物质（试样）和某一热稳定的参比物质（基准物质）同置于导热良好的特殊设施（保持器）中，连续地将它们升温或降温，则待测物质在某一温度发生变化时，与参比物质之间会存在温度差（差热信号）。差热分析就是通过同时测量温度差曲线（差热曲线）和升温、降温的温度曲线构成差热谱图来研究物质变化的。差热谱图有如图 4-31 和图 4-32 所示的两种形式。

差热谱图中的温度曲线表示参比物温度（或样品温度，或样品附近的其他参考点的温度）随时间变化的情况；差热曲线反映样品与参比物间的差热信号强度同时间的关系。当样品无变化时，它与参比物之间的温差为零，差热曲线显示为水平线段，称为基线。当样品发生放热或吸热时，差热曲线就出现峰，或出现谷，一般商品差热分析仪习惯上认定正峰为放热，负峰为吸热。差热曲线上的峰的数目，就是在所测量的温度内样品发生变化的次数。峰

的位置对应着样品发生变化的温度，峰面积大小是热效应大小的反映。

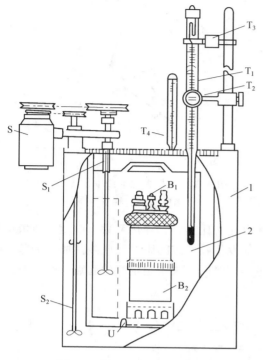

图 4-29　氧弹式量热计装置

1—外壳；2—内筒；B_1—氧弹盖；B_2—氧弹体；

T_1—贝壳慢温度计；T_2—读数放大镜；T_3—电振动器；

T_4—外筒温度计；S—搅拌马达；S_1—内筒搅拌器；

S_2—外壳搅拌器；U—热绝缘支脚

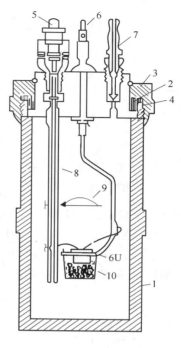

图 4-30　氧弹结构

1—厚薄圆筒；2—弹盖；3—螺帽；4—橡皮垫圈；

5—进气孔（兼作电极之一）；6—电极（下部为6U，

可兼作燃烧皿支架等）；7—排气孔；8—5 的延伸

（供作电极，通气及夹持点火丝等用）；

9—火焰遮板；10—燃烧皿（其中盛装样品）

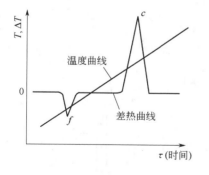

图 4-31　差热曲线（一）

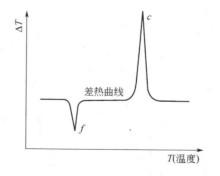

图 4-32　差热曲线（二）

　　在差热谱图中（见图 4-33），通过峰的起点 b，峰点 c 及终点 d，分别作三条垂线与温度曲线交于 b'、c' 及 d' 三点，此三点所对应的温度分别为 T_b、T_c 及 T_d。T_b 为峰的起点温度，T_c 为峰点温度，T_d 为峰的终点温度。由于 T_b 大体代表了物质开始发生变化温度，因此常用 T_b 表征峰的位置。一般也认为此点的温度最接近于物质变化的平衡温度。所以在差热谱图中，只要能确定出峰的位置，就可以求得待测物质发生变化的温度。对于很尖锐的峰，其峰的位置也可用峰点温度 T_c 来表示。

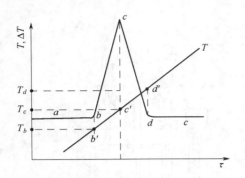 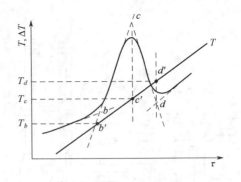

图 4-33　差热曲线中物质变化
温度确定的解析图

图 4-34　实际差热曲线中物质变化
温度确定的解析图

　　在实际的测量中，由于样品与参比物间往往存在着比热容、导热系数、粒度、装填疏密程度等方面的差异，再加上样品在测量过程中可能发生收缩或膨胀，因此差热曲线的基线会发生漂移。当峰的前后基线漂移厉害时可以通过作切线的方法来确定峰的起点、峰点及终点的温度，如图 4-34 所示。

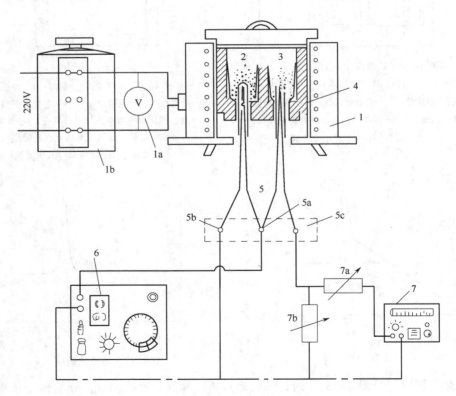

图 4-35　差热分析装置
1—加热电炉；1a—用于指示加热电压的电压表；1b—自耦变压器；
2—坩埚及参比物；3—坩埚及样品；4—保持器（用易导热金属制成）；
5—两支相同的热电偶，二者反向串接后的冷端为 5a、5b、5c；
6—测温电位差计；7—检流计；7a、7b—电阻箱

172

实验采用如图 4-35 所示的实验装置。样品和参比物分别装在两个坩埚内，并置于保持器的两个孔中。分别插入两个坩锅底部凹孔中的两支热电偶反向串联后，按图接于检流计上，作为显示样品和参比物之间的差热信号。参比物坩锅底部凹孔中的热电偶还可用于测量温度。实验进行时，差热信号测量、温度测量以及升温控制均用手工。

4.5 失效分析的几种基本技能

本节介绍的内容是国内外失效分析工作人员在长期从事失效分析的理论探索和实践中归纳总结出来的行之有效的失效分析技能，区别于 4.4 节所叙述的常规单项测试技术，是失效分析工作中与分析思路密切结合的各种测试技术的综合运用，往往在失效分析中起着很关键的作用，全面、准确地掌握其要领和方法是至关重要的。

4.5.1 断口分析

若金属装备及其构件断裂失效，则失效件上一般都形成断口（或把裂纹打开，其两个相对面就是断口）。断口是指失效件的断口表面或横断面。

（1）断口分析的重要性

在断口上忠实地记录了金属断裂时的全过程，即裂纹的产生、扩展直至开裂；外部因素对裂纹萌生的影响及材料本身的缺陷对裂纹萌生的促进作用；同时也记录着裂纹扩展的途径、扩展过程及内外因素对裂纹扩展的影响。简言之，断口上记录着与裂纹有关的各种信息，通过对这些信息的分析，可以找出断裂的原因及影响因素。因此，断口分析在断裂失效分析中占据着特殊重要的地位。可以说断口分析是断裂失效分析的核心，同时又是断裂失效分析的向导，指引失效分析少走弯路。

（2）断口分析的依据

a. 断口的颜色与光泽 观察断口表面光泽与颜色时，主要观察有无氧化色、有无腐蚀产物的色泽、有无夹杂物的特殊色彩与其他颜色。是红锈、黄锈或是其他颜色的锈蚀；是否有深灰色的金属光泽、发蓝颜色（或呈深紫色、紫黑色金属光泽）等。

例如，高温工作下的断裂构件，从断口的颜色可以判断裂纹形成的过程和发展速度，深黄色是先裂的，蓝色是后裂的；若两种颜色的距离很靠近，可判断裂纹扩展的速度很快。

又如，钢件断口若是深灰色的金属光泽，是钢材的原色，是纯机械断口；断口有红锈是富氧条件腐蚀的 Fe_2O_3；断口有黑锈是缺氧条件腐蚀的 Fe_3O_4 等。

根据疲劳断口的光亮程度，可以判断疲劳源的位置。如果不是腐蚀疲劳，则源区是最光滑的。

b. 断口上的花纹 不同的断裂类型，在断口上留下不同形貌的花纹。这些花纹是丰富多彩的，很多与自然景观相似，并以其命名。

疲劳断裂断口宏观上有时可见沙滩条纹，微观上有疲劳辉纹。

脆性断裂有解理特征，断口宏观上有闪闪发光的小刻面或人字、山形条纹，而微观上有河流条纹、舌状花样等。

韧性断裂宏观有纤维状断口，微观上则多有韧窝或蛇行花样等。

c. 断口上的粗糙度 断口的表面实际上由许多微小的小断面构成，其大小、高度差决定着断口的粗糙度。不同材料、不同断裂方式，其断口粗糙度也不同。

一般来说，属于剪切型的韧性断裂的剪切唇比较光滑；而正断型的纤维区则较粗糙。属于脆性断裂的解理断裂形成的结晶状断口较粗糙，而准解理断裂形成的瓷状断口则较光滑。疲劳断口的粗糙度与裂纹扩展速度有关（成正比），扩展速度越快，断口越粗糙。

d. 断口与最大正应力的交角　不同的应力状态，不同的材料及外界环境，断口与最大正应力的交角是不同的。

韧性材料的拉伸断口往往呈杯锥状或呈 45°切断的外形，它的塑性变形是以缩颈的方式表现出来。即断口与拉伸轴向最大正应力交角是 45°。

脆性材料的拉伸断口一般与最大拉伸正应力垂直，断口表面平齐，断口边缘通常没有剪切"唇口"。断口附近没有缩颈现象。

韧性材料的扭转断口呈切断型。断口与扭转正应力交角也是 45°。

脆性材料的扭转断口呈麻花状，在纯扭矩的作用下，沿与最大主应力垂直的方向分离。

e. 断口上的冶金缺陷　夹杂、分层、晶粒粗大、白点、白斑、氧化膜、疏松、气孔、撕裂等，常可在失效件断口上经宏观或微观观察而发现。

（3）断口的宏观观察与微观观察

① 断口的宏观观察是指用肉眼、放大镜、低倍率的光学显微镜（体视显微镜）或扫描电子显微镜来观察断口的表面形貌，这是断口分析的第一步和基础。通过宏观观察收集了断口上的宏观信息，则可初步确定断裂的性质（脆性断裂、韧性断裂、疲劳断裂、应力腐蚀断裂等），可以分析裂源的位置和裂纹扩展方向，可以判断冶金质量和热处理质量等。

观察时先用肉眼和低倍率放大镜观察断口各区的概貌和相互关系，然后选择细节、加大倍率观察微细结构。宏观观察时，尽可能拍照记录。

② 断口的微观观察是用显微镜对断口进行高放大倍率的观察，用金相显微镜及扫描电镜的为多。断口微观观察包括断口表面的直接观察及断口剖面的观察。通过微观观察进一步核实宏观观察收集的信息，确定断裂的性质、裂源的位置及裂纹走向、扩展速度，找出断裂原因及机理等。

观察时要注意防止片面性；识别假象、要有真实性；收集信息的代表性等。

③ 剖面观察。断口的表面观察与日常观察事物有相似之处，而剖面观察则有一定的技术问题。

截取剖面要求有一定的方向，通常是用与断口表面垂直的平面来截取（截取时注意保护断口表面不受任何损伤），垂直于断口表面有两种切法。

ⅰ. 平行裂纹扩展方向截取，则可研究断裂过程。因为在断口的剖面上，能包含断裂不同的各区域。

ⅱ. 垂直裂纹扩展方向截取，在一定位置的断口剖面上，可研究某一特定位置的区域。

剖面观察可观察二次裂纹尖端塑性区的形态、显微硬度变化、合金元素有无变化情况等。应用剖面技术，可帮助分析研究断裂原因和机理之间的关系。

4.5.2　裂纹分析

裂纹是一种不完全断裂的缺陷，裂纹的存在不仅破坏了金属的连续性，而且裂纹尖端大多很尖锐，引起应力集中，促使构件在低应力下提前破断。

裂纹分析的目的是确定裂纹的位置及裂纹产生的原因。裂纹形成的原因往往是复杂的，如设计上的不合理、选材不当、材质不良、制造工艺不当以及维护和使用不当等均有可能导致裂纹的产生。因此，金属的裂纹分析是一项十分复杂而细致的工作。它往往需要从原材料的冶金质量、材料的力学性能、构件成形的工艺流程和每道工序的工艺参数、构件的形状及其工作条件以及裂纹宏观和微观的特征等方面做综合的分析。它牵涉到多种技术方法和专门知识，如无损探伤、化学成分分析、力学性能试验、金相分析、X射线微区分析等。

(1) 金属裂纹的基本形貌特征

① 裂纹两侧凹凸不平，耦合自然。即使裂纹经变形后局部变钝或某些脆性合金致使耦合特征不明显，但完全失去耦合特征是罕见的。同时这种耦合特征是与主应力性质有关的：若主应力属切应力则裂纹一般呈平滑的大耦合；若主应力属拉应力则裂纹一般呈锯齿状的小耦合。

② 除某些沿晶裂纹外，绝大多数裂纹的尾端是尖锐的。

③ 裂纹具有一定的深度，深度与宽度不等，深度大于宽度，是连续性的缺陷。

④ 裂纹有各种形状，直线状、分枝状、龟裂状、辐射状、环形状、弧形状，各种形状往往与形成的原因密切相关。

(2) 裂纹的宏观检查

裂纹的宏观检查的主要目的是确定检查对象是否存在裂纹。裂纹的宏观检查，除通过肉眼进行直接外观检查和采取简易的敲击测音法外，通常采用无损探伤法，如X射线、磁力、渗透着色、超声波、荧光等物理探伤法检测裂纹是常用的方法。随着声发射技术发展，正在运行的某些关键性装备构件裂纹是否扩展，现已可得到监控。

(3) 裂纹的微观检查

为进一步确定裂纹的性质和产生的原因，对裂纹需进行微观分析，即光学金相分析和电子金相分析。裂纹的微观检查主要内容如下。

① 裂纹形态特征，其分布是穿晶的，还是沿晶的，主裂纹附近有无微裂纹和分支。

② 裂纹处及附近的晶粒度有无显著粗大或细化或大小极不均匀的现象，晶粒是否变形，裂纹与晶粒变形的方向相平行或相垂直。

③ 裂纹附近是否存在碳化物或非金属夹杂物，它们的形态、大小数量及分布情况如何，裂纹源是否产生于碳化物或非金属夹杂物周围，裂纹扩展与夹杂物之间有无联系。

④ 裂纹两侧是否存在氧化和脱碳现象，有无氧化物和脱碳组织。

⑤ 产生裂纹的表面是否存在加工硬化层或回火层。

⑥ 裂纹萌生处及扩展路径周围是否有过热组织、魏氏组织、带状组织以及其他形式的组织缺陷。

(4) 产生裂纹部位的分析

裂纹产生的部位往往比较特殊，可能与构件局部结构形状引起的应力集中有关，也可能与材料缺陷引起的内应力集中等因素有关。裂纹的起因，主要归结于应力因素。

a. 构件结构形状引起的裂纹　由于构件结构上的需要或由于设计上的不合理，或加工制造过程中没有按设计要求进行，或在运输过程中碰撞而致在构件上往往有尖锐的凹角、凸边或缺口，截面尺寸突变或台阶等"结构上的缺陷"，这些结构上的缺陷在构件制造和使用过程中将产生很大的应力集中并可能导致裂纹。所以，要注意裂纹所在部位与构件结构形状之间关系的分析。

b. 材料缺陷引起的裂纹　金属材料本身的缺陷，特别是表面缺陷，如夹杂、斑疤、划痕、折叠、氧化、脱碳、粗晶以及气泡、疏松、偏析、白点、过热、过烧、发纹等，不仅其本身直接破坏了材料的连续性，降低了材料的强度与塑性，而且往往在这些缺陷的尖锐的前沿，造成很大的应力集中，使得材料在很低的平均应力下产生裂纹并得以扩展，最后导致断裂。统计表明弯曲循环应力作用下，100％疲劳源起于表面缺陷。

c. 受力状况引起的裂纹　在金属材料质量合格，构件形状设计合理的情况下，裂纹将在应力最大处形成，或有随机分布的特点。在这种情况下，为判别裂纹起裂的真实原因，要特别侧重对应力状态的分析。尤其是非正常操作工况下构件的应力状态，如超载、超温等。

（5）主裂纹的判别

在主裂纹产生的过程中，往往产生有支裂纹和微裂纹，称二次裂纹。主裂纹与二次裂纹的萌生与扩展机理是相同的，并具有相似的扩展与形貌特征。找出主裂纹并进行分析容易判别产生的原因，如主裂纹受到损坏，则以二次裂纹的走向及形貌特征获得有限的断裂信息进行分析。

一般有四种主裂纹的判别方法：T形法、分枝法、变形法与氧化法，如图 4-36 所示。

T形法　将散落的碎片按相匹配的断口合并在一起，其裂纹形成 T形。在一般情况下横贯裂纹 A 为首先开裂的，A 裂纹阻止 B 裂纹扩展或者 B 裂纹的扩展受到 A 裂纹的阻止时，A 裂纹为主裂纹，B 裂纹为二次裂纹。

分枝法　将散落碎片按相匹配断口合并，其裂纹形成树枝形。在断裂失效中，往往在出现一个裂纹后，产生很多的分叉或分枝裂纹。裂纹的分叉或分枝方向通常为裂纹的局部扩展

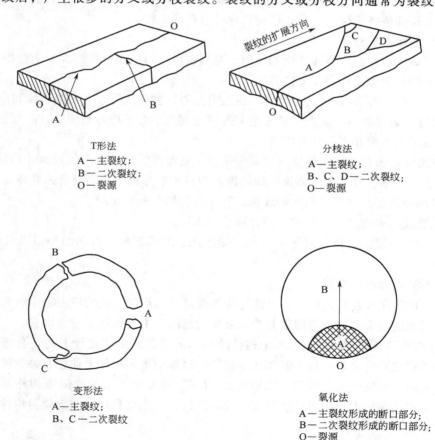

T形法
A—主裂纹；
B—二次裂纹；
O—裂源

分枝法
A—主裂纹；
B、C、D—二次裂纹；
O—裂源

变形法
A—主裂纹；
B、C—二次裂纹

氧化法
A—主裂纹形成的断口部分；
B—二次裂纹形成的断口部分；
O—裂源

图 4-36　主裂纹判别方法示意

方向，其相反方向指向裂源，即分枝裂纹为二次裂纹，汇合裂纹为主裂纹。

变形法 将散落碎片按相匹配断口合并起来，构成原来构件的几何外形，测量其几何形状的变化情况，变形量较大的部位为主裂纹，其他部位为二次裂纹。

氧化法 在受环境因素影响较大的断裂失效中，检验断口各个部位的氧化程度，其中氧化程度最严重者为最先断裂者即主裂纹所形成的断口，因为氧化严重者说明断裂的时间较长，而氧化轻者或未被氧化者为最后断裂所形成的断口。

（6）裂纹的走向

宏观上看，金属材料裂纹的走向是按应力和强度两个原则进行的。

a. 应力原则 在金属脆性断裂、疲劳断裂、应力腐蚀断裂时，裂纹的扩展方向一般都垂直于主应力的方向，如塔形轴疲劳时，在凹角处起源的疲劳裂纹，在与主应力线垂直的方向上扩展，最后形成碟形断口。当韧性金属承受扭转载荷或金属在平面应力的情况下，其裂纹的扩展方向一般平行于切应力的方向，如韧性材料切断断口。

b. 强度原则 有时虽然按应力原则对裂纹在该方向上的扩展是不利的，但是裂纹仍然沿着此方向发展，这是因为裂纹扩展方向不仅按照应力的原则进行，而且还应按材料强度原则进行的缘故，强度原则即指裂纹总是倾向沿着最小阻力路线，即材料的薄弱环节或缺陷处扩展的情况。有时按应力原则扩展的裂纹，途中突然发生转折，显然这种转折的原因是由于材料内部的缺陷。在这种情况下，在转折处常常能够找到缺陷的痕迹或者证据。

在一般情况下，当材质比较均匀时，应力原则起主导作用，裂纹按应力原则进行扩展，而当材质存在着明显不均匀时，强度原则将起主导作用，裂纹将按强度原则进行扩展。

当然，应力原则和强度原则对裂纹扩展的影响也可能是一致的，这时裂纹将无疑地沿着一致的方向扩展。例如，表面硬化的齿轮或滚动轴承的滚柱等零件，按强度原则裂纹可能沿硬化层和心部材料的过渡层（分界面）上扩展，因为在分界面上的强度急剧地降低，按应力原则，齿轮在工作时沿分界面处应力主要是平行于分界面的交变切应力和交变张应力，因此往往发生沿分界面的剪裂和垂直于分界面的撕裂。

值得指出的是，对裂纹的宏观观察分析虽然是十分重要和必不可少的，它是整个裂纹分析的基础，但是宏观分析往往不能解决断裂的机制、原因和影响因素的研究。要解决上述问题，还必须对裂纹作微观分析。

从微观来看，裂纹的扩展方向可能是沿晶界的，也可能是穿晶或者是混合的。裂纹扩展方向到底是沿晶的还是穿晶的，取决于在某种具体条件下，晶内强度和晶界强度的相对比值。

在一般的情况下，应力腐蚀裂纹、氢脆裂纹、回火脆性、磨削裂纹、焊接热裂纹，冷热疲劳裂纹、过烧引起的锻造裂纹、铸造热裂纹、蠕变裂纹、热脆等晶界是薄弱环节，因此它们的裂纹是沿晶界扩展的；而疲劳裂纹、解理断裂裂纹、淬火裂纹（由于冷速过大、零件截面突变等原因引起的淬火裂纹），焊接裂纹及其他韧性断裂的情况下，晶界强度一般大于晶内强度，因此它们的裂纹是穿晶的，这时裂纹遇到亚晶界、晶界、硬质点或其他组织和性能的不均匀区时，往往会改变扩展方向。因此认为晶界能够阻碍疲劳裂纹的扩展，这就是常常用细化晶粒的方法来提高金属材料的疲劳寿命的原因之一。

（7）裂纹周围和裂纹末端情况

金属表面和内部缺陷为裂纹源处，一般都能找到作为裂纹源的缺陷；裂纹的转折往往也可以找到某种材料的缺陷；在高温下产生的裂纹，或经历了高温的过程裂纹，在其裂纹的周围也常常有氧化和脱碳的痕迹。所以对裂纹周围情况的分析，可以了解裂纹经历的温度范围和构件的工艺历史，从而判断产生裂纹的具体过程。因此对裂纹周围情况的分析是十分重要的内容。

值得进一步指出的是对裂纹周围情况的分析，还应该包括对裂纹两侧的形状耦合性对比。在金相显微镜下观察淬火和疲劳裂纹时，虽然裂纹走向弯曲，但是在一般的情况下，裂纹两侧形状是耦合的，而发裂、拉痕、磨削裂纹、折叠裂纹以及经过变形后的裂纹等，其耦合特征不明显。因此，裂纹两侧的耦合性可以作为判断裂纹性质的参考依据。

一般情况下，疲劳裂纹、淬火裂纹的末端是尖锐的，而铸造热裂纹、磨削裂纹、折叠裂纹和发纹等末端呈圆秃状。因此裂纹末端情况也是综合分析判断裂纹性质和原因的一个参考凭证。

4.5.3　痕迹分析

构件失效时，由于力学、化学、热学、电学等环境因素单独或协同地作用，并在构件表面或表面层留下了某种标记，称为痕迹。这些标记可以是构件表面或表面层的损伤性的标记，也可以是构件以外的物质。对痕迹进行分析，研究痕迹的形成机理、过程和影响因素，称为痕迹分析。在构件失效分析中，通过痕迹分析可以提供线索和证据。

（1）痕迹的种类

构件失效中留下的痕迹种类繁多，根据痕迹形成的机理和条件不同分为以下几类。

a. 机械接触痕迹　构件之间接触的痕迹，包括压入、撞击、滑动、滚压、微动等的单独作用或联合作用，这种痕迹称为机械接触痕迹，其特点是塑性变形或材料转移、断裂等，集中发生于接触部位，并且塑性变形极不均匀。

b. 腐蚀痕迹　由于构件材料与周围的环境介质发生化学或电化学作用而在构件表面留下的腐蚀产物及构件材料表面损伤的标记，称为腐蚀痕迹。

腐蚀痕迹分析可有以下几个方面。

① 构件表面形貌的变化，如点蚀坑、麻点、剥蚀、缝隙腐蚀、鼓泡、生物腐蚀、气蚀等。

② 表面层化学成分的改变或腐蚀产物成分的确定。

③ 颜色的变化和区别。

④ 物质结构的变化。

⑤ 导电、导热、表面电阻等表面性的变化。

⑥ 是否失去金属的声音等。

c. 电侵蚀痕迹　由于电能的作用，在与电接触或放电的构件部位留下的痕迹称为电侵蚀痕迹。电侵蚀痕迹分为两类。

电接触痕迹　由于电接触现象而在电接触部位留下的电侵蚀痕迹。当电接触状况不良时，接触电阻剧增，而电流密度很大。电接触部位在火花或电弧的高温作用下，可能产生金属液桥、材料转移或喷溅等电侵蚀现象。

静电放电痕迹　由于静电放电现象而在放电部位留下的电侵蚀痕迹。化工、石油化工、轻工、食品等很多工业场合，容易引起静电火灾和爆炸。有调查数据称，在有易燃物和粉尘的现场，约占70%的火灾和爆炸事故是由静电放电引燃而产生的。常见的静电放电痕迹是树枝状的，也有点状、线状、斑纹状等。第5章实例22"不锈钢混合机爆炸"是由静电引燃超细粉末物料，瞬间释放巨大能量引起的爆炸，现场残件下法兰面上有由内向外发散的树枝状的花样。

热损伤痕迹 由于接触部位在热能作用下发生局部不均匀的温度变化而留下的痕迹。金属表面层局部过热、过烧、熔化、直至烧穿、表面保护层的烧焦都会留下热损伤痕迹。不同的温度有不同的热损伤颜色，且构件材料表面层成分、结构会发生变化，表面性能有所改变。

加工痕迹 对失效分析有帮助的主要是非正常加工痕迹，即留在构件表面的各种加工缺陷，如刀痕、划痕、烧伤、变形约束等。

污染痕迹 各种外来污染物附着在构件表面而留下的痕迹是污染痕迹。这些污染物并没有与构件材料表面发生作用，只附着在其表面。污染痕迹虽不是构件与污染物发生作用而形成的，但有时也能提供某种线索。

（2）痕迹分析的主要内容

① 痕迹的形貌（或称花样），特别是塑性变形、反应产物、变色区、分离物和污染物的具体形状、尺寸、数量及分布；

② 痕迹区以及污染物、反应产物的化学成分；

③ 痕迹颜色的种类、色度和分布、反光性等；

④ 痕迹区材料的组织和结构；

⑤ 痕迹区的表面性能（耐磨性、耐蚀性、显微硬度、表面电阻、涂镀层的结合力等）；

⑥ 痕迹区的残余应力分布；

⑦ 从痕迹区散发出来的各种气味；

⑧ 痕迹区的电荷分布和磁性等。

（3）痕迹分析的程序

① 寻找、发现和显现痕迹。这是痕迹分析工作的基础，一般以现场为起点，全面收集证据，不放过细微的有用痕迹，痕迹不像断裂那么显眼，需要一定的耐心和经验。

一般首先搜集能显示装备失效顺序的痕迹，其次搜集构件外部痕迹，再搜集构件之间痕迹，最后搜集污染物和分离物，如油滤器、收油池、磁性塞等中的各种多余物、磨屑等。

在分解失效件时，要确保痕迹的原始状况，并且不要造成新的附加损伤，以免引起混淆。

② 痕迹的提取、固定、显现、清洗、记录和保存。摄影、复印、制模法、静电法、AC法等都可提取、固定痕迹，各种干法和湿法还可提取残留物。其中正确摄取痕迹照片是一项重要工作。

③ 鉴定痕迹。这是痕迹分析的重点工作。

根据上述痕迹具体含义所反映的八个方面进行针对性的检验，一般原则是由表及里，由简而繁，先宏观后微观，先定性后定量。遵循形貌→成分→组织结构→性能的分析顺序。

鉴定痕迹时要充分利用过去曾经发生过的同类失效的痕迹分析资料。在鉴定痕迹时，若需要破坏痕迹区做检验，则应慎重确定取样部位，并事先做好原始记录。

（4）痕迹分析的重要性

痕迹分析也是失效分析中最重要的分析方法之一，对判断失效性质、失效顺序、找出最早失效件、提供分析线索方面有着极为重要的意义。

痕迹分析在进行受力分析、相关分析、确定温度和介质环境的影响、判断外来物（或污染物）以及电接触影响等一系列因素分析中，可以提供直接或间接的证据，对失效原因分析起着重大作用，如液氯钢瓶爆炸事故中附在墙壁上的黑色生成物的痕迹分析，是判断引起爆炸的化学反应关键的可靠证据。

在长期失效分析实践中，人们已进行了许多成功的痕迹分析工作，积累了丰富的经验，但痕迹分析技术、方法和理论的发展尚不如断口分析和裂纹分析。因此，痕迹分析有待大力发展和完善。

痕迹分析也是一种多边缘学科，由于各种痕迹形成机理的不同，痕迹形成过程也相当复杂，因此痕迹分析将涉及材料学、金相学、无损检验、工艺学、腐蚀学、摩擦学、压力加工学、机械力学、测试技术、数理统计等各个领域，这就决定了痕迹分析方法的多样化。

痕迹不像断裂那么单纯，断裂的连续性好，过程不可逆，裂纹深入构件内部，在裂纹形成过程中断面不易失真，所以断口较真实地记录了全过程。而痕迹往往缺乏连续性，痕迹可以重叠、甚至可以反复产生和涂抹，痕迹暴露于表面、较易失真，有时仅记录了最后一幕，因此痕迹分析更需要采用综合分析的手段。

4.5.4　模拟试验

在失效分析中，出于给失效分析结论做出更有力的支持，往往要进行模拟试验，有时也称为事故再现性试验。模拟试验是根据现场调查和失效件分析的情况，在装备构件发生失效的实际工况条件下，使其再次发生同样的失效形式，然后根据试验的结果分析其失效原因。

失效模拟是失效分析中经常采用的一种分析和验证方法。失效事故再现可以验证现场调查和失效件分析中所得出的事故直接原因；可以在失效件不全、证据不充分的情况下，提供事故的可能原因；可以解决失效分析中的某些疑点，排除某些现象；还可以显示失效事故的发展过程、失效件的破坏顺序等。因此，为了查清失效的直接原因，在整个失效分析中，往往需要进行多次失效模拟工作。

模拟意味着同真实工况有所不同。事实上大量的失效都是不能或不愿在实验中再现的，如蠕变、腐蚀、疲劳等失效过程很长，长期模拟价高、太慢；高温高压大型设备和装置的价高、危险大等。故模拟试验是设计出一种试验，使其绝大多数条件与工况相同或很相近，但改变其中某因素进行试验，观察是否发生失效及失效的情况。如加强某因素，使之加速失效；减弱某因素，使之不失效或减缓失效；改变某些因素对失效不发生影响，则排除这些因素对失效的作用。

失效分析中的模拟试验一般要求得到肯定性结论，有时还要正反两方面试验。

模拟试验方案的设计好坏，决定着试验是否具有有效性及其有效程度。关键问题在于能否认定这种模拟的相似性及差异性多大。如常用的爆破试验都是将容器的形状和材质保持不变，而仅缩小尺寸。在试验时保持测试部位或破裂部位的应力状态和应力水平；或者增大应力。这种模拟的相似性一般得到公认。而在一些缩短时间的模拟试验中，就更难于保持高度的相似性。如为了加速试验过程而增大疲劳应力；为加速蠕变而提高温度或加大应力；为加速腐蚀、应力腐蚀、腐蚀疲劳过程而增大介质浓度、提高试验温度和应力等均可能由于导致失效机理发生变化，使某些情况下试验的有效性值得怀疑，有时甚至引起重大的变化而无效。例如，某一应力腐蚀过程本来很微弱，若将 K_{I} 增大则将主要导致过载性裂纹扩展。这种模拟就没有意义。

在重大的失效事故中，这种再现性实验是很重要的，不可缺少的，有时不惜为此付出昂贵的代价或成年累月的辛劳。

模拟试验结果不符合原预计的后果，既可能是原来分析结论不正确，也可能是试验方案有问题。这时，分析结论就不能最后肯定。

4.6 电子显微镜研究法

光学显微镜由于受照明光线（可见光）波长的限制，无法分辨出小于 0.2 μm 的图像及显微结构。电子显微镜是以波长很短的电子束作为照明光源，因而具有很高的分辨率和放大倍数，目前最先进的电子显微镜，分辨率已达到原子尺度，放大倍数可达 100 万倍。应用电子显微镜可以观察到光学金相显微镜不能分辨的组织形貌及晶体缺陷，确定晶体的结构类型以及析出相与母相之间的取向关系，做到形貌与结构的统一。电子显微镜已成为金属显微分析的重要工具。

电子显微镜包括透射电子显微镜，简称透射电镜（TEM），扫描电子显微镜，简称扫描电镜（SEM）和电子探针微区 X 射线分析，简称电子探针（EPMA）。

4.6.1 透射电子显微镜

透射电子显微镜具有高分辨率，高放大倍数等特点，是以聚焦电子束作为照明源，用电磁透镜对极薄（几纳米至几十纳米）试样的透射电子源聚焦成像的电子光学仪器。透射电镜所用的极薄试样有特定的制备方法。

（1）结构原理

透射电子显微镜的基本结构是由光学系统和辅助系统组成。光学系统中的光路如图 4-37 所示，它和光学显微镜的光路很相似，只是用电子束代替了可见光，用电磁透镜代替了光学玻璃透镜。灯丝发射的电子束被加速后，经过聚光镜聚焦成高强度的电子束斑，电子束穿透样品，再通过由物镜、中间镜及投影镜组成的成像系统，经这些透镜的三次放大，在荧光屏上形成可见图像。先进的电镜可采用 2～3 个中间透镜以达到高的放大倍数。透射电镜的辅助系统包括真空系统、稳压系统、水冷系统、气动循环系统、控制系统及计算机系统（包括显示、计算、记录和照相）等。

（2）成像原理

应用透射电镜研究材料内部的组织有两种不同的技术，它们的成像原理也不相同。

a. 复型电子金相的成像原理　复型是金相样品表面的复制薄膜，金相组织上的凹凸不平在复型上形成了相应的厚度不同的薄膜。萃取复型是将组织中的某些相如碳化物，有选择地提取在支持膜上。电子束穿过薄膜时，由于膜的厚度不同或原子序数不同，散射及透射的程度不同，于是得到明暗不同的衬度而显示组织，称为"质量厚度衬度"。

b. 薄膜透射电子金相成像原理　当平行的电子束通过金属薄膜时，会在某些晶面上发生衍射，取向不同的晶粒，不同的相以及亚结构发生衍射的程度不一。如果物镜光阑只让透射束通过，而把衍射束挡去，此时衍射条件较好的晶粒，其亮度较暗；不发生衍射的晶粒，亮度最高。这种由于衍射效应而成像的原理称为"衍射成像"。如果让透射束通过物镜光阑，将衍射电子束挡去而得到图像衬度的方法，称为明场（BF）成像。如果将物镜光阑移动到挡住透射束的位置，让（hkl）衍射束通过所形成的图像称为暗场（DF）成像。

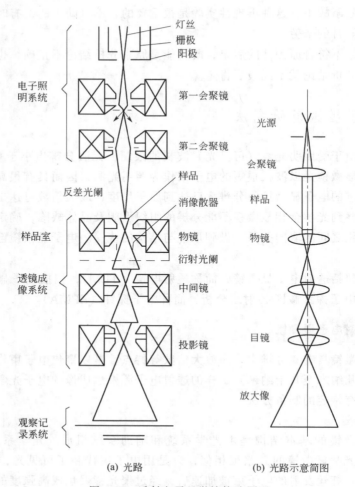

灯丝
栅极
阳极

电子照明系统

第一会聚镜

第二会聚镜

反差光阑

样品

消像散器

样品室

物镜

衍射光阑

透镜成像系统

中间镜

投影镜

观察记录系统

光源

会聚镜

样品

物镜

目镜

放大像

(a) 光路   (b) 光路示意简图

图 4-37　透射电子显微镜构造原理

　　薄膜透射电子显微镜还提供了与晶体学特性有关的信息。平行的透射电子束和衍射电子分别通过物镜聚焦，在后焦面上形成中心斑点及反映结构特征的电子衍射花样，标定衍射花样，可以判断物相的结构及它在空间的取向。

　　(3) 透射电镜试样的制备

　　透射电镜研究用的样品要求具有很薄的厚度，将极薄的试样放在专用的铜网上，并将铜网装在专用的样品架上，再送入电镜的样品室内进行观察。透射电镜样品专用铜网直径为3 mm，并由数百个网孔构成的（见图 4-38）。透射电镜样品有多种制备方法，主要是根据试样的状态和试验要求确定的。

　　a. 粉末状试样的制备　用超声波分散器将需观察的粉末置于与试样不发生作用的液态试剂中，并使之充分的分散制成悬浮液。取几滴这样的悬浮液加在覆盖有碳加强火棉胶支持膜的电镜铜网上，待其干燥后，即成透射电镜研究用的粉末状样品。

　　b. 复型试样的制备　复型试样是一种将待测试样的表面或断口的形状复印出来的薄膜，再将复型的薄膜装

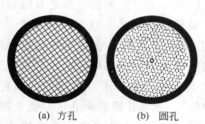

(a) 方孔   (b) 圆孔

图 4-38　透射电镜用试样铜网

到透射电镜的样品室内即可研究材料的显微结构。为更好地获得电子图像，复型材料必须是非晶质体，防止电子衍射束的影响；塑印成形性好，以提高鉴别率；有一定的强度、柔韧性、化学稳定性，便于复型试样的制备；有一定的导电性、导热性，并能耐电子束轰击，使原始图像不失真。在众多的复型材料中，碳是能较好地满足上述条件的复型材料，因此一般采用碳膜作为复型材料。碳膜复型又有一次碳膜复型、塑料-碳膜二级复型和碳萃取复型等方法。

一次碳膜复型　试样的制备过程是：先将待测试样磨平抛光，再经化学腐蚀，突出第二相；将经处理的试样在真空镀膜仪上喷碳，碳层最佳厚度以在白釉瓷片点一滴硅油，当喷碳至无釉处呈浅灰色时来度量；用刀片在喷碳膜上划成方格，并用化学浸蚀＋直流电解方法使碳膜脱离试样；最后清洗碳膜并用铜网捞出即可在透射电镜下进行研究。

这种复型方法常将待测试样腐蚀暴露出的第二相颗粒粘附在碳膜上，因而在一次碳膜复型膜中如无待测试样颗粒，则可观察材料表面形貌，若复型的碳膜上包含突出第二相颗粒时，不但能对第二相的形貌进行观察，还能用电子衍射方法进行物相的分析。

塑料-碳二级复型　试样是研究金属和无机材料结构形貌和断口形态的最常用方法，制备过程是将待测试样进行磨平抛光，用光学金相腐蚀方法形成所观察的形貌；然后将丙酮滴在处理过的表面或断口上，随后贴上一块乙酸纤维素塑料膜（简称 AC 纸），AC 纸膜和试块表面间不能残留有气泡以及丙酮量的适当等都是靠经验的操作；待丙酮挥发后将乙酸纤维素膜揭下，面向试块的膜面已复印下试块表面的形貌，此过程为第一级塑料复型；在塑料复型膜的复型面上垂直蒸一层 10～30 nm 厚的碳膜，此过程为第二级碳复型。为了增强衬度和立体感，可在碳复型形成前，以一定角度投影方式蒸镀重金属（一般以铬为宜）；再将经投影过蒸碳的塑料膜剪成 2 mm 见方的小方块，在丙酮溶液中溶去塑料膜，碳膜即卷曲漂浮于丙酮中；经漂洗、展开（用酒精调节水的表面张力使卷曲的碳膜展开平整浮于液面）用透射电镜的专用铜网将碳膜平整地捞于网上，晾干后即为塑料-碳二级复型样品。

碳萃取复型　是样品制备中最重要的进展之一，其目的在于如实地复制样品表面的形貌，同时又把细小的第二相颗粒（如金属间化合物、碳化物和非金属夹杂物等）从腐蚀的金属表面萃取出来，嵌在复型中，被萃取出的细小颗粒的分布与其原来在样品中的分布完全相同，因而复型材料就提供了一个与基体结构一样的复制品。萃取的颗粒具有相当好的衬度，而且可在电镜下做电子衍射分析。

常用的碳萃取复型方法是：按一般的金相试样的要求对试样磨削、抛光、深腐蚀；将试样认真冲洗以除去腐蚀物（不可擦拭）；按一次碳膜复型或塑料-碳二级复型方法复型，取膜。图 4-39 所示是碳萃取复型过程示意。

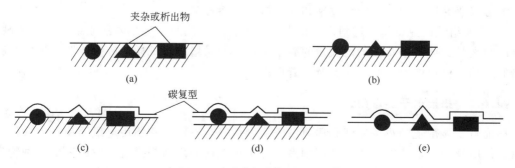

图 4-39　碳萃取复型过程示意

c. 薄膜试样的制备　观察复型只能得到有关表面形貌的信息。为了揭示晶体内部亚结构，需要直接观察样品本身。于是必须将材料制成薄膜，让电子束直接穿过它成像。从大块样品制备金属薄膜一般分为三个步骤，即取样、预先减薄和最终减薄。

取样　用电火花切割、砂轮切割等方法从大块试样中切取厚度为 $0.2\sim0.3$ mm 的"薄片"。

预先减薄　用机械研磨、化学抛光或电能抛光等方法，将"薄片"样品减薄至 0.1 mm 左右的薄片。

最终减薄　将预减薄的样品最终减薄至 $100\sim200$ nm 的薄膜。要尽量避免减薄过程中引起的内部结构变化。常用双喷电解减薄法和离子轰击减薄法。

双喷电解减薄的典型装置如图 4-40 所示。把预先减薄的试样冲剪成 $\phi3$ mm 的小圆片，将这小圆片用 PTFE（聚四氟乙烯）

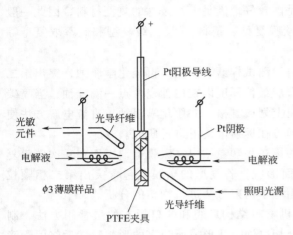

图 4-40　PTEE 夹具圆片双喷电解抛光装置示意

（图中标注：+、Pt阳极导线、光敏元件、光导纤维、电解液、$\phi3$薄膜样品、PTFE夹具、Pt阴极、电解液、照明光源、光导纤维）

制成的夹具固定起来，并与铂丝导线保持电接触作为阳极，电解液从两侧以一定速度喷向试样，并通过耐酸泵循环。在双喷仪上装有光敏自动监测仪，保证刚穿孔时即自行切断电路。在穿孔周围有一相当大的薄区，可用来进行透射分析。双喷电解减薄法制样的成功率较高。

对不导电且质地坚硬的无机材料，以及一些不适合于电解抛光减薄的金属材料，可以用离子轰击减薄法制备薄膜。这是在高真空条件下，用离子枪提供高能量氩离子流，以一定角度对样品薄片进行扫描轰击，将表层原子击出使之减薄。经过长时间连续轰击后样品中心部位穿孔，在孔边缘处厚度极薄，可用于进行透射分析。对于不导电样品，制成薄片后还需对之进行喷碳处理。

（4）透射电子显微镜在显微检验中的应用

a. 显微组织的辨认　透射电镜具有高的分辨率和放大倍数，利用它可以可靠地确定光学金相不能分辨的组织。例如，透射电镜下能清晰地看到屈氏体的层片；可靠地辨认上贝氏体与板条状马氏体，回火马氏体与下贝氏体；可通过观察马氏体回火过程中碳化物的形态、分布和大小判断回火程度和回火组织。

b. 鉴别微量第二相的结构　利用透射电镜可对薄膜试样进行选区电子衍射，对衍射花样进行标定，可以确定微量第二相的结构及第二相与母相之间的取向关系。所以利用薄膜透射技术可以研究钢的回火转变和过饱和固溶体的脱溶分解。

c. 研究组织的亚结构　透射电镜的薄膜透射技术还能观察各相内的亚结构及晶体缺陷，如可以观察马氏体板条及板条内大量的缠结位错。如果增设对试样的施力装置，还能观察到位错的运动、位错增殖、位错交截及位置反应。

4.6.2　扫描电子显微镜

扫描电子显微镜的成像原理和透射电子显微镜完全不同。它不用电磁透镜放大成像，而是以类似电视摄影显像的方式，利用细聚焦电子束在样品表面扫描时激发出来的各种物理信号来调制成像的。扫描电镜主要用于表面形貌的观察，它有如下主要特点。

① 分辨率高，可达 3～4 nm。

② 放大倍数范围广，从几倍到几十万倍，且可连续调整。

③ 景深大，适用观察粗糙的表面，有很强的立体感。

④ 可对样品直接观察而无需特殊制样。

⑤ 可以加配电子探针（能谱仪或波谱仪）附件，将形貌观察和微区成分分析结合起来。

扫描电子显微镜在失效分析工作中具有特殊重要的作用。它的出现对断口分析和断口学的形成起了重要的推动作用。目前显微断口的分析工作大都是用扫描电镜来完成的。

当一束很细的电子束射到固体样品表面时，由于电子具有一定的能量，将射入固体一定的深度。入射电子与固体原子互相作用，产生一系列物理信息。表 4-12 列出了各种物理信息的特点及应用。

表 4-12　电子与固体原子相互作用产生的物理信息

信息名称	能量范围	信息深度	特　　征	用　　途
二次电子	50 eV 以下	5～10 nm	① 无明显扩散，成像分辨率高 ② 对表面形貌敏感 ③ 产额随固体原子序数的变化小	扫描电子显微镜的二次电子成像,观察表面微观形貌
背散射电子	接近入射电子能量	100～1000 nm	① 产额与原子序数关系密切,z 越大产额越高 ② 信息来源深,扩散严重,成像分辨率低	扫描电子显微镜的背散射电子像,可显示成分分布
透射电子	10～100 keV	薄膜样品的厚度	① 穿过晶体样品会发生衍射 ② 受样品的吸收,损失能量 ③ 扩散小,分辨率高	① 透射电子显微镜成像 ② 电子衍射 ③ 能量损失谱,可分析超轻元素的成分
吸收电子	0	约与背散射电子相当	① 与原子序数关系密切 ② 与背散射电子产额互补	扫描电子显微镜吸收电流像,可显示成分分布
俄歇电子	50～2500 eV	0.5～3 nm	① 表面敏感 ② 具有特征能量	俄歇电子谱,做表面成分分析 ($z \geqslant 3$)
特征 X 射线	1～20 keV	100～1000 nm	① 具有特征能量 ② 信息来源深,扩散大	用于电子探针分析(波长谱或能量谱)

在扫描电子显微镜中，一般利用二次电子成像来观察表面形貌。背散射电子像可以反映出化学成分的一些信息。但是要得到元素的组成，通常使用 X 射线特征谱进行测试。

（1）结构原理

扫描电镜是由电子光学系统，信号收集处理、图像显示和记录系统，真空系统三个基本部分组成。其结构原理如图 4-41 所示。

（2）样品制备

扫描电镜的样品制备方法非常简便。观察金相组织和成分分析，可直接使用金相试样，但浸蚀可以深些。观察断口样品，只要表面清洗即可。

对于导电性材料来说，除要求尺寸不超过仪器规定的范围外，只要用导电胶把它粘贴在铜或铝制的样品座上即可。对于导电性较差或绝缘样品，由于在电子束作用下会产生电荷堆集而使图像质量下降，因此对这类样品粘贴到样品座之后要进行喷镀导电层处理。通常采用金、银或碳真空蒸发膜做导电层，膜厚控制在 20 nm 左右。

（3）扫描电镜在材料研究中的应用

a. 扫描图像分析　扫描电镜表面形貌衬度是利用二次电子信号作为调制信号而得到的

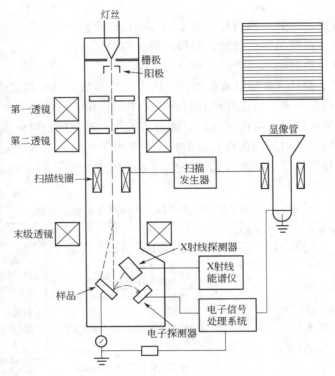

灯丝

栅极
阳极

第一透镜

第二透镜

扫描线圈

扫描
发生器

显像管

末级透镜

X射线探测器

X射线
能谱仪

样品

电子信号
处理系统

电子探测器

图 4-41　扫描电子显微镜构造示意

一种像衬度。由于二次电子信号主要来自样品表层 5～10 nm 深度范围，它的强度与原子序数没有明确的关系，而仅对微区刻面相对于入射电子束的位向十分敏感，且二次电子像分辨率比较高，所以特别适用于显示形貌衬度。二次电子像成为扫描电镜应用最广的一种方式，尤其在失效工件的断口分析，各种材料的表面形貌及金相组织形貌特征观察上，成为目前最方便、最有效的手段。

　　b. 断裂过程的动态研究　有的型号的扫描电镜带有较大拉力的拉伸台装置，这就为研究变形与断裂的动态过程提供了很大方便，可以直接观察拉伸过程中裂纹的萌生和扩展与材料显微组织之间的关系。

　　c. 微区成分分析　扫描电镜成分分析工作主要是靠 X 射线波谱分析或能谱分析来实现的。由于这种分析方式原本是电子探针的主要方式，所以带有波谱分析或能谱分析的扫描电镜也称为广义的电子探针。

4.7　腐蚀性能测试及仪器设备

腐蚀性能测试可分为两大类，一类是现场挂片试验，另一类是实验室试验。

4.7.1　现场挂片试验

选用与失效构件同材质、经历相同热处理的材料制成平行试样 3～5 件，在构件工作现场有代表性的部位挂片试验，经过一段时间后，取出试样检查，对腐蚀的类型和程度作出判断。现场挂片试验时间一般较长。

4.7.2 实验室试验

实验室试验可分为三类，分别是常规模拟试验、加速腐蚀试验和电化学试验。

（1）常规模拟试验

模拟失效构件的工作环境，主要是介质的成分和浓度、pH 值、温度、压力、流速、构件应力状况等，在实验室内挂片试验，定期取出试样观察评定。浸泡试验试样一般为矩形或圆柱形，腐蚀疲劳和应力腐蚀开裂试验试样要考虑便于加载和介质引入。

腐蚀疲劳试验的加载方式和普通的疲劳试验的加载方式相同，介质引入除浸泡法外，还可采用以下几种方式。

a. 捆扎法　用棉花、布或其他吸湿纤维包扎在试样表面上。

b. 液滴法　在疲劳加载的试样上方安装滴管系统，此法只适用于卧式腐蚀疲劳试验机。

c. 喷雾法　用喷雾装置把腐蚀液以雾状喷射到试样表面。

应力腐蚀开裂试验试样常用几种形式，分别是拉伸试样、弯梁试样、C 形环试样和 U 形弯曲试样。

拉伸试样　采用直径不小于 3 mm 的圆柱试样，试样标距一般不小于 10 mm，用拉伸的方法加载。拉伸试样的应力容易计算，但介质防泄漏稍为困难。对拉伸试样可采用恒载荷加载方式，也可采用慢应变速率的方法加载。后一种加载方式是通过试验机十字头以一个恒定的相当缓慢的位移速度把载荷施加到试样上，以强化的应变状态来加速应力腐蚀开裂过程的发生和发展。分别做出无应力腐蚀开裂环境（如大气或油中）和试验溶液中的应力-应变曲线，通过比较两条曲线在相同应力下的应变量、最大应力值、开裂断口率、应力-应变曲线包围的面积等指标，评定应力腐蚀开裂的敏感性，此法简称为 SSRT 法。

弯梁试样　有恒变形和恒载荷两种。图 4-42 所示是恒变形试样。图 4-42（a）所示是两支点试样，最大拉应力 σ 与试样的各参数有下面近似关系。

$$L = \frac{KtE}{\sigma}\arcsin\left(\frac{H\sigma}{KtE}\right) \tag{4-1}$$

式中　L——试样长度；

$\qquad$ H——两支点间的距离；

$\qquad$ t——试样厚度；

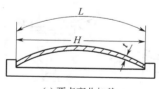

(a) 两点弯曲加载

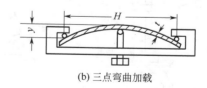

(b) 三点弯曲加载

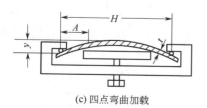

(c) 四点弯曲加载

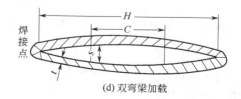

(d) 双弯梁加载

图 4-42　恒变形弯梁试样

E——弹性模量；

K——常数（$K = 1.280$）。

图 4-42（b）所示是三支点试样，最大拉应力 σ 按式（4-2）计算。

$$\sigma = \frac{6Ety}{H^2} \tag{4-2}$$

式中　H——两外支点间距；

　　　y——试样最大挠度；

其余符号同前。

图 4-42（c）所示是四支点试样，最大拉应力 σ 按式（4-3）计算。

$$\sigma = \frac{12Ety}{3H^2 - 4A^2} \tag{4-3}$$

式中　A——内外支点间的距离；

其余符号同前。

图 4-42（d）所示是双弯梁试样，由两片扁平带材之间衬一垫块构成，最大拉应力 σ 按式（4-4）计算。

$$\sigma = \frac{3Ets}{H^2\left(1 - \dfrac{C}{H}\right)\left(1 + \dfrac{2C}{H}\right)} \tag{4-4}$$

式中　s——垫块厚度；

　　　C——垫块长度；

其余符号同前。

图 4-43 所示是恒载荷试样，其中图 4-43（a）所示为三支点试样，最大拉应力 σ 按式（4-5）计算。

$$\sigma = \frac{3PL}{2bt^2} \tag{4-5}$$

式中　L——矩形弯梁长度；

　　　t——弯梁厚度；

　　　b——弯梁宽度；

　　　P——载荷。

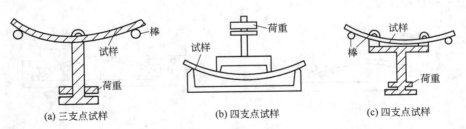

(a) 三支点试样　　　(b) 四支点试样　　　(c) 四支点试样

图 4-43　恒载荷的三支点试样和四支点试样

图 4-43（b）、（c）所示是四支点试样，两内支点间的最大应力 σ 按式（4-6）计算。

$$\sigma = \frac{3PA}{bt^2} \tag{4-6}$$

式中　A——内外支点之间的距离；

其余符号同前。

C 形环试样　如图 4-44 所示，可以通过紧固一个位于环直径中心线上的螺栓而在环外表面造成拉伸应力［见图 4-44（a）］，也可以扩张 C 形环在内表面造成拉伸应力［见图 4-44（b）］，这两种是恒变形试样；采用经过校准的弹簧在螺栓上加载［见图 4-44（c）］为恒载荷 C 形环试样。C 形环的周向应力是不均匀的，从栓孔处的零应力沿环形弧线直至中点增大到最大应力。C 形环的周向应力（σ_c）和切向应力（σ_t）可按式（4-7）和式（4-8）计算。

$$\sigma_c = \frac{E}{1-\upsilon^2}(\varepsilon_c + \upsilon\varepsilon_t) \tag{4-7}$$

$$\sigma_t = \frac{E}{1-\upsilon^2}(\varepsilon_t + \upsilon\varepsilon_c) \tag{4-8}$$

式中　υ——泊松数；

　　　ε_c——周向应变；

　　　ε_t——切向应变；

　　　E——弹性模量。

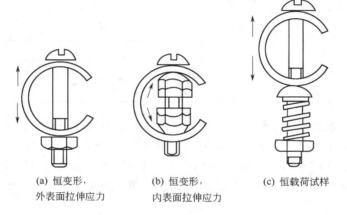

(a) 恒变形，　　　　　(b) 恒变形，　　　　　(c) 恒载荷试样
外表面拉伸应力　　　内表面拉伸应力

图 4-44　C 形环试样

U 形弯曲试样　是将矩形板材以一定夹具弯曲成呈规定半径的 U 形试样，这种恒变形试样包含弹性变形和塑性变形，是试验条件十分苛刻的应力腐蚀开裂光滑试样。图 4-45 示出几种常用的 U 形弯曲试样和加载方法。U 形试样实际应力值计算很困难。

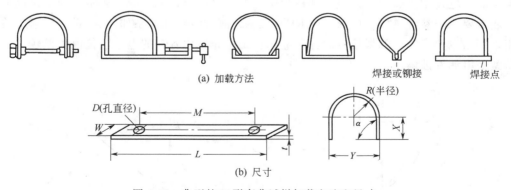

图 4-45　典型的 U 形弯曲试样加载方法和尺寸

弯梁试样、C 形环试样和 U 形弯曲试样可直接浸泡在介质中，但必须注意试样与夹具、紧固螺栓的电绝缘，以免因异种金属接触造成电偶腐蚀。

（2）加速腐蚀试验

加速腐蚀试验属于浸泡试验，但所选用的化学介质不是构件实际环境的介质，而是腐蚀性更强的介质。中国已制定了点腐蚀和不锈钢晶间腐蚀化学介质浸泡试验的标准，表4-13和表4-14分别是标准规定的主要的试验参数。

表 4-13　不锈钢三氯化铁点腐蚀试验主要技术条件　（引自 GB/T 17897—1999）

参　数	试验溶液	试验温度	试验时间	试样尺寸	1 cm² 试样对应溶液量	试样位置
指标或要求	6% 三氯化铁溶液（用 0.05 mol/L 的盐酸溶液配）	(35±1)℃，(50±1)℃	24 h	10 cm² 以上	≥20 mL	水平

表 4-14　不锈钢晶间腐蚀化学介质浸泡试验

试验方法	标准号	试验溶液组成	温度	时间	适 用 钢 种
硫酸-硫酸铜试验	GB/T 4334.5—2000	1000 mL 溶液中含 100 g $CuSO_4 \cdot 5H_2O$ 和 100 mL 纯硫酸，铜粒或铜屑铺在瓶底	微腾	连续试验 16 h	奥氏体、奥氏体-铁素体不锈钢
硝酸-氟化物试验	GB/T 4334.4—2000	10% HNO_3 + 3% HF	(70±0.5)℃	2 h×2 周期	含 Mo 不锈钢
沸腾硝酸试验	GB/T 4334.3—2000	(65±0.2)% HNO_3	沸腾	48 h×5 周期	奥氏体不锈钢
硫酸-硫酸铁试验	GB/T 4334.2—2000	(50±0.3)% H_2SO_4 溶液 600 mL + 25 g $Fe_2(SO_4)_3$	沸腾	120 h	奥氏体不锈钢

此外，氯化铁溶液也用于缝隙腐蚀的加速试验。应力腐蚀开裂的加速试验视材料不同选用不同的溶液。对于不锈钢材料，常采用 45% $MgCl_2$，(155±1)℃作为试验溶液。

加速腐蚀试验适用于判断不同材料之间抗孔蚀和晶间腐蚀能力的相对大小。由于加速腐蚀试验的介质与构件的工作介质不相同，所以它不能作为材料在工作介质中是否发生孔蚀和晶间腐蚀的量度。

（3）电化学试验

有多种电化学测试技术，这里只介绍与金属构件失效分析关系密切的几种电化学腐蚀测试技术。

a. 电极电位测定试验　这类试验是用高阻电压表（如数字电压表）测定试验试样的电极电位。在电化学测试中，试验试样称为研究电极，用 W（或 WE）表示，为了组成测试回路，还需要一个参考电极，用 R（或 RE）表示，测试线路和体系如图4-46所示。这类试验常用来判断电偶腐蚀。如果接触的异种金属在工作介质中各自的电极电位值相差较大，这一体系就是电偶腐蚀体系。

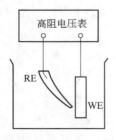

图 4-46　电极电位测定装置

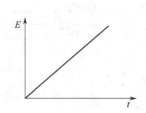

图 4-47　电位线性扫描信号

b．电位线性扫描试验　这类试验是在试验介质的水溶液中，对试样双电层的两端施加一个随时间线性变化的电位信号（见图 4-47），记录流经试样的电流密度，分析电流密度相对于电位变化而变化的特点，从中获得与腐蚀有关的信息。电流密度相对于电位变化而变化的曲线称极化曲线，所以电位线性扫描试验也称为极化曲线试验。

电位线性扫描信号通常由带微机控制的恒电位仪提供，为了对试验试样施加电位信号并记录流经试样的电流密度，常采用三电极电解池，结构如图 4-48 所示。参考电极 RE 是一个电位稳定的电极，恒电位仪施加给研究电极 WE 的电位线性扫描信号就是相对于参考电极的电位而言的。AE 代表辅助电极，由辅助电极和研究电极组成的回路用来测量流经研究电极的电流。图 4-48 和图 4-49 所示分别为测试原理和恒电位仪接线。

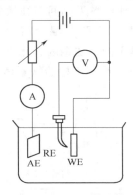

图 4-48　三电极电解池及测试原理

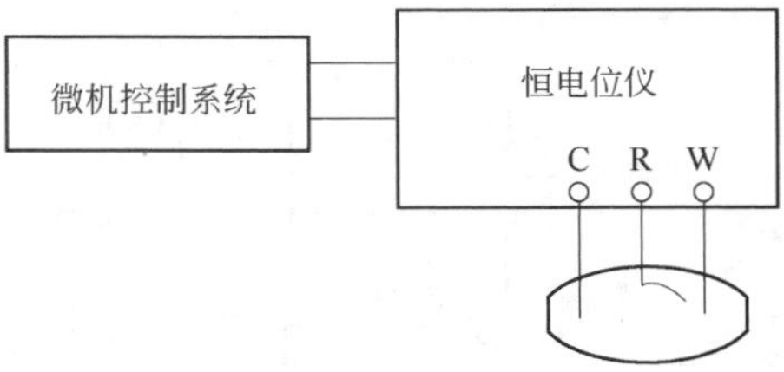

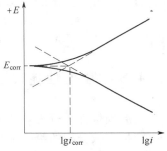

图 4-49　恒电位仪测定极化曲线接线

可以用极化曲线估算全面腐蚀体系的腐蚀速度。例如，在非氧化性的酸性溶液中，钢的腐蚀由活化极化控制，将钢试样作研究电极，并控制其电位（E）从自然电位（E_{corr}）开始向正方向或负方向线性扫描，把记录到的电流密度（i）转换成对数（$\lg i$），典型的 $\lg i\text{-}E$ 的曲线如图 4-50（实线）所示，将正、负方向扫描所得曲线外推至相交，相交点（图中两虚线交点）的对应值就是 $\lg i_{corr}$（i_{corr} 是研究电极腐蚀速率的电流表示值）。

也可以用极化曲线估计金属材料在介质中孔蚀的敏感性。在孔蚀敏感性的电化学测试中，施加给研究电极的信号是三角波信号（见图 4-51），电位正向线性扫描到一定值后再反向扫描到起始值，孔蚀体系典型的极化曲线如图 4-52 所示。图中的 E_b 和 E_p 分别称孔蚀电位和保护电位，它们是材料孔蚀敏感性的基本电化学参数，E_b

图 4-50　典型的 $\lg i\text{-}E$ 曲线

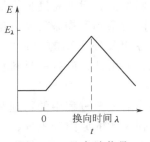

图 4-51　三角波信号

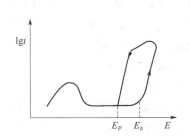

图 4-52　典型的孔蚀体系的阳极极化曲线

和 E_p 把极化曲线分成三部分：当研究电极的电位 $E > E_b$，将形成新的蚀孔，已有蚀孔继续长大；当 $E_b > E > E_p$ 时，不会形成新的蚀孔，但原有蚀孔将继续长大；当 E 进入钝化区，且 $E \leqslant E_p$ 时，原有蚀孔再钝化而不再发展，也不会形成新的蚀孔。所以一个材料的 E_b 和 E_p 值越高，材料就越抗孔蚀。有时极化曲线不够典型，这时可从自然电位开始，只作阳极方向扫描（扫描速度 20 mV/min），以阳极极化曲线上对应电流密度 10 μA/cm² 或 100 μA/cm² 的电位最正的电位值（符号 E_{b10} 或 E_{b100}）来表示孔蚀电位。

c. 恒电流浸蚀试验　这一试验主要用于判断金属材料是否具有晶间腐蚀敏感性。试验溶液是 10% 的草酸，在室温下，用 1 A/cm² 的电流密度对研究电极阳极电解浸蚀 1.5 min，试验装置如图 4-53 所示，然后在 150~500 倍金相显微镜下检查试样表面。对于锻造、轧制材料，如果表面呈"台阶"结构（参见图 4-54），则表明这种材料无晶间腐蚀敏感性，不可能发生晶间腐蚀；如果表面呈"沟槽"结构，或"沟槽"与"台阶"混合结构，则不能做出结论，需要用其他方法继续验证。这种方法适用于检验奥氏体不锈钢因碳化铬沉淀引起的晶间腐蚀敏感性，不能检验 σ 相引起的晶间腐蚀敏感性，也不适用于检验铁素体不锈钢。

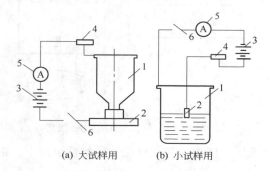

(a) 大试样用　(b) 小试样用

图 4-53　草酸法电解浸蚀装置

1—不锈钢容器；2—试样；3—直流电源；
4—变阻器；5—电流表；6—开关

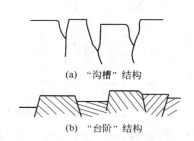

(a) "沟槽"结构

(b) "台阶"结构

图 4-54　草酸电解浸蚀试验的
"台阶"和"沟槽"结构示意

4.8　磨损性能测试及仪器设备

对磨损构件进行失效分析的内容主要有三方面，即磨损表面、磨损亚表层和磨屑。

磨损失效分析的第一步是宏观形貌的观察和测定，包括肉眼观察和低倍放大镜、金相及实体显微镜的观察。一般情况下，宏观检查能够初步看出磨损的基本特征（如划伤条痕、点蚀坑、严重塑性变形等）。在此基础上，进行微观分析和其他分析。微观形貌分析主要是借助扫描电镜，观察表面犁沟、小凹坑、微裂纹及磨屑的特征。由于磨损往往发生在材料表层或次表层区域，因此常把磨损试样切成有微小角度的倾斜剖面，设法将磨损表层部分保护后，剖面按金相方法抛光制样，这样在扫描电镜下就可同时观察到磨损条痕及表层以下组织结构的变化。借助 X 射线衍射仪和穆斯堡尔谱可以查明各相及外来物的大致成分。此外，还可测定磨损表层及次表层深度范围内的微观硬度的变化，并由此判断构件材料在磨损过程中的加工硬化能力及次表层结构组织的变化。

磨屑是磨损过程的最终结果，它综合反映了构件材料在磨损全过程中的物理和化学作用的影响，在某种意义上说，它比磨损表面更直接地反映磨损失效的原因和机理，所以对磨屑的分析很重要。对磨屑分析的各种方法各有其特点和适用性。目前在磨屑分析中较广泛采用的是铁谱技术。实现铁谱技术的基本工具是铁谱仪。铁谱仪主要由一个有很高磁场强度的永久磁铁和具有稳定速率的微量泵以及专门处理过的铁谱基片组成，如图 4-55 所示。当含有金属磨损微粒的润滑油通过铁谱仪磁场时，尺寸不一的磁性微粒就依其大小次序全部沉积到铁谱基片上，形成铁谱片，用专门的铁谱显微镜、扫描电镜和图形分析仪对磨屑的形貌尺寸进行定性和定量分析，就可获得磨损类型和磨屑形成过程的信息。

有时要对磨损失效分析结果进行验证，这就需要安排模拟试验。模拟试验与实际工况不可能完全一致，有时从模拟试验结果分析可能产生错误的结论，所以首先要保证模拟试验的有效性。可以按下面三点对试验是否有模拟性做出考核。

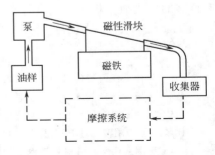

图 4-55　铁谱仪原理

① 磨损试验样品的磨损表面形貌与磨损构件的磨损表面形貌相似。

② 试样磨损亚表层所产生的变形层厚度与构件磨损表面亚表层的变形层厚度相等。

③ 试样磨损亚表层达到的最高硬度值与构件磨损亚表层的最高硬度值相近。

只有满足这三点，才能说磨损试验与构件的磨损工况有相似性。磨损试验要用磨损试验机。由于磨损的广泛多样性，所以磨损试验机的类型也很多。图 4-56 所示是一部分磨损试验机的原理。

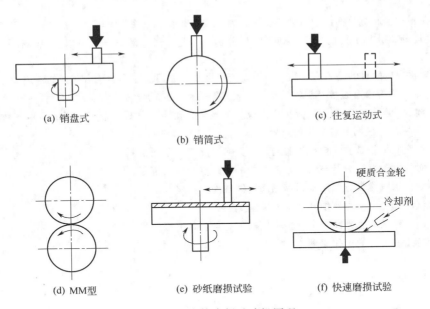

图 4-56　摩擦磨损试验机原理

图 4-56（a）所示为销盘式试验机，它在试样上施加试验力使试样压紧在旋转圆盘上，试样可在半径方向往复运动，也可以是静止的。这类试验机可用来评定各种摩擦副的低温和高温摩擦和磨损的性能，也能进行粘着磨损规律的研究。在金相试样抛光机上加一个夹持装置和加力系统，即可制成此种试验机。图 4-56（b）所示为销筒式试验机，将试样压紧在旋转圆筒上进行试验。图 4-56（c）所示为往复运动式试验机，试样在静止平面上作往复运动，可以研究往复运动机件如导轨、缸套与活塞环等摩擦副的磨损规律。图 4-56（d）所示为 MM 型磨损试验机的原理简图，该种试验机主要用来研究金属材料滑动摩擦、滚动摩擦、

193

滚动和滑动复合摩擦及间隙摩擦，MM 型磨损试验方法可参见国家标准（GB12444.1—90《金属磨损试验方法 MM 型磨损试验》）。图 4-56（e）所示为砂纸磨损试验机，与图 4-56（a）相似，只是对磨材料为砂纸。图 4-56（f）所示为快速磨损试验机，旋转圆轮为硬质合金。

已研制出的磨损试验机还远远不能满足各种各样磨损的模拟试验，所以在目前条件下，有许多磨损失效分析还无法进行实验室验证。

复 习 思 考 题

4-1　为什么任何装备或构件失效可以通过失效分析寻找失效的原因和改进措施？

4-2　认识指导失效分析全过程思维路线的重要性及几种常用的较普遍的失效分析思路。

4-3　何谓逻辑推理？在失效调查、失效分析过程中常用哪几种逻辑推理方法？试对一个案例，用你认为比较熟悉的逻辑推理方法进行思维并作出判断。

4-4　试用一两个构件失效实例，制订失效分析程序，认识构件失效分析的全过程。

4-5　失效分析选用检测技术和方法时，一般应遵循哪些原则，举例说明。

4-6　成分分析、金相分析、力学性能测定、物化性能测定等常规检测分析方法在失效分析中为什么经常使用？总结四种常规检测分析可以给失效分析提供哪些信息？

4-7　列表进行常用无损检测方法的对比，认识各种检测方法对缺陷检测的适用性、应用范围及特点。

4-8　在各种金属材料构件的断裂失效中，为了找出断裂的原因，断口分析往往作为首选且重要的关键步骤。说明断口分析重要的原因，列出断口分析的依据，通过断口分析可以提供构件断裂过程哪些信息？

4-9　裂纹分析的目的是确定裂纹的位置及产生裂纹的原因。在锅炉压力容器的常规检验中，一般用什么方法确定构件有没有裂纹及裂纹的位置？要判断裂纹产生的原因要对裂纹进行哪些分析工作？

4-10　痕迹分析是一种被失效分析广泛应用的技术，比断口分析、金相分析的应用频数更大。列举痕迹分析实例两个，说明痕迹分析的重要性。

4-11　什么叫模拟试验，模拟试验与构件真实工况有何不同？

4-12　对比电子显微分析与光学显微分析的优缺点及应用范围。

4-13　如何用电化学方法对不锈钢晶间腐蚀性能作粗略判断？

4-14　试设计一个应力腐蚀开裂的实验室试验。

4-15　用哪些条件去判断一个磨损失效的试验是否具模拟性？

4-16　简述铁谱仪的工作原理。

5　失效分析实例

在第 1 章介绍国内外失效分析状况时，提及国内近 20 年来召开了四次全国机械装备失效分析会议，近 10 年来召开了三次全国机电装备失效分析预测预防战略研讨会。在这些会议上与会者提交论文一千多篇，论文的内容除了国内外机械装备失效状况介绍、基础理论与分析测试方法的探讨研究外，还有不少的金属构件失效案例剖析及预防失效方法和经验的推介。其中在第 3 次全国机械装备失效分析会议上，上海材料研究所陶正耀教授总结了三次会议中提交的论文，进行构件失效分析的有 292 个典型案例。按失效原因统计（见表 5-1），其中金属构件在各种失效原因中，由于构件加工缺陷及装配不当引起失效的原因占失效总数的 45.4%，几乎占全部原因的 1/2；而在加工缺陷引起的失效中，热加工问题最多，占 30.5%，其中热处理就占 16.2%。冶金缺陷及材质问题所占的比例达 13.5%，也是不容忽略的。

表 5-1　失效原因统计

原　　因	设计	冶金因素及材质						加工缺陷及装配						环境因素					使用问题		
		材质问题	夹杂相	脆性相	异金属	老化	错用材料	切削加工	铸造	锻造	焊接	热处理	装配不良	温度	腐蚀	磨损	振动	过载	使用不当	润滑不良	损伤
次　　数	25	20	19	2	1	1	1	29	23	4	15	48	15	16	24	22	7	2	10	5	7
		40						134						71					22		
百分数/%	8.5	6.8	6.4	0.7	0.3	0.3	0.3	9.8	7.8	1.4	5.1	16.2	5.1	5.4	8.1	7.2	2.4	0.7	3.3	1.7	2.4
		13.5						45.4						24.0					7.4		

本章列举工程实际的 23 个金属构件失效实例，供前 4 章课程内容学习选择采用。本章把实例按主要失效原因分成四种类型，这样分类参考了第 1.3 节介绍的引起金属构件失效的四大原因及表 5-1 所列原因的比例。金属构件失效往往不是单一原因引起的，失效的各种因素相互影响，有时主要原因也不是很突出，只能在失效分析实践中不断认识，积累经验才易于探索出失效的真正原因，做出正确的判断。

5.1　设计或材料因素为主引起的失效实例

实例 1　锅炉过热管蠕胀开裂[53]

（1）实例简介

某厂一台动力锅炉的二级过热管束低温段为 20 钢管，高温段为 12Cr1MoV 低合金耐热钢管。低温段 20 钢管端部经扩管，高温段 12Cr1MoV 钢管端部开坡口，两者在等厚度下对接焊接而成。在 3 年使用过程中，多根管子的异种钢接头处均在 20 钢管端部爆管，图 5-1 所示为爆管位置及接头形式的示意。此过热管内部通过热蒸汽，外部受高温火焰加热，火焰工作温度由

966 ℃降至 846 ℃，过热蒸汽设计压力为 3.82 MPa，蒸汽温度由 352 ℃上升至 450 ℃。

图 5-2 所示为过热管蠕胀部位的实物照片，图中焊缝下部为 12Cr1MoV 钢管，上部为 20 钢管，左边为蠕胀爆裂管，右边为蠕胀未爆裂管。受火焰作用 20 钢管扩管处向外鼓胀，鼓胀处管子外表面有许多平行轴向的裂纹，形貌如老树皮；鼓胀而致爆裂的爆口面粗糙、不平整，如图 5-3 所示。爆口宏观形貌显示超温幅度不大，却由于长期在应力作用下发生了蠕变韧性断裂。鼓胀处管子内壁有一层较厚垢层，厚度约 1 mm，如图 5-4 所示。

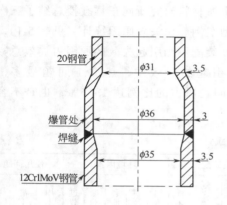

图 5-1　爆管位置及接头形式

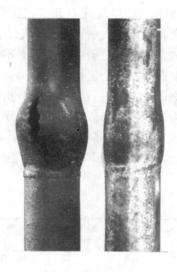

图 5-2　过热管蠕胀部位形貌

图 5-3　形貌如老树皮的蠕变裂纹

图 5-4　鼓胀处过热管内表面的垢层

（2）测试分析

图 5-5 所示为胀区靠近外壁横截面金相组织，照片右边为外壁表面，管壁裂纹从外向内有明显的沿晶裂纹，靠内壁则无沿晶裂纹，说明裂纹始于外壁而向内扩展。20 钢正常金相组织应为铁素体＋珠光体，而鼓胀区微观组织显示珠光体形态已经球化，相当于珠光体球化标准 6 级，即严重球化。图 5-6 显示非胀区金属微观组织，珠光体也已球化，但球化级别相当于 4 级，为中度球化。

在爆管的非鼓胀区取三个 20 钢试样，按 GB/T 228—1987《金属拉伸试验法》测试力学性能，其室温抗拉强度分别为 307.3 MPa、353.8 MPa、356.8 MPa，都低于 GB/T 8163—1987 标准中 20 钢抗拉强度 390～530 MPa 的下限，说明此爆管金属的强度严重下降。

通过建立数学模型来分析过热管束壁温与水垢的关系。结果表明由于水垢的存在，使得壁温增加。水垢厚度 1 mm，壁温增加到 501 ℃，比无水垢时的温度（440 ℃）高出 61 ℃。

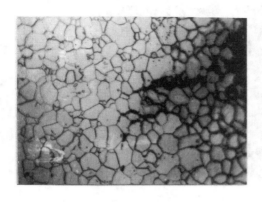

图 5-5　鼓胀区靠近外壁横截面金相组织　400×　　　　　图 5-6　非鼓胀区金属材料金相组织　400×

水垢厚度不一致，使过热管的温度不均匀，在局部地区超过了 20 碳钢的允许最大温度。

（3）结论

① 水垢是引起管壁超温的主要原因。

② 爆管处为 20 钢扩管与 12Cr1MoV 焊接处附近，此焊接连接成形工艺设计不合理，20 钢管此处壁厚由 3.5 mm 减至 3 mm，并有残余应力，而垢层和氧化膜的生成使管壁进一步减薄，从而此处在正常运行时应力较大。

③ 管壁金属长期过热运行，导致内部金属组织珠光体严重球化，高温蠕变加速，加之钢材高温强度下降，最终导致管子在强度薄弱处或有缺陷处，即 20 钢管扩管处鼓胀、爆管。

实例 2　醇胺贫富液换热器列管腐蚀穿漏[53]

（1）实例简介

某石化厂醇胺贫富液换热器用于硫磺回收尾气处理区再生塔进、出醇胺液的热量交换。用再生塔出料的热量来加热将要进入再生塔的进料，即用温度高的经再生塔脱除 H_2S 和 CO_2 的醇胺贫液，加热温度低的富含 H_2S 和 CO_2 的醇胺富液。2001 年底大修时对换热器进行维修，将使用过程穿漏的列管更换。图 5-7 所示为从现场取回的两段失效换热管及一段拉杆套管，在实验室进行测试分析，找出管子穿漏的原因，并提出改进措施。

换热器为卧式普通型的浮头列管换热器，低温的醇胺富液走管程，高温的醇胺贫液走壳程。

损坏严重的管子位于壳程靠近热流体进口及管程冷流体热端的部位。换热管内外表面均可见棕色表面覆盖层，在没有坑洞的表面用锉刀轻轻锉一下能看见银白色的金属光泽，说明均匀腐蚀轻微。在严重腐蚀区的管子外表面则分布很多凹坑，深浅不一，有些凹坑已穿透管壁厚，大多凹坑为敞口椭圆截面坑洞。拉杆套管的腐蚀损坏比换热管严重得多。

（2）测试分析

在换热管表面比较平整、较少孔洞的部位磨去表面覆盖物取样进行化学成分测定。结果表明换热管材料与 20 优质碳素结构钢成分比较接近。碳含量稍低，硫含量超标（估计主要是孔洞内部的腐蚀产物影响，孔洞的内表面覆盖物含 S 高）。对管子截面金相检查，金相组织为正常的铁素体 + 珠光体，管子表面的坑洞未见选择性腐蚀。

图 5-7　测试分析用的失效管子及拉杆套管

选取换热管截面上一个半椭圆凹坑在扫描电镜下观察其形貌,扫描电子像如图 5-8 所示。把底部放大,可见其上覆盖疏松的腐蚀产物,腐蚀产物与管材的接触不紧密,有 $0.1 \sim 0.3$ mm 之间的间隙,如图 5-9 所示。对图 5-8 所示部位表面覆盖物用电子探针进行面扫描,能谱分析结果显示表面覆盖物含腐蚀性阴离子元素有 O、C 及 S。再把换热管表面覆盖物收集制成分析样品在 X 射线衍射仪上进行 X 射线衍射分析,分析结果表明换热管表面覆盖物的主要成分是 Fe_2O_3、Fe_3O_4、$FeCO_3$ 及 FeS。

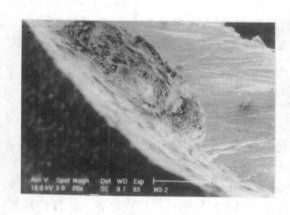

图 5-8　椭圆凹坑截面的微观形貌

图 5-9　坑底间隙的微观形貌

在温度较高时,介质中含有 H_2S 及 CO_2 的醇胺液产生的腐蚀以 CO_2 在水介质中引起的腐蚀为主。而以 CO_2 溶液为主的腐蚀,随温度上升腐蚀是加速的。100 ℃ 以上的温度会引起较严重的腐蚀。该换热器壳程温度比管程高,因此壳程的腐蚀会比管程严重。腐蚀产物与管材之间存在 $0.1 \sim 0.3$ mm 的间隙,间隙内为缺氧区,会和周围的富氧区形成氧浓差电池,间隙内金属因缺氧电位较负而产生腐蚀(见图 5-9),这是常称的膜下腐蚀或垢下腐蚀。

曾采用注入-响应法测单弓形折流板的壳程流体流动状态,发现壳程存在较宽的流体相对静止区和滞流区(称为传热"死区")。这些区域传热不利,使换热管壁处于壳程流体的温度下;且因流体停滞,利于静态下的点腐蚀及垢下腐蚀发生。在该区域中,拉杆套管腐蚀比换热管严重,因拉杆套管没有管程冷流体通过,其管壁温度与壳程热流体相同。

(3)结论

醇胺贫富液换热器在含有 H_2S 及 CO_2 的醇胺液介质中产生的腐蚀以 CO_2 在水介质中引起

的腐蚀为主。产生的腐蚀产物在传热管外壁沉积，并形成 0.1~0.3 mm 的间隙，使传热管发生垢下腐蚀。由于传热"死区"的存在，高温加速腐蚀，促进传热管在此区域的腐蚀泄漏。

（4）改进措施

① 采用耐腐蚀材料。碳钢及低合金钢在温度较高的 CO_2 溶液中耐腐蚀较差，由于系统中未有 Cl^- 的明显检出，建议采用铁素体或奥氏体不锈钢。

② 壳程结构改进。推荐采用孔-杆式或梅花板式等传热效率高的换热器，既可提高传热效率，又可改进壳程流态，减少"死区"引发的局部腐蚀。

实例3　常减压蒸馏装置常压塔上层塔盘及条阀应力腐蚀开裂[53]

（1）实例简介

常减压蒸馏装置常压塔顶的工艺环境是低温 H_2S-HCl-H_2O 腐蚀环境，塔体选用 20 g + 0Cr13 复合钢板，内构件用 300 系列的奥氏体不锈钢。该塔从 1998 年 8 月运行至 2001 年底发现上部 5 层塔盘和条阀严重开裂，有部分条阀失落。失效塔盘及条阀的表面是棕褐色的腐蚀产物与污垢。塔盘虽无明显变形，但很容易用手掰开成碎片；条阀的外观则有不同的情况，有一定厚度的条阀尚保持原来的形状；很薄的条阀则已变形开裂。图 5-10、图 5-11 所示分别是失效塔盘及条阀的表面扫描图像。塔盘及条阀上都有肉眼可见的裂纹，大多数主裂纹源于加工的尖角。脱除塔盘及条阀的表面覆盖物，可见金属表面布满坑点；塔盘整个金属表面有很多的二次裂纹及微裂纹；条阀除孔端附近，其余部位不见裂纹。

图 5-10　塔盘表面的覆盖物及裂纹

图 5-11　条阀表面的覆盖物及裂纹

（2）测试分析

选取塔板及条阀腐蚀较轻微处磨制金相试样。没有浸蚀前进行观察，可见多分枝的干树枝裂纹形貌；浸蚀后进行观察，可见材质为正常的奥氏体不锈钢，裂纹穿晶扩展。因此，塔板及条阀的失效形式与应力腐蚀开裂相似。

在 SEM 显微观察中配合电子探针进行 X 射线能谱分析，能谱显示塔盘及条阀断口上的元素除了钢材本身主要元素外，还含有 O、Cl、S，说明由钢材与含有上述三元素的物质进行了反应。把塔盘及条阀上的覆盖物放在 X 射线衍射仪上分析，可得出覆盖物主要成分结构为 Fe_2O_3、Fe_3O_4、FeS 及 $FeCl_3$ 等。

塔盘及条阀的制造材料是普通型的 18-8CrNi 奥氏体不锈钢，即国内外通称的 300 系列铬镍奥氏体不锈钢。材质成分、金相检测确认与国产 0Cr18Ni10Ti 相近（厂方图纸标注材料为

0Cr18Ni11Ti）。只要属于普通型的 18-8CrNi 奥氏体不锈钢（即不加钼的 300 系列奥氏体不锈钢），虽各种元素含量略有差别，但各牌号钢对湿 H_2S 及氯离子侵蚀的抵抗能力是大致相同的。

在腐蚀环境中使用的 18-8CrNi 奥氏体不锈钢，总是让其表面生成一层极薄的、致密的、由金属氧化而成的氧化膜。当 H_2S 进入溶液后，H_2S 会吸附在不锈钢的表面并形成硫化物覆盖在氧化膜之外，同时氧化膜变薄，这时的腐蚀阻力存在于氧化膜与硫化物膜组成的覆盖层中；当 H_2S 含量高时，不锈钢表面的氧化物膜会被完全破坏，此时不锈钢表面只有疏松的硫化物膜，其对腐蚀的阻力则大大降低。如果钝化膜的质量不高，H_2S 的浓度又高，则不仅减薄加速，且点腐蚀及应力腐蚀开裂也同时产生。

由 HCl 形成的酸性环境会使 18-8CrNi 奥氏体钢产生均匀腐蚀。具有中等 pH 值（3～10）的含氯化物的溶液及有钝化膜的金属或合金组合最容易发生常见的点腐蚀及应力腐蚀开裂。CrNi 奥氏体不锈钢（300 系列）对 Cl^- 引起的点腐蚀及 SCC 最敏感。

常压塔上层塔盘、条阀位于低温的轻油部位。轻油携带着 H_2S 和 HCl 等腐蚀性组分上升到塔顶时，在低温下随蒸汽的冷凝，出现含水量低的腐蚀性很强的 $HCl-H_2S-H_2O$ 的电化学腐蚀体系。H_2S 与 HCl 同时存在并交互作用形成相互促进的循环腐蚀过程，显出协同效应引起的严重腐蚀。在这个循环腐蚀过程中，对 300 系列不锈钢起主导作用的是 HCl，而 H_2S 起加速作用。

在这个过程中 HCl 不仅与 Fe 起作用，使材料损耗减薄、产生点蚀坑及引起裂纹，而且能把 H_2S 与 Fe 作用生成的 FeS 膜溶解，使腐蚀反应加速进行。塔盘与条阀处于环境介质的相对静、动态作用中。塔盘的相对静态使其点蚀与 SCC 比较明显，条阀的相对动态多了流体的冲刷，其均匀腐蚀及冲刷减薄比较明显。

随着原油电脱盐技术的不断进步，进入蒸馏系统的无机盐明显下降，但是常压塔顶的腐蚀仍然比较严重。根据现场分析记录的原油进塔含无机盐量及塔顶出料含氯量作物料衡算，发现原油进塔含盐量大大小于塔顶出料的含氯量，证明塔顶氯离子很大部分应该来自原油中的有机氯化物。原油中所含的有机氯化物大部分是原油开采、输送过程中加入的。在蒸馏装置中，这些有机氯化物在高温和水蒸气的共同作用下，分解产生 HCl，含 HCl 的蒸汽在低温冷凝就产生腐蚀性；有机氯化物在二次加工装置加氢反应时生成 HCl，遇水也会产生腐蚀。

（3）结论

造成常压塔上层塔盘及条阀失效的原因主要是轻油中杂质引起的腐蚀，尤其是氯化物及硫化氢。

（4）改进措施

a. 材料升级　按国外某公司常减压蒸馏装置用材推荐，常压塔顶部 5 层的塔盘及条阀推荐采用蒙乃尔合金。而据国内相同设备用材使用效果也可推荐使用双相钢 00Cr25Ni7Mo4N。

b. 表面处理　如仍采用 300 系列 CrNi 不锈钢，则要对塔盘及条阀表面进行有效的抛光钝化处理，使其表面形成均匀、致密、有一定厚度的含 Cr、Ni 元素的氧化膜。

c. 塔板及条阀结构设计及加工方法进行改进　消除应力集中的尖角，不要用冷冲压的加工方法，冷加工会增加位错密度，而位错在表面露头处容易生成点蚀坑。

d. 避免原油的有机氯污染　对原油开采及运输过程所用的各种添加剂进行调查分析，与油田或采油供应商协商，停止使用危害性大的含有机氯化学药剂，或研究相应的脱有机氯方法。每次改变原油来源都要索取有机氯现场测试数据（或自行分析），以作为炼油厂防腐措施决策的依据。

e. 稳定脱盐效果　深度脱盐要继续探讨稳定操作工艺程序，以使炼制不同油种时，脱盐效果都能达到指标要求。

（1）实例简介

六角小钎杆广泛使用于矿山凿岩。其几何尺寸一般长 2.2 m，截面呈中空（ϕ6 mm 孔）六角型，两平行对边宽 22 mm，属细长类杆件。工作状况为每分钟受 2000 次、700 kPa 轴向冲击力和 200 r/min 弯曲-扭转力的作用，内孔（ϕ6 mm）通 300 kPa 循环矿水，外表受凿岩泥浆的冲刷磨损作用。凿花岗岩的平均寿命为每根 150 m。据统计钎杆失效 95% 属疲劳断裂。

图 5-12 所示为三条钎杆的疲劳断口。三条钎杆的寿命每根都只有 50 m 左右。中间一条钎杆断在钎体部分，疲劳源起于外表箭头 A 处；其余两条断在钎肩（锻造成直径 ϕ40 mm 圆盘），疲劳起源于内孔表面。断裂之后，由于矿水作用，表面都有不同程度的锈蚀，但疲劳贝纹线仍清晰可见。这三条钎杆的硬度和金相组织都是正常的。而早期疲劳的原因，图上中间那条钎杆为箭头 A 所指处的亚表面的夹杂物引起；另两条钎杆都是因内孔缺陷，如尖角和裂纹引起。

实际使用中，疲劳源起于内表面者占疲劳断裂的 80%。将一根凿岩寿命超过 100 m 的钎杆解剖，其内表面的宏观疲劳裂纹异常之多，如图 5-13 所示。

图 5-12　钎杆的疲劳断口宏观形貌

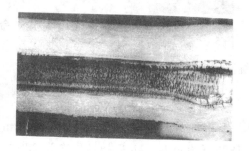

图 5-13　钎杆内表面的宏观疲劳裂纹

图 5-14　55SiMnMo 钎杆金相　750×

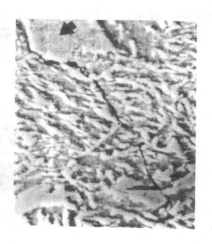

图 5-15　失效钎杆横截面金相　1000×

（2）测试分析

55SiMnMo钢钎杆的热处理，其杆体经900℃奥氏体化30 min后空冷，空冷速度为80℃/min，所获得的金相组织如图5-14所示。组织中有70%～90%为特殊上贝氏体，特殊上贝氏体含35%左右的奥氏体，其余为铁素体；30%～10%为块状复合结构。钢材硬度值HRC33～37。对失效钎杆横截面磨制金相，如图5-15所示，发现裂纹沿着块状复合结构的边缘扩展而不易穿过块状复合结构，因为其强度和韧性都高。还可以观察到裂纹易沿奥氏体并平行于块状复合结构的边缘扩展。

在SEM下仔细观察图5-12中间那个钎杆断口箭头A所指处，如图5-16所示，可见在亚表面有一个空洞，裂纹向两端扩展。经能谱探测，在空洞里还残存有Ca。这是原夹杂物所在之处的空洞。

（3）结论

① 奥氏体和块状复合结构都是阻止裂纹扩展的因素。根据此观点，提高奥氏体和块状复合结构的体积百分数，都将有助于提高钎杆寿命。但两者是矛盾的，只有减少块状复合结构的百分比，才能提高奥氏体的百分比；反之亦然。此外奥氏体百分比太大，钎杆的硬度达不到HRC33～37。如果块状复合结构百分比增加，钎杆的硬度太高，裂纹易沿块状之间扩展。经过失效分析和矿山凿岩实践，控制钎杆的块状复合结构在20%～30%，保证HRC33～37，其寿命最长。

图5-16 夹杂物处的空洞 SEM×650

② 为提高钎杆寿命，减少夹杂物，纯化钢材，有很好的效果。

实例5 电动凿岩机机芯齿轮脆性断裂[2]

电动凿岩机的机芯由11个零件组成，它在工作时要求其施加给钎杆的冲击周次为1800～2000次/min，扭转周次为200次/min，冲击力为70～100 MPa。除外壳外，机芯的全部零件均采用20钢，经渗碳+淬火+低温回火处理。热处理是按标准工艺进行的。当机器装备好后，投入使用不到2 h，机芯的七个主要零件损坏。其中件号为1#～4#的四个主要零件的失效如图5-17所示，1#零件箭头所指处表层剥落，杆体弯曲；2#～4#零件除表层

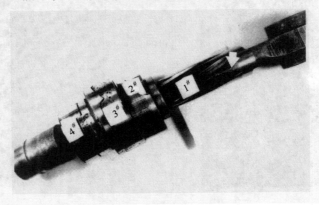

图5-17 失效的1#、2#、3#、4#四个主要零件的位置

剥落外，均破裂成两半。其中件号为 5# ～7# 的三个齿轮的损坏情况如图 5-18 所示，主要是断裂和变形。

5# 齿轮破裂成两半。6# 齿轮的中轴孔不见了，从圆孔处剪切掉，该齿轮中心钻了八个孔，目的是为了减轻重量，但严重地削弱了强度。7# 齿轮有一个齿掉落（如白箭头所指），破断情况虽不严重，但有明显变形，四个小孔有三个明显不圆（如黑箭头所指）。此外，三个齿轮都有不同程度的剥落（如大白箭头所指）。

根据检查结果分析，上述各齿轮的断裂属一次脆断失效，其主要原因是渗碳淬火加热温度过高，回火不足，造成过热组织，内部出现淬火裂纹，大大增高了齿轮脆性。其次是选材不当，5# 齿轮断口形貌是以准解理为主，观察到图 5-19 所示的沿晶裂纹的特征。低碳钢渗碳不能满足齿轮使用时对心部的强度要求，齿轮有明显变形。经建议改用 40Cr 钢进行氰化处理后，问题得到圆满解决。

图 5-18　齿轮损坏的宏观形貌

图 5-19　5# 齿轮断口局部地区
的沿晶裂纹　SEM ×900

5.2　制造因素为主引起的失效实例

实例 6　进口万吨级远洋货轮主机曲轴断裂[2]

（1）实例简介

该主机属中速柴油机，额定功率为 8820 kW，单缸功率为 735 kW，最高转速 480 r/min，常用转速 400 r/min，曲轴材料相当于中国牌号的 35CrMoA，曲轴整体锻造，轴颈 ϕ ＝400 mm，其质量约 15 t。按中国船检及国际劳氏船级社规定，合金钢锻造曲轴应经调质处理后才可交付使用。

该船已使用十年，但主机只运转 30900 h，曲轴在近功率输出端第二曲臂处断裂成两截，断裂部位在曲臂与主轴颈交界的 R 处，如图 5-20 所示。图 5-21 所示为断口宏观形貌，从图中看出该断裂为典型的疲劳断裂，疲劳台阶及贝纹线清晰可见，并且有多个疲劳源区。主疲劳源处于曲臂表面两侧和主轴颈相连的过渡圆弧箭头 1 所指 R 位置，另一疲劳源是在箭头 3 所指 R 位置，两疲劳源的连线略偏离轴线。从断口颜色上区分，箭头 1 所指疲劳区首先形成，在断裂过程中起主要作用，所以称其为主疲劳源。然后是箭头 3 所指的疲劳区。箭头 4

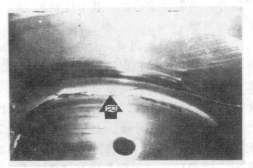

图 5-20　曲轴及断裂部位

和箭头 5 所指的疲劳区最后形成，因为多个疲劳源的作用，所以裂纹扩展较快。瞬断区仅占断面的 5%。

（2）测试分析

曲轴颈部、颈部与曲臂过渡区 R 处的金相组织均为珠光体＋铁素体，珠光体和铁素体各占 50%，并有沿晶分布的网状碳化物，说明 R 处未经调质处理，如图 5-22 所示。曲颈材料的实测强度指标为：σ_s 仅为制造厂确认值的 60% 左右；σ_b 则为确认值的 75% 左右；K_{IC} 仅为 35CrMo 钢在调质状态下公认值的 74%；冲击韧性值偏低，$\alpha_K = 400$ kPa·m。在曲臂中心部位的

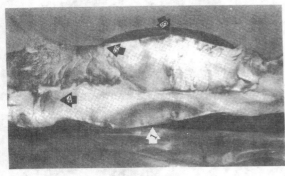

图 5-21　断口宏观形貌　0.1×

金相组织与轴颈 R 处相同，只是在近表面处是回火索氏体，其 $\alpha_K = 1400$ kPa·m。以上说明，断裂曲轴未经良好调质处理。

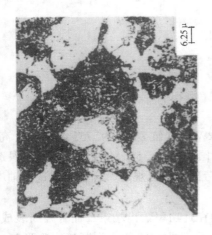

图 5-22　R 处的金相组织　1200×

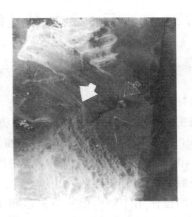

图 5-23　材质内部缺陷　13×

曲轴断裂属典型的多源疲劳断裂，主疲劳源与材质内部的缺陷——夹杂、孔洞有关。在图 5-21 中 1 号箭头所指疲劳源区取样，用 SEM 观察，如图 5-23 所示，距表面 150 μm 处，夹杂物存在于有尖角的孔洞内（黑色箭头所指），裂纹萌生于孔洞尖角处，向中心扩

展（白色箭头所指）。由于曲轴在运行时，断面反复摩擦，夹杂物形态虽不够清晰，但仍可见其痕迹，并且电子能谱分析是一堆 Si、Ca、S、P 等形成的复杂夹杂物。试样拉伸断口的微观形貌也表明材质内部缺陷严重。在靠近轴颈的地方所截取拉伸试样，其拉伸断口上有肉眼可见的鱼眼状白亮区，称鱼眼断口，如图 5-24 中箭头 D 所指，这种断口是材料含氢量较高的一种证明。鱼眼断口比白点的含氢量少些，故有时也称其为"氢病"断口。鱼眼断口的微观形貌为细密解理条纹，在鱼眼断口（白亮区）与非白亮区有一明显的界线；在非白亮区是准解理断裂，如图 5-25 中箭头所指，说明材料由于含氢较高，使材料的脆性增大。此外，图 5-24 中箭头 E 所指为木纹状断口，将箭头 E 所指区放大，其微观形貌如图 5-26 所示，可见木纹状方向性排列很明显，在木纹之间为夹杂物堆积之处，木纹状方向与液体结晶方向有关。将图 5-26 放大，看到木纹区间嵌有许多夹杂物，经电子能谱测定，颗粒状夹杂物为 Mn-Fe，长形夹杂物为 MnS 或 FeS。有可能是炼钢时，为脱硫加入的 Mn-Fe 尚未充分熔化就出钢浇注。而静断区的微观形貌为解理 + 准解理断裂，也表现为有很大的脆性，如图 5-27 所示。

图 5-24　拉伸试样断口的宏观形貌　4×

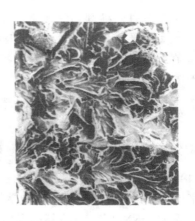

图 5-25　鱼眼断口的微观形貌　500×

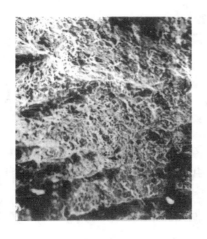

图 5-26　木纹状断口的微观形貌　210×

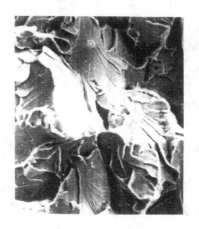

图 5-27　静断区断口的微观形貌　750×

（3）结论

曲轴断裂属典型的高周次低应力的弯曲疲劳断裂。断裂失效的根本原因是材质热处理不良，35CrMoA 或相似成分的钢，应调质处理，但从上述断裂曲轴的金相组织来看，曲颈从表面到中心都是退火组织；曲柄从表面往心部约 20 mm 是回火索氏体的调质状态，而心部也是退火组织。因此其强度达不到制造厂确认值（低 25% ～40%）。制造厂确认的 σ_s 和 σ_b 与断裂轴实际值不符的原因是：对大型零件热处理后的力学性能检查，中外制造厂都是用一根小棒料（简称陪炉试样）与大型零件一起加热，一起淬火并一起回火，陪炉试样的金相组织、力学性能合格，就断定大型零件的力学性能也合格。实际上两者差别很大，关键在淬火时的冷却速度，对陪炉试样来说，已足够的冷却速度（淬硬了），同等条件下对大零件来说，冷却速度就可能远远不够，没有淬硬，得不到回火索氏体，只获得退火组织（铁素体＋珠光体）。对中碳钢，退火组织的强度比回火索氏体低 30% ～40%。除强度低外，内部冶金缺陷也比较多，碳化物沿晶成网状分布；木纹状断口；材料含氢量较高的鱼眼断口等都说明曲轴的脆断倾向性加大。综上所述，曲轴的强度低，内部冶金缺陷多，脆断倾向增大，最终导致曲轴疲劳断裂。

（4）改进措施

① 大型零件热处理如淬火要有特别措施，使表面和心部都有足够的冷却速度。

② 大型重要零件在锻造之后，应采用长时间高温除氢退火。

③ 在强度设计上，应考虑大型零件淬火时，很难使心部获得足够的冷却速度，因此，不宜于选用偏下限的安全系数。

④ 建议对本案例所述货轮，更换新曲轴恢复航行后，应降级使用（从设计能力装载 18000 t 降为不要超过 12000 t）。

实例 7　直馏柴油加氢反应器泡罩开裂[53]

（1）实例简介

某炼油厂柴油加氢反应器内泡罩尺寸为 $\phi 111$ mm×2 mm×130 mm，齿缝数 $N = 5$，标称材料为 1Cr18Ni9Ti。反应器的操作参数如下。

设计压力　4.71 MPa

操作压力　3.8～4.0 MPa

设计温度　410 ℃

操作温度　310～330 ℃

操作介质　柴油＋混合氢气

主体材质　1Cr0.5Mo ＋ 347L

容　积　52.1 m³

容器规格　$\phi 2800$ mm×(65 ＋ 4)mm×15302 mm

操作介质为直馏柴油（设计），实际上混合了硫含量较高的催化柴油，总硫含量达 2000～6000 cm³/m³，最高达 10000 cm³/m³；混合氢中氢含量在 88% ～94% 之间，H_2S 含量达 3000～10000 cm³/m³，最高达 15000 cm³/m³。

在 2000 年 11 月 13 日首次打开反应器进行更换催化剂时，发现反应器顶部分配盘上的 210 个泡罩绝大部分都已开裂。

图 5-28 所示是开裂泡罩的宏观形貌。从照片可见泡罩侧面存在大量纵向裂纹，泡罩多处开裂，开口长度超过 100 mm，泡罩端口向外张开，最大直径 160 mm。从开裂的状态分析，泡罩开裂前有很大的残余应力，开裂后应力释放。

泡罩的外观检查还可以看出，表面非常粗糙，尤其是外壁拉痕较深。开裂泡罩的侧面表现出明显的铁磁性，而其顶端及圆弧过渡处无铁磁性，PT 检查顶端及圆弧过渡处未见裂纹。未开裂泡罩的铁磁性相对要小得多，PT 检查仅在泡罩端口处发现了一长度约为 2 mm 的裂纹。

泡罩表面有一层垢物，无法用物理清洗的方法去除，这表明泡罩的表面垢物是一层致密的腐蚀产物。

（2）测试分析

对开裂和未开裂的泡罩取样进行了化学成分分析，开裂泡罩的化学成分符合 1Cr18Ni9Ti 标准，未开裂泡罩的 Ti 含量偏低，符合 1Cr18Ni9 标准。

图 5-28　开裂泡罩外貌

1Cr18Ni9Ti 在固溶状态下的金相组织应是单一的奥氏体，在轧制状态下的金相组织一般为奥氏体＋少量铁素体。而泡罩金相组织带有应变马氏体和沿晶析出的碳化物，马氏体和沿晶碳化物的出现都是不正常的现象，它造成材料硬化、脆化，容易产生开裂。泡罩中马氏体的产生应是在泡罩拉制过程中形变过快、过大造成的，而沿晶碳化物的析出应是由于热处理时温度过高、冷却过慢所形成的。

对泡罩裂纹进行检查，裂纹起源于外表面，向泡罩的轴向和内壁扩展，裂纹扩展主要表现为沿晶特征，有些泡罩口部边缘观察到表面氧化褶皱的形貌，这是泡罩拉深模具和拉深工艺不良所造成的，这种氧化褶皱实际上成了裂纹源。而未开裂泡罩经表面 PT 检查发现的裂纹为制造缺陷，使用中裂纹无扩展迹象。金相观察到表层存在较严重的沿晶氧化腐蚀，这反映出泡罩的热处理温度过高，时间过长。

对泡罩开裂断口进行观察，断口平直无塑性变形，呈现出脆性断裂的特征。断口表面被严重腐蚀，经清洗后仅在裂纹尖端附近能观察到断口的微观形貌，大部分地方呈现腐蚀特征。断口的主要形貌表现为典型的沿晶特征，与裂纹金相检查中观察到的情况完全一致；局部出现准解理和疲劳特征。准解理特征与金相组织中存在的少量铁素体相对应，疲劳条纹的出现表明泡罩在使用中承受了振动疲劳应力，这个应力加速了裂纹的扩展。泡罩内外表面均有腐蚀，但外壁较严重，微观上看腐蚀呈现网状形貌，腐蚀沟槽中充满了腐蚀产物，腐蚀产物的形貌与断口中观察到的完全一致。

对腐蚀产物 X 射线能谱分析表明，腐蚀产物中 S 含量很高；X 射线衍射结果显示其主要成分为 FeS。结合操作介质循环氢中含有较高浓度的 H_2S 和 300 ℃ 以上的操作温度，可以判定在操作条件下，泡罩表面形成了以 FeS 为主的腐蚀膜。

（3）结论

① 开裂泡罩的材质为 1Cr18Ni9Ti，而未开裂泡罩的材质为 1Cr18Ni9。

② 泡罩的金相组织中有应变马氏体，且硬度明显偏高，尤其是已开裂的泡罩，这是拉制时形变过大，后又未及时进行热处理所致。从开裂和未开裂泡罩的材质和金相组织、表面质量状况可以认为，开裂和未开裂的泡罩应该不是同一批次的产品。

③ 分析泡罩开裂的性质，应属于应力腐蚀，在裂纹扩展过程中还叠加有腐蚀疲劳特征。操作介质在流经泡罩的过程中，使泡罩产生振动，这种振动导致在裂纹扩展过程中叠加了疲劳条纹，由于疲劳的作用更加速了裂纹的扩展。

④ 泡罩成形留下的高残余应力及操作介质中高浓度的 H_2S 含量，是泡罩发生应力腐蚀

的主要原因。

⑤ 泡罩的加工模具和工艺不良，使泡罩表面留有大量的拉伤沟槽、褶皱，对泡罩的抗腐蚀性能有不良的影响。

实例 8　950 型轧钢机主传动轴断裂[2]

（1）实例简介

950 型轧钢机主传动轴为 45 钢以正火状态使用，工作时用水冷却轴颈。由于在服役过

图 5-29　轧钢机主传动轴实物断口形貌

程中轴颈的锈蚀和磨损，采用奥-202 焊条以堆焊方法在轴颈处焊上一层不锈钢，经加工恢复至原尺寸继续使用。在运行中，该主传动轴突然断成三截，造成毁坏轧机事故，损失严重。图 5-29 所示是断口。

其中一个断口的断面与轴向成 45°角，断口上能清晰地观察到贝壳纹及疲劳台阶，如图 5-30 所示（图 5-29 中箭头所示部位放大）。另一个断口的断面与轴向垂直，如图 5-31 所示，可见轴断口周围有老裂纹，这种老裂纹扩展深度不一，形成的断口呈半圆形状，表面呈黄褐色。在此断口上共有大小不一的老裂纹形成的痕迹 10 个以上，最深达 13 mm。

（2）测试分析

图 5-30 所示形貌表明疲劳纹由表面开始向内扩展，疲劳纹已扩展至 250 mm 左右，最后静断区所占区域极少。从断口特征看，传动轴在弯曲循环力作用时，轴的表面在最大弯曲力或局部材料缺陷的地方始终受一个切向拉应力作用而引起疲劳断裂。而图 5-31 所示主要由轴向拉应力作用而引起的多源疲劳，但疲劳区所占面积小，而从颜色上看这些多源疲劳是在断裂前早已形成的，新断口主要为静断区。从疲劳区和静断区面积比例来分析前者先断，而后者是由于前者断裂后与轧机一起毁坏所致。

图 5-30　与轴成 45°角断口的局部形貌

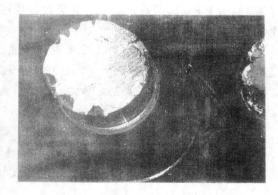

图 5-31　与轴垂直的断口形貌

断轴的断口微观形貌如图 5-32、图 5-33 所示。图 5-32TEM 图像可见疲劳辉纹特征，还有腐蚀麻点，这是由于传动轴断裂后被腐蚀所致。图 5-33 为断口中心部位瞬断区的 TEM 图像，图中出现河流花样加舌状花样。以上这些特征表明主传动轴断裂属疲劳-脆性断裂。

图 5-32　断口的疲劳辉纹与腐蚀麻点　　　　　图 5-33　断口的河流花样与舌状花样
　　　　TEM　×6000　　　　　　　　　　　　　　　TEM　×4000

疲劳源都处于外表面，这和堆焊时焊接表面缺陷和表面应力集中有关。而且工厂为了求得主传动轴的延用寿命，进行多次反复堆焊，但堆焊前后均未对轴颈进行探伤检查。堆焊层缺陷和应力集中造成断轴毁机重大事故的可能性最大。

（3）结论

通过以上分析，这起事故主要是由于对其表面多次反复堆焊，产生焊接缺陷和表面应力集中，从而导致轧钢机主传动轴发生疲劳-脆性断裂。

实例 9　消声器轴向开裂[2]

（1）实例简介

型号为 ΦKXP(2H)-25A 的消声器主要用在锅炉高压蒸汽排放处，减小放汽时发出噪声，工作时承受约 1 MPa 的压力，温度约 $400\sim500\ ℃$，放气时产生较大的冲击力和高频振动。

该消声器筒体材料采用 1Cr18Ni9Ti 奥氏体不锈钢，钢板厚度为 4 mm（封头材料与筒体相同），冷卷成筒体，然后纵缝焊接。为便于打孔，经 890 ℃保温 4 h 稳定化处理。最后以环缝焊接筒体与封头、短筒与法兰盘而成。

焊接纵缝底部采用手工钨极氩弧焊，焊接电流 $I\approx70A$，用奥 137 或奥 132 焊条盖面，环缝采用手工电弧焊。

消声器开裂是沿纵向焊接的熔合线发展，裂纹弯弯曲曲向焊缝和母材延伸，沿主裂纹两侧出现二次裂纹，如图 5-34、图 5-35 所示。断口颜色为多种色彩混合，在不同位置分别显示出紫蓝色、铁灰色、金黄色、近黑色。断口表面比较光滑、平齐，出现明显的疲劳台阶和

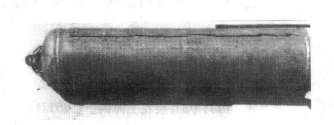

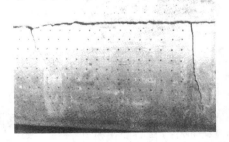

图 5-34　主裂纹宏观形貌　　　　　　　　　图 5-35　主裂纹上的二次裂纹

疲劳条纹特征。主裂纹受腐蚀严重很难看清。

（2）测试分析

垂直于主裂纹取样作金相分析，在未经浸蚀情况下，经显微镜观察可见焊缝部分出现大量密布的点粒状氧化物和链条状硅酸盐夹杂物。浸蚀后，在显微镜下可以清楚地看到焊缝区显微组织呈粗大的枝状晶形貌。用透射电镜和扫描电镜观察裂源区和裂纹扩展区，均可看到疲劳辉纹。图 5-36 所示的裂源区呈现腐蚀麻点、疲劳辉纹和解理台阶特征；在图 5-37 所示的裂纹扩展区，观察到腐蚀疲劳特征。在焊缝区焊接缺陷较严重，气孔和夹杂物往往会引起应力集中。由于在焊接过程中，电流超过规范，使温度偏高，产生热裂，呈现在断口上的龟裂特征，并且有气孔存在，如图 5-38 所示。焊缝处，通过裂源区的扫描照片可看到焊缝的堆积现象，堆积中产生裂纹，并有夹杂物存在于其中，如图 5-39 所示。

图 5-36　裂源区的腐蚀麻点、疲劳辉纹
和解理台阶 TEM　×7300

图 5-37　裂纹扩展区腐蚀疲劳形貌
SEM　×800

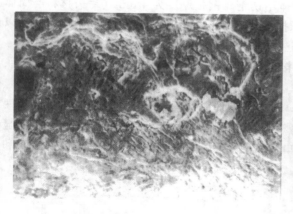

图 5-38　断口的龟裂现象及气孔
SEM　×200

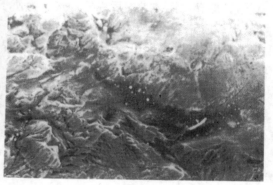

图 5-39　焊缝裂源区的焊肉堆积、裂纹
及夹杂物 SEM　×200

（3）结论

根据上述检验结果可以断定，该消声器断裂是由于焊接时采用了较大焊接电流，使焊缝区金属在较长时间内处于过热状态，促使晶枝长大，力学性能下降。而焊缝区出现大量气孔和夹杂物，造成应力集中，使疲劳强度降低，在恶劣的使用条件下，导致短时间使用而产生

破裂。

实例 10   斜拉桥钢索断裂[53]

（1）实例简介

1988 年底建成的某斜拉桥，1995 年某日南西 15 号拉索上段突然断裂，近百米长的拉索坠落在桥面上；南西 9 号拉索明显松弛；其他拉索经检查后也发现不同程度的损坏。

该斜拉桥两排拉索结构相同，每排由近百根拉索组成。每根拉索由近两百根直径 5 mm 的高强钢线组合共同受力。为了使整桥有几十年安全使用期，考虑了材料的防腐蚀保护：每根小钢线进行了表面处理，镀锌 50 μm 厚，并在锌层表面有约 5 μm 厚的含 Ni、Cr 的钝化膜；钢线束组成的钢索外套上高密度聚乙烯管；管内压灌水泥浆，使凝固的水泥浆与钢线连成整体，并对钢线进行严密的保护。

钢索安装前曾进行过破坏性试验，拉力达到 860 t，索内未断一根钢线，而按设计要求拉力达 810 t 时，允许断 13 根钢线。按该桥落成后统计，其最大承载时，每根钢索只需受力 300 t。

检查拉索，重点分析研究腐蚀尤为严重并坠落的南西 15 号拉索及明显松弛的南西 9 号拉索。拉索内的钢线都有不同程度的腐蚀，肉眼可见其表面上许多小腐蚀坑。钢线的腐蚀程度与所压注的水泥浆体状况有明显的对应关系。15 号南西拉索的 52 m 以下及 9 号南西拉索的 45 m 以下区段钢线镀锌层基本完好；此段的水泥浆体结构均匀、致密、深灰黑色、强度高。15 号南西拉索的 55 m 及 9 号南西拉索的 50 m 左右区段钢线的镀锌层略有腐蚀；水泥浆体结构致密、强度较高，但间有深灰黑色与灰白色两种硬化水泥浆体。15 号南西拉索的 65～83 m 及 9 号南西拉索的 55 m 左右区段钢线镀锌层有较轻的腐蚀；水泥浆体以灰白色为主，夹杂少量灰黑色，水泥浆体无塑性，强度较低。15 号南西拉索的 83～90 m 及 9 号南西拉索的 58～67 m 区段钢线镀锌层已有明显的腐蚀露出钢基体；水泥浆体为塑性，颜色灰白色，基本充满。15 号南西拉索的 90～94.60 m 及 9 号南西拉索的 67～70.43 m 区段钢线镀锌层及钢基体普遍已被严重或较严重腐蚀；水泥浆体为塑性且不充满，上部仅粘附少量的水泥浆。检查完整取下的南中 13 号拉索发现上段聚乙烯管内还有少量液体。

锈蚀严重或较严重的钢线表面镀锌层已被完全腐蚀掉，露出了钢基体，在钢基体上有明显的点腐蚀形貌，点蚀坑有窄深的、宽浅的，有表面小孔而下层为大体积腐蚀等，如图 5-40、图 5-41 所示。

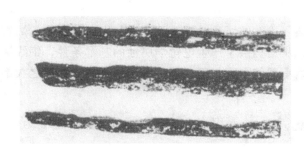

图 5-40   钢线表面形貌

图 5-41   钢线截面形貌 SEM   ×250

（2）测试分析

未凝结的水泥浆体化学组成的局部差异、不同的充气条件、钢线表面的不均匀性等都能产生腐蚀所需的电位差。电子从阳极流向阴极所需的金属连接即钢线本身，而水泥浆起了电解质的作用。水泥浆体干燥时电导率极低，即使碳化深度达到钢线也难以发生钢线腐蚀。未凝结的水泥浆的电导率比干燥硬化的水泥石大得多，腐蚀也就严重了。可见，浆体的含水量及充满程度与钢线的腐蚀有对应关系。

另外由于拉索上段的水泥浆体水分较多，其氯离子亦相应较多。经测定，在严重及较严重腐蚀段，其水泥浆体的 Cl^- 含量为 $0.06\% \sim 0.10\%$。这些氯离子进入锌层或钢铁基体，在有水存在的情况下，阳极溶解产生的金属离子发生水解，氯离子可循环作用而不损耗，并有氢离子的积聚。

$$MCl + H_2O \Longrightarrow MOH \downarrow + H^+ + Cl^-$$

对不同腐蚀程度的钢线作了有关力学性能检测。15 号南西拉索 90 m 以下钢线腐蚀较轻，仅对镀锌层有影响，其力学性能与 25 m 处段差别不大。而腐蚀严重及较严重段钢线的力学性能则有明显差别。图 5-42 所示分别为不同区段钢线的应力-应变曲线。从图 5-42（a）中可见，基本正常段的钢线具有良好的塑性变形能力；而图 5-42（b）中所显示的严重腐蚀的钢线材质已脆化，其伸长率大大地降低了。

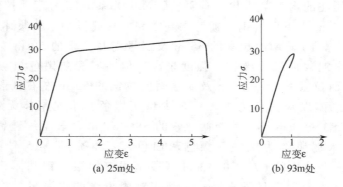

图 5-42 钢线的应力-应变曲线

通过扫描电镜观察，南西 15 号拉索坠落钢线断口呈现多种的形貌。这是由于各根钢线所受的腐蚀程度有差别。被严重腐蚀的钢线其承载面积减少且材质脆化，从而产生类似脆性材料的断裂。而所剩的腐蚀损伤程度不大的钢线，因承载能力不足而被拉断，成为典型的杯锥状韧性断口，断口上有韧窝。还有的是介乎两者之间的混合型断裂。

（3）结论

拉索的失效及坠落其基本原因是钢线被严重腐蚀所致。钢线被腐蚀是因密封在聚乙烯管内而包裹钢线的水泥浆体不凝结且不充满，从而提供了产生电化学腐蚀的基本条件，钢线被严重腐蚀而引起承载截面积减小，导致拉索承载能力不足而断裂。水泥浆体达 6.5 年之久都不凝固，这是因为水泥成分配方不合理。

实例 11　304 型不锈钢熔盐槽晶间腐蚀[5]

（1）实例简介

装有氯化钠、氯化钾及氯化锂的熔盐电解槽在 $500 \sim 650 \text{ ℃}$ 的温度下工作，使用两个月后出现了过度的腐蚀。图 5-43（a）示意的盐槽，是用 3 mm 厚的 304 型不锈钢焊成的圆筒，高和直径均约为 300 mm。在与垂直焊缝相接的熔盐液面（熔融液水平面）下方或上方稍高的地方，有严重的局部腐蚀和横向开裂。

（2）测试分析

从槽壁上取了六个试样，它们相对于熔融液面及垂直焊缝的位置如图 5-43（a）所示。试样的组织如图 5-43（b）~（f）所示。被检验的每个试样的表面都是盐槽的内表面。

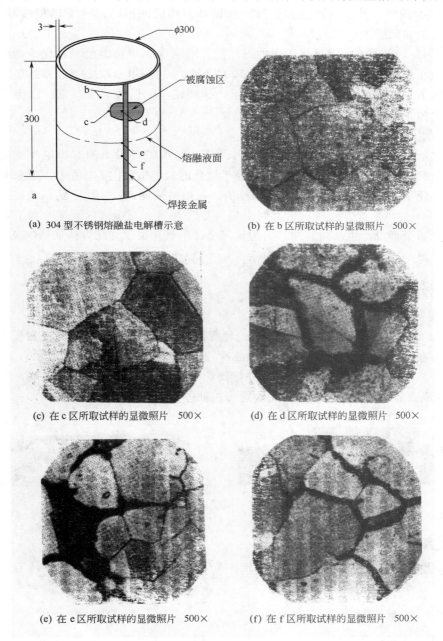

（a）304 型不锈钢熔融盐电解槽示意

（b）在 b 区所取试样的显微照片　500×

（c）在 c 区所取试样的显微照片　500×

（d）在 d 区所取试样的显微照片　500×

（e）在 e 区所取试样的显微照片　500×

（f）在 f 区所取试样的显微照片　500×

图 5-43　304 型不锈钢制成的熔融盐电解槽示意及各处试样的显微照片

所有的试样都在晶界上呈现有碳化物沉淀，而且在大多数情况下都呈连续的网络状。从

图 5-43（a）中标有 b 的区域取了两个试样，两者的位置高于熔融液面 100 mm，而且暴露的温度比熔化温度低得多。其中的一个试样（未示于图 5-43 中）距焊缝 60 mm，而且超出热影响区 25 mm。图 5-43（b）中示出的另一个试样则取自热影响区范围之内。两者的显微组织是相似的，而且未显出晶间腐蚀的迹象。

如图 5-43（c）所示，在由图 5-43（a）中的 c 区所取的试样中未观测到晶间腐蚀，该区位于熔融液面上方 45 mm 处（温度稍低于熔化温度），已超出了热影响区。取自图 5-43（a）中 d 区的试样，处于熔融液面上方，和试样 c 相同的距离，但是却在热影响区之内，呈现出严重的晶间腐蚀，如图 5-43（d）所示。

由图 5-43（a）中的 e 和 f 区所取的试样中，有两个在焊接时已经敏化，这两个试样是直接同熔盐相接触的，因此它们曾暴露于 500 ~ 650 ℃ 的使用温度之下，而且显示出范围很大的晶界渗透，如图 5-43（e）和（f）所示。这些试样的腐蚀非常严重，以至于大部分区域都发现脱掉了整个晶粒，而留下了显微裂纹。

（3）结论

盐槽之所以因晶间腐蚀而失效，是因为含碳量在 0.03% 以上的非稳定型奥氏体不锈钢已敏化，而且使用时所接触的腐蚀介质又处于敏化的温度范围内。焊接后又在敏化的温度范围内使用，便引起了低于熔融液面（f 区）的、在熔融液面（e 区）上的以及高于熔融液面（d 区）45 mm 处的三个热影响区的晶间腐蚀。尽管在其余三个区内有碳化物沉淀，但是它们当中无论哪个都没产生晶间腐蚀，因为这三个区一点儿也没受到焊接加热以及使用时敏化范围的温度影响。

实例 12　冷轧辊的热处理失效[2]

（1）实例简介

冷轧辊（φ400）材料为 9Cr2W2，热处理规范为 900 ℃ 奥氏体化 4 h 经加压力的冰水喷淬火，然后在 140 ℃ 油槽中回火 10 h。成品冷轧辊的实物形貌如图 5-44 所示。

失效冷轧辊在回火过程中，当回火进行到约 30 min 时，一声清脆的声响，轧辊沿与轴向成 45°的截面处爆裂成两半，断口的宏观形貌如图 5-45 所示。

图 5-44　成品冷轧辊的宏观形貌

图 5-45　冷轧辊断口的宏观形貌

图中可见淬硬层厚达 28 mm（一般进口同类产品的淬硬层为 10 ~ 15 mm），如箭头所指。断裂从表面开始，沿径向直指中心，故淬硬层的解理台阶也与径向一致，断面平整。硬度 HRC61，垂直淬硬层的台阶密度大，表明应力集中很大。二次裂纹刚直，属典型的淬火裂纹。

（2）测试分析

淬硬层的金相组织以淬火马氏体为主，很少回火马氏体，还有颗粒状碳化物。从距轧辊表面 200 mm 处取金相样品，即心部取样，金相组织为类似索氏体的一种组织状态并可观察到硫化物，二次裂纹有沿晶走向的趋势，如图 5-46 所示。图中黑箭头所指为硫化物，沿晶分布。白箭头所指为二次裂纹，其扩展方向与硫化物分布有关。根据扫描电镜观察，心部断口的微观形貌以解理为主，兼有准解理的形貌特征，如图 5-47 所示，图中央为沿晶分布的硫化物夹杂。淬硬层断裂则沿马氏体针解理。

图 5-46　心部金相组织　120×

图 5-47　心部断口微观形貌　3000×

（3）结论

冷轧辊的断裂失效属淬火开裂，主要是淬火喷冰水速度过快，内外温差引起的热应力很大，喷冰水的时间过长，未能及时回火。其次是沿晶分布的硫化物过多，增加了钢的脆断倾向性。经失效分析后，改进工艺，收到较好效果。

5.3　环境作用因素为主引起的失效实例

实例 13　不锈钢钢管爆裂[2]

（1）实例简介

爆裂钢管是合成洗涤剂厂洗衣粉车间喷粉塔上的管道，用 $\phi51×4$ 的 1Cr18Ni9Ti 不锈钢无缝钢管制造。管道内输送 pH 值为 9～10，温度为 60～70 ℃ 的浆料，浆料由烷基苯磺酸钠、三聚磷酸钠、芒硝、泡花碱、纯碱及 40%～50% 的水所组成，管内工作压力为 7～8 MPa。为保证管内浆料黏度，不锈钢管外套 $\phi89×4.5$ mm 的碳素无缝钢管，其间通以温度不超过 100 ℃ 的热水。

管道服役三年左右即发生不锈钢管突然爆裂。停机拆卸爆裂管，其外壁呈暗褐的氧化色，管内沉积着约 6 mm 坚硬、白色的浆料沉积物。钢管爆裂部位的宏观外貌如图 5-48 所示，爆裂口管壁有轻度鼓胀，其周围布有明显可见的纵向裂纹。

（2）测试分析

对钢管爆裂部位取样抛光后低倍检查证实，裂纹起源于钢管外表面腐蚀坑并以枝杈状向内扩展，如图 5-49、图 5-50 所示。

图 5-48　不锈钢管爆裂部位的外观全貌

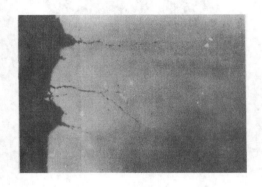

图 5-49　管外壁上的氧化皮、点蚀坑及裂纹　32×　　　　图 5-50　管外壁上的腐蚀坑及裂纹　32×

从图 5-49 中可以看出裂纹起始于管外壁点腐蚀凹坑底部，向内伸展。裂纹内充满浅灰色腐蚀产物（如箭头所指），呈枝杈状分布。管外壁上覆盖着一层较厚的浅灰色氧化皮。裂纹最深约 4 mm，一般 2~3 mm。图 5-50 所示更清晰显示了管外壁上颇多的腐蚀坑及裂纹分布情况。

对钢管爆裂部位取样进行金相观察，结果表明裂纹绝大部分为穿晶走向，少量枝杈裂纹尾端则沿晶分布，材料晶粒细小，如图 5-51 所示。钢管爆裂部位的显微组织为较细等轴奥氏体晶粒，晶粒度为 8 级。

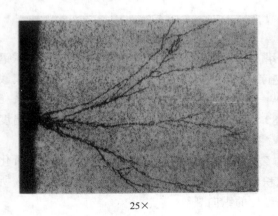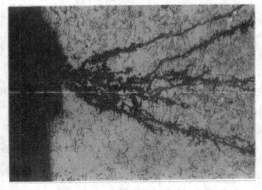

25×　　　　　　　　　　　　　　　　　　　100×

图 5-51　钢管显微组织及裂纹分布

由于不锈钢管材料晶粒细小，本身有较高的内应力，同时管子是在一定压力下工作，再加上浆料重力作用，故三者之和使管壁在承受相当高的应力条件下服役。而且钢管长期处在热水中服役，故完全有可能在钢管外表面那些有缺陷的地方被选择性腐蚀形成腐蚀凹坑。当腐蚀坑常年在介质和应力的联合作用下萌生裂纹源，裂纹不断扩展，管壁有效截面减小，直到不能承受工作负荷时，就会突然破裂。

（3）结论

根据钢管爆裂部位的宏观形貌特征和裂纹的起源与扩展走向的特点，可以断定不锈钢管的爆裂属典型的应力腐蚀开裂。

实例 14　催化裂化再生器壳体开裂[53]

（1）实例简介

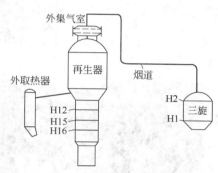

图 5-52　再生器烟气系统流程

目前，全国多数石化单位的催化裂化装置，尤其是重油催化裂化装置，在开工生产几年后，装置再生器、三旋等再生系统设备壳体发生大量裂纹，有的甚至严重开裂，造成高温烟气与催化剂外泄，对装置的长周期稳定运行及生产安全构成严重威胁。本实例是某炼油厂再生器壳体开裂的分析。该再生器烟气系统流程如图 5-52 所示。设备的基本数据见表 5-2。再生器的工作介质为烟气和催化剂。烟气的主要成分为 CO_2，CO，H_2O（汽），助燃剂，NO_x，SO_x 以及少量的 NH_3 和 H_2S 等。

表 5-2　设备基本数据

设 备 名 称	再 生 器	设 备 名 称	再 生 器
设计压力/MPa	0.33	设计材料	A3R
设计温度/℃	750	实用材料	20 g
操作压力/MPa	0.24	投用日期	1989 年 11 月
操作温度/℃	640	内径×高度×	$\phi 8600/\phi 6000/\phi 2600$
内衬厚度/mm	120	壁厚/mm	×52390/22/28/32/20/14

该再生器使用五年后发现壳体不断有裂纹出现，并穿透泄漏。在补焊后的焊缝处也看到了裂纹。裂纹检查的总体情况是：裂纹数量多，开裂严重，裂纹均从内表面开始向外表面扩展；裂纹较集中，主要分布在焊缝上，母材只有少量裂纹。图 5-53 所示为 2001 年大修时再生器壳体内壁焊缝区裂纹的宏观形貌。焊缝裂纹以横向为主，端部较尖，打磨时可见裂纹有分叉。纵向裂纹较少，但长度较长，有的在焊缝上，有的在热影响区，母材裂纹大多分叉。

（2）测试分析

① 再生器母材和焊缝的化学成分分析和力学性能测试结果表明，母材和焊缝的化学成分和拉伸性能符合相关标准的规定，但焊缝金属的屈服强度和抗拉强度明显高于母材；在室温和 100 ℃条件下，母材和焊缝均具有较高的冲击功；焊缝和热影响区的显微硬度相近，略高于母材。

② 金相检验显示，裂纹均起始于再生器内壁（大多在焊接热影响区处起裂，部分在焊缝或母材处起裂），并向外壁扩展，裂纹发生部位无明显塑性变形，裂纹根部的宽度较窄，裂纹大多呈树枝状分叉，并以沿晶扩展为主，为典型的应力腐蚀裂纹形貌，金相检验结果还

H9 焊缝的裂纹

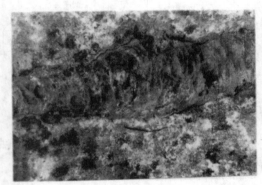

H15 焊缝的裂纹

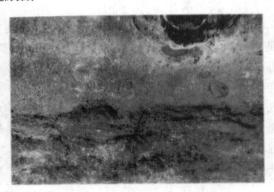

保温钉焊缝及附近焊缝的裂纹

图 5-53　再生器壳体内壁焊缝区裂纹宏观形貌

表明，再生器母材、热影响区及焊缝组织均正常。

③ 断口扫描电镜检验结果显示，断口上有大量腐蚀产物，有些部位呈泥状花样形貌，裂纹前沿部位的断口形貌较为清晰，为典型的沿晶断口形貌。

④ 腐蚀产物成分分析结果表明，再生器内壁腐蚀产物及断口腐蚀产物中都有一定量的 NO_3^- 和 SO_4^{2-}。

⑤ 在实验室对 20 钢的低碳钢管按 GB/T 15970—1998 关于应力腐蚀试验的国家标准进行 C 形环在低含量 NH_4NO_3 溶液中的 SCC 系列试验，在某些温度、浓度、应力水平组合中，也发现 C 形环中部出现沿晶扩展裂纹。

（3）结论

再生器裂纹具有典型的应力腐蚀裂纹形态，其断口形貌具有应力腐蚀断口的形貌特征，可以确定，再生器的开裂属应力腐蚀开裂。

现场曾测得催化裂化再生烟气的酸露点温度为 126 ℃，根据稳态传热计算分析与现场操作经验，再生器的壁温低于露点温度，因此，烟气中的水蒸气在再生器内壁会凝结成水并吸收烟气中的 NO_2、SO_3 等气体，形成酸性水溶液，从而构成应力腐蚀开裂所必要的特定腐蚀介质条件。断口腐蚀产物中的 SO_4^{2-} 主要使低碳钢与低合金钢受均匀腐蚀，而 NO_3^- 是极易使低碳钢与低合金钢产生应力腐蚀的阴离子。根据文献介绍，低碳钢与低合金钢在 pH 值为 2～12 的含 NO_3^- 溶液中均会产生应力腐蚀，并且产生应力腐蚀的电极电位的范围也非常宽，可达 2000 mV（而在 OH^-，CO_3^{2-} 与湿 CO-CO₂ 中产生应力腐蚀的范围仅为 100 mV），因此

NO_3^- 是一种极易使低碳钢与低合金钢产生应力腐蚀的阴离子。NO_3^- 引起应力腐蚀的机理是阳极溶解，其开裂的形态是沿晶开裂。

实例 15　矿浆泵磨损[53]

（1）实例简介

LC250-580 高铬钢矿浆泵用于泵送经球磨机研磨后的铝矿浆，一般入泵铝矿石粒度小于 1 mm，矿浆浓度（质量百分比）40%～45%，泵流量 630 m³/h。矿浆碱浓度 230 g/L（Na_2O），pH＞14，温度 80～100 ℃。该泵经较短的服役时间后，泵壳及叶轮失效。图 5-54 所示是矿浆泵磨损宏观形貌。图 5-54（a）所示是泵壳护板，图中可见护板布满叠加的磨蚀沟，磨蚀沟特征由浅变深，由窄变宽，左上角出现磨穿孔。图 5-54（b）所示是泵叶轮，叶轮两侧板、主叶片和副叶片越靠近外缘腐蚀磨损越严重，叶道磨成犬牙状，并最终磨至穿透。

（a）护板

（b）叶轮

图 5-54　LC250-580 高铬钢矿浆泵磨损宏观形貌

（2）测试分析

泵壳和叶轮材料为高铬铸铁（含 Cr 约 13%），显微组织为 $M + M_7C_3 + Fe_3C_{II} + A_残$，硬度为 HRC58，冲击韧度 $\alpha_K \geqslant 5$ J/cm²。

微观分析发现，叶轮和泵壳的形貌有共同特点，这就是碳化物凸起，基体凹陷，基体区域有网状微裂纹及高低起伏剥落痕迹。碳化物与基体相界有明显的腐蚀磨损沟槽。

（3）结论

这起失效是冲蚀磨损和腐蚀磨损共同作用的结果。其中腐蚀所起的作用更为重要。严重的碳化物相界腐蚀使碳化物与基体分离，失去良好的支撑，在冲蚀磨损过程中逐渐断裂剥落，即腐蚀促进了磨损；矿浆对泵壳和叶轮的冲蚀，不仅使材料直接损失，又使材料产生更大的应力，加速了碱脆裂纹的萌生与扩展，促进了腐蚀。

实例 16　球磨机磨球疲劳磨损[52]

（1）实例简介

球磨机工作原理如图 5-55 所示，在其筒体内按一定比例装入磨球和被磨物料。球磨机工作时，筒体旋转，磨球除受重力外，还受到磨球与衬板或磨球与磨球之间相对滑动的摩擦力以及筒体旋转时所产生的离心力。这两种力使磨球被带动提升，当提升到一定高度，磨球本身的重力作用超过离心力时，就沿抛物线跌落，从而对被磨物料进行冲击和碾碎。物料达到粉磨要求，便从筒体内排出。

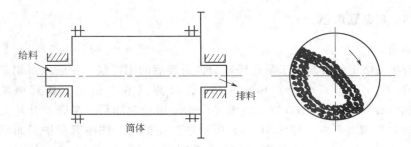

图 5-55　球磨机工作原理

　　根据磨球的运动可以确定磨球在工作中受到反复冲击作用以及物料研磨作用。因此，磨球主要受到物料的直接切削磨损和反复冲击引起的疲劳磨损，两者所起作用大小取决于工况条件。

　　（2）测试分析

　　经过不同时间运行后，磨球宏观形貌有所变化，但因材料而异。45Mn2 钢球尺寸均匀变小，形状基本仍保持圆形，但有时在球的两端，磨损严重，出现凹下的小平台。低碳白口铸铁球运行 500～3000 h，不仅尺寸变小，形状也变化甚大，表面严重失圆，出现凹坑，凹坑形成与铸造缺陷（气、缩孔）有关，凹坑内一般都有气、缩孔缺陷，有的凹坑磨损严重，铸造缺陷被磨掉而显示不出来。

　　图 5-56 示出三种材料在磨损中的切削沟槽。被磨物料越硬，沟槽越明显。

(a) 45Mn2,φ60 球，磨煤 2500h,1500×　(b) 低碳白口铸铁，φ50 球，磨煤 2000h,1000×　(c) 高铬铸铁，φ90 球，磨水泥 1720h,500×

图 5-56　磨面上的切削沟槽

　　伴随切削，有犁沟变形，沟槽两侧有金属的堆积，在反复变形中，形成犁屑而脱落，在图 5-57 中可看到沟槽侧有反复变形辗压的金属，有的开裂，有的已脱落。

　　对较脆的铸铁材料可以看到磨面上表面开裂和脆性相的脱落。图 5-58 所示为低碳白口铸铁球磨损 1000 h 的表面，箭头示出剥落部位。图 5-59 为相同材料磨球的磨面-金相面双面电镜照片，可看出剥落部位为脆性渗碳体相。

220

图 5-57　高铬铸铁球磨面　　　图 5-58　低碳白口铸铁球　　　图 5-59　低碳白口铸铁球
的犁沟变形　1500×　　　　　磨面的开裂、剥落　1500×　　　磨面-金相面　1500×

三种材料磨球磨面上都可看到由于冲击，有局部凿削，凿出凹坑。如图 5-56（b）中的箭头所示，凿下的金属尚未脱落，保留在相邻沟槽中，5-56（c）中箭头指出磨球表面凿出凹坑，在凹坑出口侧有金属破裂尚未去除。凿削凹坑的形成是磨球以一定角度冲击接触磨料，引起局部切削而去除金属的结果。凿削凹坑与脆性剥落的不同是后者不发生塑性变形而断裂，而前者则经大量塑性变形而后断裂。

除去以上几种形态外，表面还有深浅、大小不一、形状不规则的凹坑，均为由疲劳引起的剥落凹坑。

综合磨面微观分析现象，可以归纳出失效磨球表面有以下磨损特征：切削沟槽、犁沟变形，凿削凹坑、脆性剥落坑、疲劳剥落坑等。

在磨球上剥落的碎片断口可看到典型的疲劳源及其扩展区，类似鱼眼状，大小不等，在碎片上这种疲劳源及扩展区有 3～4 个。疲劳源内有夹杂，能谱分析指出这些是含有钙、硅、铝的夹杂。疲劳源在发展过程中，由于受到反复摩擦，形成光滑平坦的裂面，而在疲劳扩展区外的断口，则具有准解理形态。

（3）结论

由上述结果可以得出，磨球的磨损失效有以下几种机理。

a. 切削和凿削磨损　磨球在磨机运动的上升阶段，与物料相对滑动，被磨物料中硬而尖锐的组分对表面进行切削，切出较深沟槽，相对较软而钝的磨料切出沟槽较浅，因而磨面上沟槽深浅不同。磨料大小不同，沟槽宽窄有异。磨球所受磨损为三体磨损，磨料可以滚动，因而沟槽长短不同，并且纵横交错。磨球抛落时，以一定角度接触物料，会产生局部的凿削磨损，形成凿削凹坑。

b. 变形磨损　磨球与物料相对滑动和冲击时，除直接切削和凿削外，还有犁沟变形和凿削变形伴随发生，金属被推挤至沟槽和凹坑外侧，在物料重复作用，金属反复变形下，因应变疲劳产生裂纹，裂纹扩展、连接，形成犁屑薄片，自表面脱落。

c. 脆性剥落　磨球在受冲击过程中，脆性相（如碳化物）开裂，破碎，自表面剥落，造成磨损。

d. 疲劳磨损　磨球在磨机中运动的上升阶段受到反复的滑动和滚动，在抛落阶段受到反复冲击，在变化的冲击应力、接触压应力、切应力作用下，发生疲劳过程。一般是在亚表层形成疲劳裂纹，裂纹平行表面扩展，并向表面延伸形成疲劳剥落层。疲劳裂纹可在亚表层下夹杂和脆性碳化物相上生核，也可在表面硬化层和动态软化层间生核。在远表层的铸造缺陷和夹杂上生核、扩展会导致宏观的疲劳剥落，出现大块碎片，这可能是造成失圆的主要原因。在近表层处生核则导致微观的疲劳剥落，形成显微薄层和剥落坑。

以上几种机理对磨球失效并非同时起主导作用，对不同材料、不同工况条件起主要作用的磨损机理是不同的。

实例 17　圆锥式破碎机衬板磨料磨损[52]

（1）实例简介

圆锥式破碎机具有破碎比大、功率高、功耗小、产品粒度均匀和适于破碎硬矿石等优点，在世界各地得到广泛的使用。

衬板的磨损属于三体磨料磨损，工作带表面处于复杂应力状态，如图 5-60 所示。

（2）测试分析

从衬板残体上截取试样，然后在光学显微镜、扫描电镜和透射电镜下进行观察。

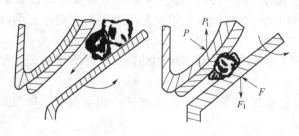

图 5-60　衬板表面受力状态

耐压强度大的矿石在两面衬板之间难以破碎。矿石对衬板局部面积上产生巨大的挤压应力，同时破碎机动锥的高速旋转产生巨大的切应力，两者共同作用使衬板表面受到凿和辗，其表面产生凿削变形、金属流动和局部裂纹，以致造成大面积的球状凹坑和凸起。当动锥瞬时离开定锥，新矿石滑下使凸起流动金属在短距离内受切应力作用，磨屑离开母体而脱落，如图 5-61 所示。耐压强度稍低的矿石对衬板压入深度较浅，在衬板表面产生犁沟和凿削，如图 5-62 所示。

图 5-61　破碎硬矿石衬板表面磨损形貌　250×

图 5-62　破碎钼矿石衬板表面磨损形貌　500×

圆锥式破碎机破碎力大，衬板在挤压应力和切应力的反复作用下，不仅表面受到严重的磨损，而且使亚表层结构也发生了变化，如图 5-63 所示。

(a) 衬板亚表层裂纹 100×

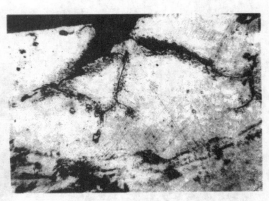
(b) 亚表层碳化物沿晶分布产生裂纹 200×

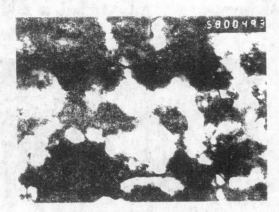
(c) 亚表层位错、滑移孔穴及裂纹 5000×

图 5-63 亚表层组织结构的变化

从图 5-63（a）、（b）中可以看出，衬板经过反复塑性变形后，表面强度远远超过了其极限强度，衬板亚表层薄弱部位和晶界首先产生裂纹，继而裂纹向纵深扩展，连接成片直至脱落。在扫描电镜和透射电镜下观察，发现晶粒内部产生了位错、滑移和复合塑性变形，而且在晶粒内和晶界上存在各种障碍物，这些障碍物可能是相交平面上的位错本身。它们的存在引起位错堆积，造成局部应力集中，促使初始裂纹萌生，如图 5-63（c）所示。

在衬板残体中取冲击试样，断口形貌如图 5-64 所示。从图 5-64（a）可见，突出的几片磨屑与母体相连的裂纹处已被矿粉污染，说明亚表层的裂纹加剧了衬板的表面磨损。对新鲜母体周围的裂纹进行高倍观察，发现母体上具有明显的低周接触疲劳裂纹和沿晶开裂，如图 5-64（b）、（c）所示。在亚表层萌生低周疲劳裂纹，裂纹的扩展引起材料厚片剥落，这是圆锥式破碎机衬板磨损的重要方式之一。

（3）结论

圆锥式破碎机衬板表面磨损形貌随着矿石耐压强度的变化而变化。耐压强度高的矿石在

(a) 冲击试样断口 35×

(b) 低周疲劳解理断口 2000×

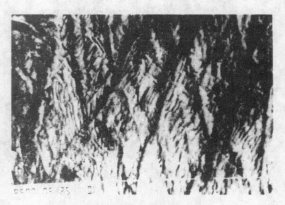

(c) 低周疲劳裂纹 2000×

图 5-64 衬板断口形貌

两面衬板之间难以破碎，衬板表面的磨损形貌以凿和辗为主；耐压强度低的矿石在两面衬板之间易于破碎，衬板表面的磨损形貌以凿和犁削为主。

圆锥式破碎机破碎力大，转速高。衬板表面瞬时受到极大的挤压应力和切应力。这两种应力反复综合作用，使衬板的亚表层金属产生密集的位错和滑移，形成亚表层的低周疲劳裂纹，这是圆锥式破碎机衬板磨损的重要方式之一。

（4）改进措施

衬板在破碎矿石中承受着巨大的冲击负荷，因此要求衬板材料具有一定的强度和韧性。目前国内外基本上采用 ZGMn13 材料，因为 ZGMn13 具有较高的韧性和较好的加工硬化性能。

采用 Cr 和 Ti 强化奥氏体基体，并在基体上均匀分布具有一定数量的 TiC 硬质点，有效地提高了衬板的使用寿命。实践证明，此项工艺简单易行，经济效益显著。

5.4 使用不当或其他因素为主引起的失效实例

实例 18 味精结晶罐顶盖挡罩小圆环穿晶型应力腐蚀开裂[53]

（1）实例简介

某厂 10 m³ 味精结晶罐是 1999 年用 Cr-Ni 奥氏体不锈钢（0Cr19Ni9）制造的，属于低压加热容器。容器下部蒸汽加热体最高工作压力 0.25 MPa；容器内部空间计汽室最高工作压力 0.09 MPa，顶部工作温度约为 60～75 ℃。

该味精罐投入使用只有 14 个月，在一次清洗过程中，发现在罐底有面积约为 $(20 \times 5) cm^2$ 的不锈钢块。经开罐检查，这块不锈钢是从罐顶上掉下来的，是由于挡罩小圆环的破裂。图 5-65、图 5-66 所示为落下环块的实物照片。环块有如下特点：环块断口上没有肉眼可见的塑性变形痕迹，断口平直，呈结晶状断口；环块表面仍可见不锈钢的金属光泽；环块是沿焊缝热影响区断裂的，断口顶部可见焊接的热回火色；从断口延伸大量分支二次裂纹，由于裂纹大量存在，当敲击掉下来的环块时，其金属响声变哑不清脆。

 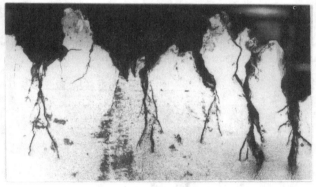

图 5-65　小圆环断落环块实物照片　　　　　图 5-66　断落环块局部放大

（2）测试分析

在靠近断口处取试样，在垂直断口方向做金相磨面，研磨、抛光后未经浸蚀观察二次裂纹形貌，如图 5-67 所示。裂纹有强烈的方向性，源于焊缝热影响区并垂直于焊缝，向母材扩展；裂纹既有主干又有分枝，貌似落叶后的树干和树枝；裂纹深而窄，裂纹尖端很尖锐。把抛光后的试样经王水浸蚀，取裂纹尖端附近区域观察，可见裂纹多数穿越晶粒，属于穿晶型裂纹，如图 5-68 所示。

材料金相组织为奥氏体，部分晶粒呈孪晶分布。

把微裂纹拉开，及时在 SEM 上观察断口形貌，有河流花样、腐蚀坑、泥状花样、二次裂纹等。这些断口形貌特征显示了断裂性质属于脆性断裂。对断口表面作能谱分析，结果表明除有钢材本身的元素外，明显的是 Cl 和 O 元素含量高，这是使奥氏体钢氧化及应力腐蚀开裂的环境介质所含的元素。

图 5-69 所示为小圆环在结晶罐上顶盖组件中与挡罩的连接结构。单边角焊缝的焊接使其形成了积液的最佳位置；单边焊缝的焊接拘束产生很高的焊接残余应力；焊后没有进行热

 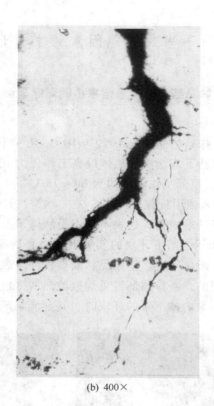

(a) 40×　　　　　　　　(b) 400×

图 5-67　裂纹微观形貌（抛光后未浸蚀）

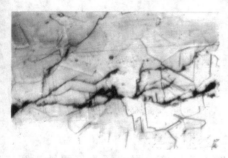

图 5-68　裂纹尖端微观形貌　400×

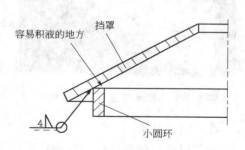

图 5-69　小圆环与挡罩的连接结构

处理致使焊接接头有较高的应力水平。

（3）结论

以上测试分析可见小圆环为氯离子引起的穿晶型应力腐蚀开裂（SCC）。

① Cl^- 引起 Cr-Ni 奥氏体不锈钢的 SCC 为穿晶型。在 Cl^- 浓度低的水环境中，奥氏体不锈钢存在一个 SCC 敏感温度范围，结晶罐的操作温度正处在此范围中。

② 尽管结晶罐的介质含 Cl^- 浓度不高，但特殊位置使 Cl^- 浓缩会大大加快 SCC 的进程。

③ 焊接结构拘束及焊后没有热处理，有较高的残余应力水平。

在材料、环境及拉应力的协同作用下，使小圆环产生应力腐蚀开裂。

（4）改进措施

根据测试分析及结论，可采用以下措施。

226

① 选材时，应考虑氯离子引起的应力腐蚀问题，选择具有良好的抗应力腐蚀的材料，如铁素体不锈钢、双相不锈钢等。如果采用铬镍奥氏体不锈钢，可以对其表面进行酸洗钝化、抛光钝化处理。

② 改进小圆环与挡罩的连接结构，避免积液，并尽量避免或减少残余应力。

③ 应严格按操作规程进行使用，禁止使用氯离子含量高的清洗剂，氯离子的含量应控制在 25 mg/L 以下。

实例 19　废热锅炉壳体局部变形[53]

（1）实例简介

某厂使用的废热锅炉，是一台 U 形管式换热压力容器，按美国 ASME Ⅷ-1 规程设计，由法国 Structures Wells 公司引进，在该公司属下的 P.T.C 制造厂制造。其结构如图 5-70 所示。壳体内壁敷设耐热衬里层，并有耐热钢套，耐热钢套的上端与壳体圆锥小端相连接。废热锅炉的壳程介质是工艺气体，从设备下部进入，上部排出，进口温度 945 ℃，出口温度 370～380 ℃，操作压力 3.0 MPa；管程介质是锅炉给水，通过 U 形管换热，吸收壳程高温气体的热量，将 314 ℃ 的水变成 10.6 MPa 的高压水蒸气。

该设备已使用多年，1997 年底废热锅炉内的耐热钢套与壳体圆锥小端 A 处的连接环焊缝发生局部开裂，使进入壳程的部分高温工艺气体短路，不经 U 形管换热直接通过焊缝裂口加热其附近壳体的器壁，造成废热锅炉的壳体局部发红和鼓胀，具体位置如图 5-71 所示，在离壳体边界点 A 约 150 mm 处，鼓胀的高度达 16.77 mm。

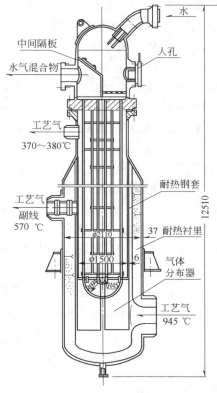

图 5-70　废热锅炉设备

发生事故时，厂的年生产任务尚未完成，无法停车检查和维修。因此，工厂采用对壳体喷淋冷却水降温的应急措施，监控使用。在这种状态下，为保设备安全运行，对设备进行了安全评定。

（2）变形部位有关数据

废热锅炉局部变形部位出现在设备上部的圆筒壳区域，圆筒壳的下部与变径圆锥的小端连接，有小圆弧过渡。各有关原始数据如下：圆筒壳内径 $d_i = 1500$ mm；厚度 $\delta = 44$ mm；锥颈半锥顶角 $\alpha = 22.5°$；材质 SA387，钢板等级 11，强度 2 级；设计温度 400 ℃；工作压力 3.3 MPa；计算压力取 $p = 1.1 \times 3.0 = 3.3$ MPa；材料许用应力 $[\sigma]^t = 130$ MPa（在 $-20 \sim 425$ ℃）；焊缝系数 $\phi = 1$；腐蚀裕度 $C_1 = 2$ mm；变形部位原圆弧长 $L = 1420$ mm；L 变形后尺寸 $L_1 = 1450$ mm，离锥颈小端连接处约 150 mm；变形部位

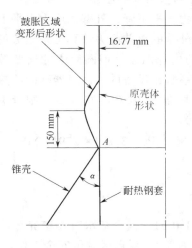

图 5-71　废热锅炉局部鼓胀示意

227

平均硬度 HB≈125；变形区周边硬度 $HB_{max}=140$；变形区中部硬度 $HB_{min}=101$；变形区中部硬度平均值 HB≈110。

取变形区域中部平均硬度 HB＝110 估算，则材料抗拉强度和屈服点分别为 398 MPa 和 140 MPa，比原材料的抗拉强度（$\sigma_b \geqslant 515 \sim 690$ MPa）及屈服点（$\sigma_s \geqslant 310$ MPa）有所下降。

（3）计算结果分析

a. 壁厚常规计算结果分析　按 GB 150—1998 对壁厚进行常规计算校核。不考虑锥颈影响时，圆筒壳所需厚度 $\delta = 19.28$ mm；若考虑锥颈过渡的影响所需厚度 $\delta_r = 30.85$ mm。圆筒壳厚度减去腐蚀裕度为 42mm，表明设备设计壁厚有一定的余量。

b. 边缘应力计算结果分析　据薄壁壳体边缘效应原理进行筒体连接边缘及筒体变形位置的应力强度校核。无论在筒体连接边缘还是在筒体变形位置，总体薄膜应力强度、一次局部薄膜应力强度和一次加二次应力强度（外壁面）均符合要求。

ⅰ. 筒体连接边缘　总体薄膜应力强度为

$$S_{\mathrm{I}} = \sigma_\theta^p - \sigma_r = 63.88 \text{ MPa} < [\sigma]^t = 130 \text{ MPa}$$

一次局部薄膜应力强度为

$$S_{\mathrm{II}} = \sigma_\theta^p + \sigma_{\theta_m}^{(Q_0,M_0)} - \sigma_r = 99.84 \text{ MPa} < 1.5[\sigma]^t = 195 \text{ MPa}$$

一次加二次应力强度（外壁面）为

$$S_{\mathrm{IV}} = \sigma_\theta^p + \sigma_{\theta_m}^{(Q_0,M_0)} + \sigma_{\theta_b}^{(Q_0,M_0)} - \sigma_r = 115.02 \text{ MPa} < 3[\sigma]^t = 390 \text{ MPa}$$

ⅱ. 筒体变形位置　总体薄膜应力强度为

$$S_{\mathrm{I}} = \sigma_\theta^p - \sigma_r = 65.36 \text{ MPa} < [\sigma]^t = 93.2 \text{ MPa}$$

一次局部薄膜应力强度为

$$S_{\mathrm{II}} = \sigma_\theta^p + \sigma_{\theta_m}^{(Q_0,M_0)} - \sigma_r = 91.57 \text{ MPa} < 1.5[\sigma]^t = 139.8 \text{ MPa}$$

一次薄膜加一次弯曲应力强度为

$$S_{\mathrm{III}} = \sigma_\theta^p + \sigma_{\theta_m}^{(Q_0,M_0)} + \sigma_b - \sigma_r = 127.81 \text{ MPa} < 1.5[\sigma]^t = 139.8 \text{ MPa}$$

一次加二次应力强度（外壁面）为

$$S_{\mathrm{IV}} = \sigma_\theta^p + \sigma_{\theta_m}^{(Q_0,M_0)} + \sigma_{\theta_b}^{(Q_0,M_0)} + \sigma_b - \sigma_r = 130.82 \text{ MPa} < 3[\sigma]^t = 279.6 \text{ MPa}$$

c. 温差应力考虑　设备内壁温度高于外壁温度，温差在内壁引起的温差应力为压应力，在外壁为拉应力。温差应力与工作应力叠加，将使内壁面应力水平下降，外壁面应力水平上升。考虑温差应力对强度的影响，只需计算外壁面的应力。外壁的温差应力计算可采用劳伦茨公式。根据对设备采集的资料，尚不能确切计算出器壁的内外温差，但圆筒壳的器壁较薄，金属材料有较大的导热系数，且设备外壁水喷淋的给热系数比设备内气体对器壁的给热系数要大得多，因此器壁的温度应趋向外壁温度。如以内外壁温差 $50 \sim 80$ ℃ 计算，则考虑温差应力的影响，在变形位置外表面的一次加二次应力强度为

$$S_{\mathrm{IV}} = \sigma_\theta^p + \sigma_{\theta_m}^{(Q_0,M_0)} + \sigma_{\theta_b}^{(Q_0,M_0)} + \sigma_b + \sigma_\theta^t - \sigma_r = 127.02 \sim 173.82 \text{ MPa} < 3[\sigma]^t = 279.6 \text{ MPa}$$

（4）结论

① 变形部位材料的强度指标比原有指标有所下降。

② 原设备设计厚度有一定的余量。

③ 在圆筒壳器壁的变形状态和操作工况下（操作压力 3.0 MPa，冷却水对器壁充分冷却，器壁外壁温度在 100 ℃ 左右，出口气体温度在 380 ℃ 左右等），变形区域可安全工作。

④ 建议稳定操作，防止超压，避免压力波动。

（5）改进措施

通过采用冷却水对器壁充分冷却，使变形区域可安全工作。注意稳定操作，防止超压，避免压力波动。

实例 20　乙烯裂解炉炉管断裂[53]

（1）实例简介

某乙烯厂一台新裂解炉在往炉管通入稀释蒸汽，炉内燃气燃烧升温试运行过程中，两组炉管断裂，炉管下段掉落炉底。

该裂解炉炉管是英国 Paralloy 公司制造的离心浇铸管，进口炉管材料相当于 4Cr25Ni20，出口炉管材料相当于 4Cr25Ni35W4。两组炉管断裂情况基本相同，每根炉管断裂后下段掉落在炉底板上，上段仍悬挂在炉顶。进口管大多断在斜管与直管的焊接接头处，且断口多位于直管端的焊缝热影响区；出口管基本断在直管间的焊接接头处，断口也是在焊缝热影响区。炉管断裂后，进口直管段没有掉下，进口斜管段及弯管掉落后没有碎裂，只是整管略有弯曲变形；而出口直管段掉下后大多发生碎裂、弯曲、扁陷甚至掉块及分层，在碎块内外表面都发现裂纹，且内表面裂纹更多，呈龟裂状，内外裂纹不相通。图 5-72 所示为断裂炉管部分残骸。

进口管和出口管的断口呈结晶状正断断口，表明金属材料在没有显著塑性变形下断裂；断口呈灰色或灰黑色，肉眼可见粗大的铸态结晶，如图 5-73 所示。检查管子断裂部位的管径，发现炉管对接焊缝两侧为了去除表面杨梅粒子及疏松层，对管子外表面进行了车削加工。进口管车削宽度 10 mm，深度 1.5 mm；出口管车削宽度 20 mm，深度 2.0 mm，这些部位壁厚明显比原壁厚减薄 15%～20%。

图 5-72　断裂炉管部分残骸

图 5-73　炉管断口宏观形貌

（2）测试分析

在悬垂管靠近断口的管子外表面进行现场高空金相观察，与原材料金相组织比较，发现金相组织已有很大变化，晶粒变粗，奥氏体晶粒内的弥散二次碳化物已聚集长大，可见颗粒状的碳化物，晶界原始骨架状的共晶碳化物粗化，呈块状或条状形态，如图 5-74、图 5-75 所示。为了对修炉方案的制订提供依据，在现场的断后悬垂管从断口往上每隔一定距离进行管子表面的金相观察。结果表明离断口越远，金相组织与原材料组织越接近。在进口管 2 m 以上及出口管 3 m 以上金相组织渐趋正常。

从现场断裂炉管宏观观察及金相组织观测判断，炉管断裂的原因是炉膛严重超温引起炉管过热和局部过烧，炉管材料的奥氏体晶粒粗化，弥散的二次碳化物聚集成粒状，晶界共晶体熔化再结晶，出现块状和条状碳化物。组织的恶化使材料高温性能大大降低。

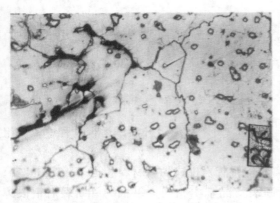

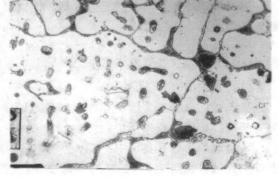

图 5-74　进口管断口附近炉管外表面金相组织　　　图 5-75　出口管断口附近炉管外表面金相组织

超温导致钢材氧化加速，炉管内壁在水蒸气中的氧化速度由对数规律变为线性规律。水蒸气腐蚀加速，内壁迅速生成黑色的有磁性的氧化铁层及氢气，引发靠近内壁材料沿晶裂纹及显微空洞形成。内表面的保护膜迅速破裂氧化，导致断裂由内向外扩展，裂纹粗且深。$3Fe + 4H_2O \longrightarrow Fe_3O_4$。外壁面是高温氧化作用产生的氧化腐蚀，因为外表面的粗糙颗粒状结构，增加了裂纹产生的阻力，降低了裂纹扩展的速度，裂纹细而浅。$4Fe + 3O_2 \longrightarrow 2Fe_2O_3$。

焊接接头的焊接质量是好的，但有尺寸效应，尤其是热影响区承载截面积比母材减少 $10\% \sim 20\%$，成为强度最薄弱的地方。

（3）结论

由于以上所分析的原因，可知严重超温引起材料组织恶化，降低了材料抗高温变形及抗高温腐蚀的能力，在承载截面最薄弱的焊接热影响区断裂。严重超温是因为断水而报警器失灵所致。

（4）修复措施

根据现场观察、测试及分析结果，进口管截去 2m 后接驳新管；出口管截去 3m 后接驳新管。切割时采用机械切割以减轻对管材性能的影响，保证接驳的焊后接头处于良好的组织状态。

实例 21　氨冷凝器传热管腐蚀泄漏[53]

（1）实例简介

某集团公司的一台氨冷凝器是敞开式循环冷却水系统中的卧式双程固定管板式换热器，其中管程为常温冷却水，壳程为 150 ℃ 的氨，两者的腐蚀裕度均为 1 mm。该冷凝器于 1984 年投入使用，期间更换管束及管板多次，最近一次是 2000 年 6 月更新其管束及管板，选用 20 钢普通级冷拔无缝钢管 $\phi 38 \times 3$ 制造传热管束，低合金钢板 16MnR 制造管板。在更换管束不到一年的时间里，发现传热管有泄漏现象。在拆下的 9 根泄漏管上观察到位置分布随机的小孔，在管中央或两端都有。传热管内表面有较厚且不均匀的垢层，如图 5-76 所示；清除

图 5-76　传热管内表面的垢层

垢层看到大部分管壁面呈现坑坑洼洼，坑洞大小不同，深浅不一，个别地方已经穿洞，如图5-77所示。

图 5-77　清除垢层后的传热管内壁宏观形貌

（2）测试分析

该氨冷凝器的冷却水来自生活用自来水，其中含有饱和的溶解氧。从水池及水泵出口处各取一个水样，并对两水样用标准试验方法对成分项目进行检验。利用检验结果计算冷却水的饱和 pH 值（pHs）、Langelier（LSI）指数及 Ryznar（RSI）指数，结果表明冷却水具有腐蚀倾向。冷却水 pH 值约为 6，此时与含饱和氧的冷却水接触的 20 钢传热管存在氧去极化的电化学腐蚀。一般认为 pH＝4～9 范围内，碳钢的腐蚀速率与 pH 值无关，即在此范围内溶解氧的浓度扩散控制整个腐蚀过程，氧扩散速率不变，腐蚀速率也不变。

从同批号未使用过的传热管上取样进行金相观察，可看到球状氧化物、夹杂物的聚集、带状组织以及表面凹凸不平等缺陷。

对传热管表面及纵剖面的垢层进行扫描电子显微镜观察。图 5-78 所示为垢层表面形貌，垢层疏松，有间隙、空洞及裂纹，不能对管壁形成保护屏障。图 5-79 所示为垢层纵剖面，从图中可见垢层与传热管内壁面之间有狭小的缝隙，当缝隙宽度为 0.2 mm 大小时，管内壁腐蚀严重；垢层与管壁之间没有缝隙或缝隙较大处，腐蚀都较轻微。

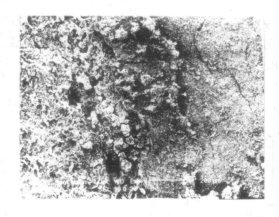

图 5-78　穿孔管内壁微观形貌

图 5-79　穿孔管纵截面微观形貌

通入冷凝器的冷却水经循环使用后，产生较多的悬浮于水中的物质，这些物质由于传热管表面不平整而会在管壁沉积；而氧去极化腐蚀使碳钢中的铁成为铁锈也附着在管壁上，这些沉积物质便成为垢层。当垢层与管子内壁的缝隙大小正好处在容易发生缝隙腐蚀的范围（0.1～0.3 mm）内，则产生严重的缝隙腐蚀而导致传热管发生泄漏。缝隙腐蚀的产生是因为在 0.1～0.3 mm 宽的缝隙内存有的液体不能流动，使缝隙内的氧消耗后难以得到补充遂成为缺氧区。缺氧区域的传热管壁是阳极，发生金属的氧化反应；而其余没有垢层的管壁或有大间隙的管壁则因为有饱和氧而成为阴极发生氧的还原反应。缝隙内外构成了宏观的氧浓差电池。大阴极小阳极的组合提供了腐蚀过程向金属深处快速推进的条件。另外，如果冷却水中有氯离子存在，则为保持缝隙内溶液的电中性，氯离子会迁移到缝隙中，引起缝隙中溶液进一步酸化，成为氧浓差电池腐蚀（闭塞电池）的自催化过程，使缝隙腐蚀加剧。缝隙腐蚀向管壁深度方向发展，在极度严重的情况下引起管壁穿孔。

（3）结论

氨冷凝器传热管的穿孔泄漏是冷却水的腐蚀引起的，含饱和氧的冷却水对碳钢产生氧去极化的电化学腐蚀；在水垢与锈垢形成后，则缝隙下的金属发生缝隙腐蚀，垢下腐蚀对金属材料的穿进速度大，形成凹坑以至穿孔。传热管原始内表面粗糙不平整、不清洁加速了腐蚀与成垢，原材料的非金属夹杂物及其他缺陷的存在，降低材料抗缝隙腐蚀及点腐蚀的能力。冷却水中氯离子的存在加速闭塞电池的自催化酸化过程，管壁快速穿孔。

（4）改进措施

敞开式循环冷却水系统的热交换器，氧腐蚀是难免的。主要是防止局部腐蚀，尤其是垢下腐蚀。可采取如下的防护措施。

① 选用内表面光滑、材质优良的传热管。

② 热交换器使用前必须进行清洗，把表面的氧化物、污垢等清除。

③ 若流速缓慢，应当提高流速或在流道上插入扰流的构件。

④ 进行冷却水水质处理，混凝、澄清、过滤、软化、除盐、除铁等，并降低活性氯离子的含量。

⑤ 进行旁流处理，取一部分循环水按要求进行处理后，返回循环冷却水系统。

实例 22 不锈钢混合机爆炸[53]

（1）实例简介

某食品化工厂在生产 1 号食品添加剂时发生了爆炸事故。图 5-80 所示为被炸毁的 1000 L混合机示意。其不锈钢旋转容器由两段圆筒以互为一定角度的 V 形焊接连接而成。两圆筒连接截面与旋转轴垂直。旋转轴为两段短的水平轴，与蜗轮减速器连接。

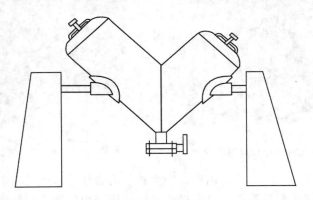

图 5-80 V 形混合机示意

混合机在爆炸中，完全炸毁破碎。现场清理，其主要零部件从不同位置基本找回。表 5-3 是从现场收集到的混合机残片的统计。混合机安装在 54 m² 的钢筋混凝土结构车间内。爆炸使建筑物横梁、楼顶及周围墙壁倒塌，立柱错位变形、钢筋歪扭；地面被炸出深坑。所有不锈钢残片都是由容器内壁向外壁卷曲，内壁面粘附烧焦的物料碳化物；断口面与壁面倾斜30°～40°；断口面与内壁面交截处光滑，而与外壁面交截处则有刮手感，具有剪切唇特征，从上种种特征可推断爆炸发生在容器内腔，容器的破裂是从内壁起裂向外壁面扩展；断口平齐，具有瞬间撕裂的特征。

表 5-3　现场收集到容器残片的质量与数量

碎片质量/g	碎片数量/块	碎片质量/g	碎片数量/块	碎片质量/g	碎片数量/块
<10	5	101～500	42	>5000	3
11～50	20	501～1000	16		
51～100	20	1001～5000	19		

图 5-81 是其中两块残片的宏观形貌，具有以上描述的特征。在翘曲的混合机出料阀法兰的下法兰面上，分布了形状、大小不一、类似燃放鞭炮时因瞬间爆燃而留下的花样痕迹，花样显示是从内向外爆燃，如图 5-82 所示。出料阀连接法兰螺栓都有不同程度的弯曲变形或折断，如图 5-83 所示。折断的螺栓断口大部分与螺栓轴线垂直、平整、呈蓝黑色，放射花纹明显，有脆性断裂的特征。

图 5-81　不锈钢壳体残片形貌

图 5-82　出料阀法兰残片上的爆燃花样

（2）测试分析

在混合机容器筒体残片上取样检查金相组织，可见奥氏体基体上分布有轧制流线和变形滑移带的特征形貌。

取残片观察断口，大块的不锈钢残片内外壁平滑光亮，其断口微观形貌如图 5-84 所示，从内壁、中间到外壁各部位都呈韧窝形花样，差异是近内壁断口微观形貌除韧窝外，还有撕裂韧带，中部仅有韧窝，这些韧窝都是等轴韧窝；而靠外壁面的韧窝呈抛物线状，这是终断区剪切撕裂微观特征花样。上述断口微观形貌说明，容器材料质量合格，韧性较好。另外，也可断定观察分析的大块残片距离爆炸中心较远，受到的瞬间冲击能量相对较少，故其仍然具有韧性断口的微观特征。小块残片断口多被爆炸产物污染，微观

图 5-83　出料阀法兰连接的螺栓破断形貌

细节较模糊，但仍可显示韧窝及韧带花样。而靠近外壁处，具有韧窝及滑移变形而出现的蛇形花样、与断口垂直的次裂纹及摩擦痕迹，如图 5-85 所示，此特征显示小残片十分接近起爆点。折断螺栓断口可据宏观放射花样特征分为三个区：断裂源区、裂纹扩展区及终断区。经微观观察显示，在源区及扩展区可见脆性撕裂的解理特征，而终断区有明显的剪切唇，并因剪切滑移而具有蛇形花样。瞬间的爆炸力使塑性和韧性较好的螺栓发生突然的脆性断裂。

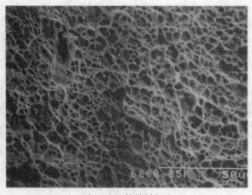

靠近内壁的等轴韧窝

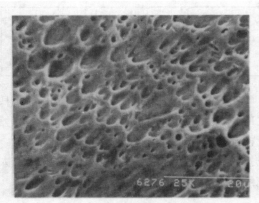

靠近外壁的拉长韧窝

图 5-84　大块不锈钢残片的断口微观形貌

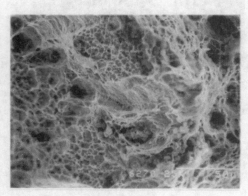

靠近内壁的韧窝与韧带

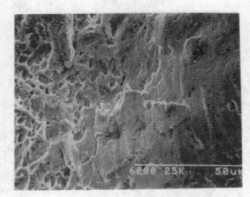

靠近外壁的滑移变形及摩擦痕迹

图 5-85　小块不锈钢残片断口形貌

　　该混合机把多种单质物料慢速物理混合均匀，正常情况没有互相之间的化学反应。经光学显微和电子显微观察，除有一种物料颗粒直径较大，约 50 μm，其余多种物料均为 20 μm 以下的粉状颗粒或薄片。这些物料比表面积高、空隙多，已接近或达到超微粉粒范畴，具有微粉学特征，其光、电、爆炸性、热学性质等均发生了巨大变化。

　　容器内爆燃时释放的能量主要包括可燃物质燃烧放出的燃烧热及可热分解物质受热分解放出的热量。实验测定，物料燃烧释放的能量为 2.098 kJ/g，而可分解物受热分解放出的热量为 203 J/g。混合机的容器内有物料 200 kg，爆燃时释放的总能量为 460.2×10^6 J，相当于 108.79 kg TNT 炸药爆炸所释放的能量。物料爆燃释放的能量主要用于三部分：将混合机容器击成碎片、将碎片抛离爆炸中心及产生冲击波摧毁厂房。因此，这起事故是由混合机内粉尘物料爆炸引起的。

（3）结论

① 混合机容器的材料未发现明显质量问题，混合机制造质量不是引起爆炸的原因。

② 混合机爆炸的巨大能量主要来源于机内物料释放的燃烧热及分解热。这些能量在爆炸瞬间全部释放出来，具有很高能量密度。混合机粉碎性破坏说明是瞬间爆炸所至。

③ 物料在正常情况下是热稳定的。但在当时的低湿度气候条件下，加上设备导静电不良，由物料搅拌、摩擦产生静电引燃高比表面及多孔隙超微细粉末，使容器内 200 kg 物料瞬间燃烧导致爆炸。

④ 混合机的起爆区域在混合机下部，现场收集的碎片残骸中，大的碎片多属混合机的上部区域而且干净；小的碎片、粉碎性碎片属混合机的下部区域，且有燃烧物痕迹，显然为下部引燃起爆。

⑤ 爆炸发生于物料混合完毕出料期间，而此时设备积聚的静电荷是最多的。

⑥ 现场构筑物破坏所需能量与测算出的混合机内物料燃烧及分解所产生的能量是比较吻合的。

（4）改进措施

① 易燃易爆物料的生产宜采用自控式的全封闭操作，生产车间应采用防爆破设计。

② 易燃易爆物料混合宜选用混合机内物料瞬时存量少的专用设备，混合机容器应有泄压装置。

③ 工作间内应控制温度和适当的湿度。

④ 混合机应有良好的静电导流装置，并定期检查，避免静电引爆。

⑤ 加强安全教育，严格工艺操作规范及管理制度，提高管理人员及操作人员的安全防范意识。

实例 23　胺化反应釜应力腐蚀开裂[53]

（1）实例简介

某化工厂生产对硝基苯胺的反应釜，在投料 8 批，运行 160 h 后，因出现泄漏现象而被迫停产。其设备如图 5-86 所示。该反应釜采用底球封头与顶平封头的圆筒形结构。圆筒釜

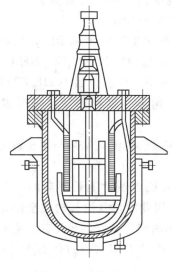

图 5-86　胺化反应釜

图 5-87　蛇管表面点蚀坑及裂纹

体内蛇管及外夹套通蒸汽加热釜内的物料，物料温度为室温至 167 ℃，压力为0.1～5.4 MPa。釜体内衬及内部构件材料均为1Cr18Ni9Ti。

 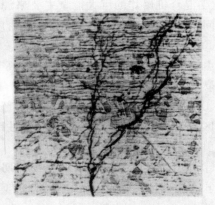

裂纹源区　40×　　　　　　　　　　　　　　裂纹扩展　100×

图 5-88　底球封头衬里焊缝处裂纹

打开釜体后可以发现内衬内壁上布满点蚀坑，蚀坑大小和深浅不一，严重的已经穿透。釜内蛇管外壁及焊缝上的点蚀坑更多、更大，在焊缝附近有点蚀坑引发的穿透性裂纹，如图5-87所示。底球封头焊缝及其热影响区密布点蚀坑及裂纹，裂纹和点蚀坑相连，未见有穿透性裂纹。夹板及夹板螺栓出现不同程度的点蚀及开裂。

图 5-89　裂纹起源于腐蚀坑　25×

（2）测试分析

对球封头内衬纵焊缝处的裂纹进行金相观察，其金相照片如图 5-88 所示。裂纹是在母材的焊接热影响区的点蚀坑形成和扩展的。可以明显地看出裂纹有分枝，而且具有沿晶特征，属于应力腐蚀裂纹。

电镜扫描清晰地显示出裂纹起源于腐蚀坑，如图 5-89 所示。打开裂纹，其断口上有疏松的腐蚀产物。对断口表面进行的 X 射线能谱分析，发现其含 Cl^- 量很高，有的高达 13%，如图 5-90 所示。

该反应釜采用氨解法生产对硝基苯胺，用对硝基氯苯与氨水反应生成对硝基苯胺和 NH_4Cl。NH_4Cl 的生成使内部构件处在其溶液中，可能引起1Cr18Ni9Ti的点腐蚀和应力腐蚀开裂。如果有过剩的氨，则可大大降低 Cl^- 的腐蚀作用。

对失效内衬在液相区以下部位取样，进行力学性能测试，将测试结果与原材料力学性能作对比，发现力学性能已大大下降。

含 Cr 量低于 25%，又不含 Mo 的奥氏体不锈钢，其抗点蚀性能是不高的。在介质含 Cl^- 量偏高的情况下，1Cr18Ni9Ti 是很容易产生点蚀的，因此内衬及内部构件全部布满点蚀坑。当点蚀坑位于高应力区，如有高焊接应力的焊接热影响区、弯管的焊接区、夹板被螺栓上紧部位以及被拧紧的螺栓等，都会从点蚀坑萌生裂纹，并在含氯离子的介质及应力的共同作用下向壁厚纵深处扩展。

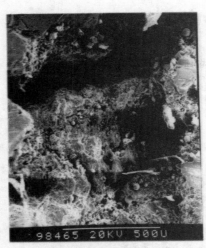

(a) 断口上疏松的腐蚀产物 100×

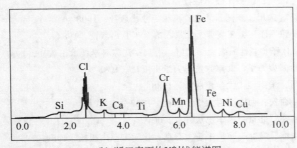

(b) 断口表面的X射线能谱图

图 5-90 裂纹断口分析

（3）结论

该反应釜内衬失效的主要原因是工艺操作控制不严及运行初期频繁的停车检修，使釜内无法控制在过剩氨操作状态。在 Cl^- 含量高的氯化铵工艺环境下，最容易引起 1Cr18Ni9Ti 的点蚀；并以点蚀坑为裂纹源，在高应力区产生应力腐蚀开裂。内部构件焊接及成形后没有消除应力热处理等原因，使点蚀及应力腐蚀开裂加速进行。

（4）改进措施

① 严格控制工艺操作规程，使胺化釜保持过剩氨的操作状态。

② 选用含 Cr 量在 25% 以上，含 Mo、含 N 及低 Mn、低 S 的奥氏体不锈钢，可提高点蚀电位，从而提高其耐点蚀性能。若能选用钛及钛合金或铬镍奥氏体-铁素体双相钢制作内衬更好，因其对 Cl^- 点蚀有更高的抗力。

③ 内部构件焊后应进行有效的热处理。

参 考 文 献

1 廖景娱, 吴剑. 金属设备失效分析. 广州: 华南理工大学出版社, 1993

2 刘正义, 吴连生, 许麟康等. 机械设备失效分析图谱. 广州: 广东科技出版社, 1990

3 梁耀能, 梁思祖. 机械工程材料. 广州: 华南理工大学出版社, 2002

4 [美] Jack A Collins. Failure of Materials in Mechanical Design, Analysis Prediction Prevention. Second Edition. Printed in the U. S. A, 1993

5 [美] 美国金属学会. 金属手册 第十卷 失效分析与预防. 北京: 机械工业出版社, 1986

6 中国机械工程学会材料学会主编. 机械产品失效分析丛书. 北京: 机械工业出版社, 1986~1993

7 全国机械装备失效分析会议论文集. 1980~1993

8 全国机电装备失效分析预测预防战略研讨会论文集. 1992~1998

9 胡世炎编. 破断故障金相分析. 北京: 国防工业出版社, 1979

10 杨道明等. 金属力学性能与失效分析. 北京: 冶金工业出版社, 1991

11 国家机械工业委员会统编. 失效分析. 北京: 机械工业出版社, 1988

12 吴望周. 化工设备断裂失效分析基础. 南京: 东南大学出版社, 1991

13 束德林. 金属力学性能. 北京: 机械工业出版社, 1995

14 宋余九. 金属材料的设计、选用、预测. 北京: 机械工业出版社, 1998

15 弗罗斯特 NE 等著. 汪一麟等译. 金属疲劳. 北京: 冶金工业出版社, 1984

16 [日] 冈村弘之等. 李顺林译. 线性断裂力学入门. 南京: 江苏科学技术出版社, 1981

17 黄克智, 余寿文. 弹塑性断裂力学. 北京: 清华大学出版社, 1985

18 黄志标. 断裂力学. 广州: 华南理工大学出版社, 1988

19 陆毅中. 工程断裂力学. 西安: 西安交通大学出版社, 1987

20 褚武扬等. 断裂与环境断裂. 北京: 科学出版社, 2000

21 化工部化工机械研究院主编. 腐蚀与防护手册. 北京: 化学工业出版社, 1989~1991

22 秦熊浦. 设备腐蚀与防护. 西安: 西北工业大学出版社, 1995

23 曹楚南. 腐蚀电化学原理. 北京: 化学工业出版社, 1985

24 魏宝明. 金属腐蚀理论及应用. 北京: 化学工业出版社, 1984

25 杨武等. 金属的局部腐蚀. 北京: 化学工业出版社, 1995

26 张栋. 机械失效的实用分析. 北京: 国防工业出版社, 1997

27 黄淑菊. 金属腐蚀与防护. 西安: 西安交通大学出版社, 1988

28 左景伊, 左禹. 腐蚀数据与选材手册. 北京: 化学工业出版社, 1995

29 陆世英著. 不锈钢应力腐蚀事故分析与耐应力腐蚀不锈钢. 北京: 原子能出版社, 1985

30 肖纪美编著. 应力作用下的金属腐蚀. 北京: 化学工业出版社, 1990

31 [德] 恩格 L 等. 金属损伤图谱. 北京: 机械工业出版社, 1990

32 何奖爱, 王玉玮. 材料磨损与耐磨材料. 沈阳: 东北大学出版社, 2001

33 葛中民, 侯虞铿, 温诗铸. 耐磨损设计. 北京: 机械工业出版社, 1991

34 材料耐磨抗蚀及其表面技术丛书编委会. 材料耐磨抗蚀及其表面技术概论. 北京: 机械工业出版社, 1986

35 高彩桥, 刘家浚. 材料的粘着磨损与疲劳磨损. 北京: 机械工业出版社, 1989

36 李诗卓, 董祥林. 材料的冲蚀磨损与微动磨损. 北京: 机械工业出版社, 1987

37 邵荷生, 张清. 金属的磨料磨损与耐磨材料. 北京: 机械工业出版社, 1988

38 黄嘉琥, 吴剑. 耐腐蚀铸锻材料应用手册. 北京: 机械工业出版社, 1991

39 上海交通大学. 金属断口分析. 北京: 国防工业出版社, 1979

40 崔约贤, 王长利. 金属断口分析. 哈尔滨: 哈尔滨工业大学出版社, 1998

41 张栋. 机械失效的痕迹分析. 北京: 国防工业出版社, 1996

42 山东大学. 物理化学与胶体化学实验. 北京: 高等教育出版社, 1990

43 中南工业大学. 物理化学实验. 北京: 冶金工业出版社, 1986

44 吴荫顺, 方智, 曹备等. 腐蚀试验方法与防腐蚀检测技术. 北京: 化学工业出版社, 1996

45 余焜. 材料结构分析基础. 北京：科学出版社，2000

46 刘天佑. 钢材质量检验. 北京：冶金工业出版社，1999

47 汪守朴. 金相分析基础. 北京：机械工业出版社，1987

48 任怀亮. 金相实验技术. 北京：冶金工业出版社，1989

49 张德堂. 钢中非金属夹杂物鉴别. 北京：国防工业出版社，1991

50 全国热处理标准化技术委员会. 金属热处理标准应用手册. 北京：机械工业出版社，1994

51 常铁军，祁欣等. 材料近代分析测试方法. 哈尔滨：哈尔滨工业大学出版社，1999

52 磨损失效分析案例编委会. 磨损失效分析案例汇集. 北京：机械工业出版社，1985

53 压力容器，石油化工设备技术，机械工程材料，实验力学，腐蚀与防护，华南理工大学学报等近年杂志

54 中华人民共和国国家标准 GB、行业标准 YB、JB、HB 等相关标准

内 容 提 要

本书阐述金属装备及其构件失效与失效分析的工程概念及相关的理论知识。全书共5章。第1章对金属构件的失效与失效分析作概括性介绍，使教学双方有互相沟通的共同语言；第2章基础知识补充金属学、断裂力学及腐蚀学中与失效分析密切相关的内容，可根据学生原有基础知识的情况选学；第3章详细介绍金属构件常见的失效形式及其判断，对各种失效形式的失效现象、失效特点、引起失效的原因及预防措施结合工程实践作尽可能详尽的介绍并展示实例；第4章是失效分析方法和手段，包括思维方法、失效分析程序制订到具体失效分析全过程进行的各项工作，均按指导操作的叙述方式进行介绍；第5章列举金属构件失效的案例，可穿插在前几章学习中使用。

本书可作为机械装备、安全工程等相关专业高年级本科生和低年级研究生的教材，也可作为从事工业装备，尤其是锅炉压力容器安全监察、管理、检验工程技术人员的培训教材，还可作为从事失效分析工作的在职、科研、检测人员和处理失效事故的管理人员的参考书。